QU'EST-CE QUE

LE SOLEIL

PEUT-IL ÊTRE HABITÉ

OUVRAGE ORNÉ DE DEUX PLANCHES REPRÉSENTANT DES TACHES DU SOLEIL

PAR

F. COYTEUX

Auteur de : *Discussions sur les principes de la physique*
et de divers autres ouvrages

PARIS

GAUTHIER-VILLARS, SUCCESSEUR DE MALLET-BACHELIER
Imprimeur-Libraire
DU BUREAU DES LONGITUDES, DE L'ÉCOLE IMPÉRIALE POLYTECHNIQUE
QUAI DES AUGUSTINS, 55

1866

QU'EST-CE QUE

LE SOLEIL

PEUT-IL ÊTRE HABITÉ

POITIERS. — IMPRIMERIE DE N. BERNARD.

QU'EST-CE QUE

LE SOLEIL

PEUT-IL ÊTRE HABITÉ

OUVRAGE ORNÉ DE DEUX PLANCHES REPRÉSENTANT DES TACHES DU SOLEIL

PAR

F. COYTEUX

Auteur de : *Discussions sur les principes de la physique*
et de divers autres ouvrages

PARIS

GAUTHIER-VILLARS, SUCCESSEUR DE MALLET-BACHELIER
Imprimeur-Libraire
DU BUREAU DES LONGITUDES, DE L'ÉCOLE IMPÉRIALE POLYTECHNIQUE
QUAI DES AUGUSTINS, 55

1866

ERRATA.

—

Page 19, ligne 17, *au lieu de :* dans ce spectre, *lisez :* dans le spectre.

Page 30, ligne 1, *au lieu de :* séance du 4 décembre 1865, *lisez :* séance du 18 décembre 1865.

Même page, dans la formule : $\sin t = \dfrac{\mathrm{Cos}\,D}{\sin \rho}\sin(1 - L)$, *au lieu de :* sin (1 — L), *lisez :* sin (l — L).

Page 81, ligne 17, *au lieu de :* en train de se former, *lisez :* en train de se fermer.

Page 224, ligne 11, *au lieu de :* l'obliquité qui a paru affecter leurs cavités, *lisez :* l'obliquité qui souvent a paru affecter leurs cavités dans le sens de la rotation.

Page 225, ligne 25, *au lieu de :* que ces couches inférieures, *lisez :* que ses couches inférieures.

Page 259, ligne 22, *au lieu de :* à ces limites successives, *lisez :* à ses limites successives.

Page 251, ligne 28, *au lieu de :* Mars, la Terre, Vénus, Mars? *lisez :* Mars, la Terre, Vénus, Mercure?

Page 304, ligne 9, *au lieu de :* la photosphère diaphane, *lisez :* l'atmosphère diaphane.

PRÉFACE.

—

Qu'est-ce que le soleil? C'est évidemment un corps qui nous envoie beaucoup de chaleur et de lumière; mais ce corps est-il solide? est-il liquide? est-il gazeux? son incandescence est-elle due à une *combustion*? Telles sont les premières questions qu'on s'est posées et qui attendent leur solution définitive.

La théorie de William Herschel est celle qui, tout pesé, a rendu le mieux compte des faits, des phénomènes généraux relatifs à l'aspect de l'astre, notamment aux taches solaires. Je crois l'avoir montré dans ce livre, il est nécessaire de supposer que l'astre se compose essentiellement d'un corps central solide, superficiellement du moins, et non incandescent, entouré de deux enveloppes nuageuses ou gazeuses, l'une inférieure et réfléchissante, l'autre supérieure et incandescente.

Sans vouloir atténuer le prix de ces idées fondamentales, il me semble qu'elles ont dû venir naturellement, naître aisément dans l'esprit de ceux qui ont bien observé les taches. Quoi qu'il en soit, Herschel, complétant ou épurant les idées de Wilson et de Bode, a eu la gloire d'attacher son nom à la théorie qui, encore aujourd'hui, quoi qu'on en ait dit, compte le plus de partisans. Naguère M. Faye, en présentant une théorie bien différente, déclarait que l'hypothèse herschélienne était définitivement bannie de la science (1), mais c'est là une erreur.

Toutefois, il est vrai que bien des doutes se sont produits dans ces derniers temps. Il est certain que des observations multipliées, minutieuses, des études savantes sont venues ébranler bien des esprits qui jusque-là étaient restés attachés à la doctrine d'Herschel; il est certain que plusieurs savants du premier ordre se sont prononcés contre l'hypothèse des deux enve-

(1) Article inséré dans le *Cosmos* du 8 février 1865.

loppes et d'un corps solide sous-jacent, et même l'ont qualifiée d'étrangement chimérique, d'absurde, ou d'épithètes équivalentes. Les expériences spectrales, notamment, ont paru lui porter un coup terrible; et ils sont nombreux, il faut le reconnaître, ceux qui assurent avec M. Kirchhoff, que le soleil est un corps solide ou liquide incandescent.

La science du soleil n'est donc point faite. Si, comme j'en suis persuadé, la théorie herschélienne est vraie dans ses bases, elle est incomplète, elle laisse beaucoup à désirer pour l'explication des particularités très-nombreuses que l'observation a signalées principalement dans ces dernières années. Ainsi, on n'y trouve pas pourquoi et comment se forment ces masses lumineuses qui souvent rayonnent sur les pénombres comme des ruisseaux enflammés, ou vont s'établir sur les noyaux, comme des ponts, des isthmes incandescents. On n'y voit pas comment et pourquoi les taches, après diverses péripéties, se rétrécissent, puis se ferment, s'évanouissent. J'explique tout cela au moyen d'hypothèses simples, naturelles : la descente de masses gazeuses ou nuageuses sur la pénombre, et dans la cavité du noyau à diverses hauteurs, descente déterminée par la pesanteur, par la pression

des couches supérieures sur les couches inférieures, et par l'élasticité atmosphérique. Herschel, d'ailleurs, n'a pas indiqué la vraie cause
des taches solaires. L'ascension de son fluide
élastique, élaboré sur le corps central ne saurait
suffire à rendre compte de ces énormes trouées
opérées à une telle hauteur, dans l'épaisseur
de ces enveloppes. Je montre que la cause de
ce sublime phénomène est complexe, qu'elle
réside, généralement du moins, dans le puissant
concours d'éruptions volcaniques et de tourbillons atmosphériques ascendants. La théorie
d'Herschel présente encore d'autres lacunes que
je crois avoir comblées.

Pourquoi, par exemple, les facules ont-elles
lieu plus souvent à gauche des taches? Pourquoi
les taches ne se montrent-elles guère au-delà
d'une certaine région équatoriale? Pourquoi
leur vitesse angulaire varie-t-elle, décroît-elle
de l'équateur aux pôles? Quelle influence les
planètes peuvent-elles exercer sur la production
et la cessation des taches? Ces questions et plusieurs autres reçoivent aussi leur solution dans
mon œuvre.

J'ai produit des discussions sur les diverses
inégalités, sur les variations remarquées dans la
position, la disposition et la forme des taches;

sur la couronne et les protubérances signalées dans les éclipses totales de soleil; sur la réfraction et la densité de l'atmosphère solaire. A ce sujet, la théorie de Laplace a été mise en regard des doctrines de M. Faye. Le lecteur pourra ainsi se former des opinions suffisamment éclairées et juger celles que j'ai osé émettre moi-même dans ces intéressants débats.

La principale objection qu'a soulevée la théorie d'Herschel est fondée sur l'extrême chaleur attribuée au soleil : on assure que la température de l'astre est par trop élevée pour que, sous la photosphère supposée, réside un corps solide et obscur, non incandescent. Je crois avoir écarté complétement cette objection par des hypothèses très-plausibles, qui donneront, de plus, le moyen d'expliquer comment la chaleur et la lumière photosphériques ont pu s'alimenter, persister, depuis l'époque inconnue, mais extrêmement reculée où le soleil a dû se constituer, échauffer et éclairer les planètes du système.

En un mot, j'apporte une masse d'idées et de solutions nouvelles dans la vaste question de la constitution solaire et dans plusieurs questions qui s'y rattachent plus ou moins.

Je recommande à l'attention du lecteur les notes mises à la fin du traité; elles sont fort importantes : la première se rattache essentiellement au système que je soutiens; elle fournit des explications de particularités relatives à la constitution du soleil. J'y présente des idées que je crois nouvelles et très-importantes sur les causes du mouvement rotatoire et sur les marées. J'y discute une des grandes questions du jour, celle de savoir si le mouvement rotatoire de la terre peut être ralenti, c'est-à-dire si la durée du jour peut être augmentée par l'influence de la lune et du soleil.

J'ai accordé une large place aux faits observés, principalement à ceux constatés par les persistantes observations de M. Chacornac et du P. Secchi. J'ai pensé que, dans une question si complexe, si controversée, aucun détail, aucune particularité ne devaient être négligés. J'ai fait une grande part à la critique. J'ai reproduit, scrupuleusement examiné, pesé toutes les théories, toutes les doctrines que j'ai pu connaître et qui se rapportent à mon vaste sujet. Craignant de ne pas fidèlement rendre leur pensée, j'ai, autant que possible, laissé parler les auteurs eux-mêmes.

Je suis heureux de pouvoir joindre au texte de ce livre deux bonnes planches lithographiques offrant, outre des figures au trait, des représentations de taches solaires, copies fidèles de des-

sins remarquables du P. Secchi et de M. Chacornac, et d'images photographiques obtenues
par M. Warren de la Rue et qui ont, sur les
autres, l'avantage d'être incontestablement
exactes, au moins dans les traits et les nuances
relatives que ce procédé a pu procurer jusqu'ici;
ce sont, pour ainsi dire, des taches peintes par
elles-mêmes Elles sont reproduites sous les
n°s 8, 35 et 36. Celles du P. Secchi figurent aux
numéros compris de 9 à 16 inclusivement. De
17 à 34 se trouvent les représentations des dessins de M. Chacornac. Les images 6 et 7 sont
empruntées à l'*Astronomie populaire* d'Arago.

QU'EST-CE QUE LE SOLEIL

PEUT-IL ÊTRE HABITÉ.

PREMIÈRE PARTIE.

QU'EST-CE QUE LE SOLEIL?

—

CHAPITRE Ier.

Aspect général du soleil. — Ses taches. — Ses mouvements. — Principales particularités des taches solaires.

Le soleil, cet astre que Copernic appellait le *flambeau du monde* et qui n'est que le flambeau d'un certain nombre de corps obscurs nommés planètes, offre à l'observation un disque lumineux sensiblement plat et circulaire.

Le soleil, observé avec un grossissement suffisant, et un verre coloré, dont l'effet est d'affaiblir la lumière solaire, que l'œil ne pourrait supporter, n'a pas un éclat uniforme; il offre sur tout son disque d'innombrables points lumineux et de points obscurs très-petits, de rides lumineuses et de rides sombres très-déliées. C'est ce qui faisait dire à Herschel que le soleil lui paraissait irrégulier comme la peau d'une orange.

Les points ou rides lumineux ont reçu le nom de *lucules*.
On a nommé *pores* les points ou rides sombres. Généralement les points inégalement lumineux se voient mieux
au centre que près des bords du disque.

On distingue parfois sur le disque des taches noires
plus ou moins étendues , de formes irrégulières. Apparues au bord oriental, elles s'avancent graduellement
vers le centre qu'elles atteignent au bout d'environ sept
jours, puis continuent leur route vers le bord occidental,
où elles parviennent aussi après un intervalle de sept
jours. Alors , elles disparaissent, restent invisibles pendant environ quatorze jours , se montrent de nouveau
au bord oriental sensiblement au point de leur apparition antérieure , et continuent leur cours suivant leur
première direction.

Les taches qu'on a observées dans leur trajet d'un
bord à l'autre et qui ont paru à peu près circulaires lors
de leur passage au centre du disque, n'ont offert, aux
bords oriental et occidental , qu'un filet très-allongé ,
dont la dimension longitudinale était égale ou à peu
près égale au diamètre de la tache lors de son passage
au centre. Le filet noir allongé s'est de plus en plus
élargi à partir du lieu de son apparition orientale jusqu'au point central ; après ce dernier point, son diamètre
transversal a diminué graduellement comme il avait
d'abord augmenté, et enfin la tache , arrivée au bord
occidental, s'est réduite à un mince filet comme à l'époque de son apparition à l'autre bord.

En mesurant l'espace dont une tache paraît se déplacer en 24 heures , pendant son trajet sur le disque
solaire , on trouve que cet espace est très-petit quand
la tache est près du bord oriental, qu'il augmente à
mesure que la tache se rapproche du centre , et qu'il di

minue, à partir de ce point, suivant une progression égale à celle de ses accroissements précédents, de manière à devenir très-petit quand la tache arrive près du bord occidental.

Si l'on marque sur un cercle représentant le disque solaire les positions successives du centre d'une tache, en général l'ensemble de ces positions se trouve contenu dans une demi-ellipse très-allongée; pendant six mois de l'année, la convexité de l'ellipse est tournée vers la partie supérieure du soleil, et pendant les six mois suivants, cette convexité est dirigée vers la partie inférieure de cet astre ; à deux époques intermédiaires, les taches paraissent décrire des lignes droites.

On peut expliquer tous ces phénomènes, en supposant que les taches sont adhérentes au soleil, et que cet astre tourne sur lui-même autour d'un axe peu différent d'une perpendiculaire au plan de l'écliptique. Il est visible que les dimensions transversales de la tache devront sembler d'autant plus petites qu'elles seront vues plus obliquement, que la tache sera plus près du bord de l'astre; il est de même évident que le mouvement diurne de la tache, supposé uniforme, paraîtra d'autant plus grand que l'arc parcouru se présentera à l'œil de l'observateur sous une direction plus voisine de la perpendiculaire ou que cet arc aura une position plus centrale.

Toutefois, il est vrai que, sous ces rapports, les apparences seraient les mêmes, si des corps opaques d'une très-mince épaisseur, tournaient uniformément autour du soleil, à peu de distance de sa surface et de manière à rester toujours perpendiculaire à la ligne menée du centre de l'axe au centre du disque. En effet, ainsi que l'a remarqué Arago, dès que ces corps opaques, en vertu de leurs mouvements, se projetteraient hors du disque, ils deviendraient invisibles dans l'océan de lumière dont l'astre paraît entouré. Jusqu'ici l'on ne serait donc pas en droit de décider que le soleil est animé d'un mouvement de rotation sur son centre.

Mais, indépendamment des taches noires, on aperçoit quelquefois, sur le soleil, des taches d'une nature tout opposée dont la lumière est plus vive que celle de la généralité de la surface de l'astre, et que, pour cette raison, on a appelées *facules*. Or, ces sortes de taches ne sauraient devenir invisibles quand elles se projetteraient au-delà du limbe du disque solaire, et elles offrent les mêmes phénomènes que les taches noires quand aux inégalités de vitesse qu'elles éprouvent en traversant ce disque d'un bord à l'autre. A ce point de vue, on décide que le soleil est doué d'un mouvement de rotation sur lui-même (1). Ce mouvement est direct, et par conséquent s'exécute dans le sens du mouvement rotatoire de la terre.

(1) Dira-t-on que cette sorte de démonstration prouve que la photosphère solaire a un mouvement de rotation, mais non pas qu'il en est ainsi du corps entier du soleil, parce qu'on peut supposer que, sous la photosphère, regardée comme nuageuse, il existe un corps solide ou liquide immobile? — Une telle hypothèse paraîtrait bien inadmissible. Si une rotation céleste s'opère, c'est par le concours de forces attractives qui doivent opérer non pas seulement sur l'atmosphère d'un astre, mais sur cet astre lui-même : cela est une conséquence de l'explication que j'ai présentée de la rotation des corps célestes dans le livre intitulé : *Discussions sur les principes de la physique*. Au reste, l'analogie nous invite à admettre la rotation du soleil. Il est reconnu que notre globe, avec son atmosphère, a un mouvement de translation et un mouvement de rotation sur son centre. Le soleil a aussi un mouvement de translation : comment penser qu'il ne tourne pas sur lui-même, que, à la différence de la terre, son atmosphère, sa photosphère seule est animée d'un tel mouvement! Si l'objection était sérieuse, il faudrait aussi douter de la rotation des planètes autres que la terre, car elle n'est pas mieux démontrée que celle du soleil; et même plusieurs n'offrent à l'observateur aucun signe certain de rotation extérieure.

Bien que le temps qui s'écoule entre deux apparitions consécutives d'une tache au bord oriental du soleil , ou entre deux disparitions successives d'une tache au bord occidental , soit d'environ 27 jours 1/2, le temps réel d'une rotation complète de l'astre est seulement d'en-viron **25** jours 1/2. Cela se démontre géométriquement. (Voir *Astronomie populaire* d'Arago, t. **1**, p. **85**.)

L'équateur solaire, c'est-à-dire le plan passant par le centre du soleil et perpendiculaire à l'axe autour du-quel cet astre fait sa révolution sur lui-même , est incliné d'environ **7°** sur le plan de l'écliptique.

Indépendamment de son mouvement rotatoire, le soleil exécute un mouvement de translation , il marche vers la constellation d'Hercule , en gravitant sans doute autour de quelque astre supérieur.

Les taches solaires diffèrent considérablement dans leur étendue et même dans leur forme. On a observé , dit Arago , des taches noires ayant une étendue linéaire de 167″, c'est-à-dire un diamètre environ dix fois plus grand que celui de la terre.

Les taches ont ordinairement peu de permanence ; quelques-unes toutefois ont persisté pendant **5** à **6** révo-lutions consécutives, c'est-à-dire pendant **5** à **6** mois. D'autres ont disparu tout à coup.

Les facules ordinairement se montrent près des ta-ches noires dont elles semblent annoncer l'apparition prochaine.

Le contour extérieur d'une tache noire est net , bien défini.

Tout autour d'une tache noire, quand elle a de grandes dimensions , se voit presque toujours une zone étendue d'une teinte moins sombre dont les contours sont nette-ment terminés comme ceux de la tache noire : on l'appelle *pénombre*. Elle est beaucoup moins lumineuse que le reste du soleil ; son éclat est presque uniforme, excepté dans les parties qui touchent au *noyau* noir, où l'on remarque , sous ce rapport , une augmentation sensible (voir, pour la représentation des taches, les figures 6, 7 et suivantes placées à la fin de ce traité).

A l'époque du passage d'une tache noire par le centre du soleil, la pénombre qui l'entoure est-elle également étendue dans tous les sens? En ce cas , au moment où la tache s'est montrée sur le bord oriental, la pénombre était sensiblement moins étendue du côté du centre que vers le bord. De même, quand la tache arrivera vers le bord occidental, ce sera vers ce bord que la pénombre aura le plus d'étendue. — Généralement , la pénombre n'existe plus du côté du centre quand la tache est parvenue à 24″ du bord. Une portion du noyau a aussi évidemment disparu du même côté.

Il y a parfois des taches sans pénombre ; les petites n'en ont presque jamais. Il y a aussi des taches sans noyau.

Les taches ne se montrent point également sur tout le disque solaire ; elles n'apparaissent guère au-delà de 35° de déclinaison boréale ou australe , comptés à partir de l'équateur solaire , ni en deçà de 5° de déclinaison boréale ou australe, comptés de la même manière.

CHAPITRE II.

Théorie d'Herschel.

On peut dire que cette théorie a été amenée graduellement par les travaux de Wilson et de Bode, que William Herschel n'ignorait point.

J'ai dit que, quand une tache est près du centre du disque solaire, sa pénombre entoure le noyau et est à peu près également large dans tous les sens; qu'au moment où elle s'est montrée, soit sur le bord oriental, soit sur le bord occidental, la pénombre a été sensiblement moins étendue du côté du centre ; que généralement quand la tache est parvenue à $24''$ du bord, la pénombre n'existe plus du côté du centre, et qu'une portion du noyau a aussi disparu du même côté.

En 1774, Wilson, frappé de ces particularités, qu'il avait observées, montra qu'elles seraient inexplicables dans l'hypothèse où la pénombre se trouverait à la surface du soleil et ferait partie de cette surface partiellement éteinte. Il faisait remarquer que, dans cette supposition, d'après les lois de la perspective, la région de la pénombre qui serait vue le plus obliquement devrait se montrer le plus rétrécie et disparaître la première, contrairement aux faits observés.

Wilson concluait que les taches solaires sont de grandes excavations dans la matière lumineuse du soleil. Les noyaux, selon lui, étaient les fonds des cavités ; les talus formaient les pénombres, les portions de pénombre voisines du centre devaient donc se rétrécir et disparaître les premières par un effet de perspective. Partant de ces données, le célèbre observateur de Glascow arrivait même à calculer la distance de la surface solaire au noyau, et il trouvait, pour cette distance, une quantité égale au rayon terrestre.

Dès lors, il admit, dans la constitution du soleil, deux matières de nature différente. Pour lui, l'astre fut un corps solide non lumineux, recouvert d'une légère couche d'une substance enflammée. Il supposait qu'un fluide élastique, élaboré dans la masse obscure du soleil, s'élevait à travers la matière lumineuse, l'écartait, la refoulait dans tous les sens, et rendait ainsi visible une portion du globe obscur.

Plus tard, supposant que l'enveloppe éclairante solaire ressemblait, par sa constitution, à un brouillard épais, il tenta d'expliquer, notamment, la disparition des noyaux par empiètement, la persistance de la pénombre après cette disparition.

Dans un mémoire publié en 1776, Bode reproduisit les idées de Wilson, en les modifiant. Il concevait le soleil comme un corps obscur solide en partie, en partie couvert de liquide, parsemé de montagnes, sillonné de vallées, et enveloppé d'une atmosphère de vapeurs et d'une atmosphère lumineuse. La première atmosphère empêchait la seconde (l'atmosphère lumineuse) d'aller toucher le corps solide.

« Lorsqu'une agitation quelconque, ajoutait Bode, occasionne un déchirement dans l'atmosphère lumineuse, nous apercevons le noyau solide de l'astre, toujours très-obscur par rapport à la vive clarté qui l'entoure, mais plus ou moins sombre cependant, suivant que la portion ainsi découverte est une vaste mer, une vallée resserrée ou une plaine unie et sablonneuse.

» La nébulosité qui environne souvent les taches, provient de ce que l'atmosphère lumineuse n'est entièrement déchirée que vers le milieu. A partir de ce point milieu et jusqu'à une certaine distance, l'atmosphère lumineuse est seulement réduite d'épaisseur. La nébulosité peut donc exister seule, ou continuer à paraître après la disparition de la tache noire. »

Pour expliquer les facules, il suppose que l'enveloppe lumineuse du soleil a une forme irrégulière, est plus ou moins élevée en certains endroits, plus ou moins déprimée dans d'autres. « Les vagues de la mer, dit-il, si apparentes quand on les voit du rivage, seraient peu visibles pour qui les observerait d'un point situé verticalement au-dessus d'elles. Telle est aussi la raison qui fait que les facules disparaissent ordinairement en allant du bord au centre. »

William Herschel, dans un mémoire de 1795, assure que la substance brillante du soleil ne saurait être ni un liquide ni un fluide élastique. « Sans cela, dit-il, les cavités des taches et les ondulations de la surface pointillée seraient bientôt remplies. » Suivant l'éminent astronome, cette substance est, sous ce rapport, analogue à nos nuages.

Au-dessous de cette couche, est une couche atmosphérique plus compacte, beaucoup moins lumineuse, ou qui même ne brillerait que par réflexion. Sous cette dernière se trouve le corps obscur du soleil.

Quand une cause quelconque vient à entrouvrir les

deux atmosphères superposées, on aperçoit le corps obscur intérieur : ainsi s'expliquent les taches. Lorsque les grandeurs relatives des ouvertures correspondantes de ces atmosphères ne laissent apercevoir que le corps obscur de l'astre, c'est un noyau sans pénombre. L'œil découvre-t-il en outre une certaine étendue de l'atmosphère intérieure, le noyau se montre entouré d'une pénombre. Enfin, s'il n'y a d'ouverture que dans l'atmosphère lumineuse, alors on voit une pénombre sans noyau.

Suivant Herschel, il se formerait incessamment à la surface du corps obscur du soleil, un fluide élastique d'une matière inconnue qui s'élèverait dans les hautes régions de son atmosphère, à cause de sa faible pesanteur spécifique. Quand ce gaz est peu abondant, il engendre de petites ouvertures dans la couche supérieure des nuages lumineux : ce sont les *pores*.

Le gaz, parvenu dans la région de l'atmosphère lumineuse, est brûlé ou se combine avec d'autres gaz, la lumière provenant de cette action chimique n'est pas également vive partout : de là les *rides*.

Les nuages lumineux ne se touchant pas, les interstices qu'ils laissent entre eux permettent d'apercevoir les nuages intérieurs à l'aide de la réflexion opérée à leur surface. Cette réflexion étant relativement faible, le soleil paraît peu lumineux dans la région où elle a lieu. Le mélange de la lumière réfléchie et de la vive lumière émise par les parties élevées des rides, donne au soleil une apparence pointillée, tant qu'on n'emploie pas un très-fort grossissement.

Un courant ascendant de gaz plus intense que les courants générateurs des simples pores, donne naissance à de larges ouvertures. Si les nuages lumineux ne cèdent pas immédiatement à l'impulsion de la force qui tend à les séparer, ils s'accumulent près de l'ouverture et il en résulte de longues facules.

Des courants ascendants très-intenses divisent, sur une grande étendue, l'enveloppe continue que forment les nuages inférieurs ; ils divergent en continuant à s'élever entre les deux couches et opèrent dans l'atmosphère lumineuse une éclaircie plus étendue encore. Dans le voisinage de cette éclaircie, certaines parties du courant ascendant iront fournir un nouvel aliment à la combustion. De tout cela résulteront des noyaux, des pénombres et des facules.

William Herschel était disposé à admettre que la cause qui rend la photosphère lumineuse est analogue à celle qui produit les aurores boréales. Toute la surface du soleil serait ainsi entourée d'une aurore boréale permanente.

Arago admettait les bases de la théorie d'Herschel. Dans son *Astronomie populaire* (t. **2**), après avoir rapporté les principaux phénomènes relatifs aux taches, il s'exprime ainsi : « Tous ces phénomènes s'expliquent d'une manière satisfaisante, si l'on admet que le soleil est un corps obscur entouré, à une certaine distance, d'une atmosphère qui peut être comparée à l'atmosphère terrestre lorsque celle-ci est le siége d'une couche continue de nuages opaques et réfléchissants, et si, de plus, au-dessus de cette première couche, on place une seconde atmosphère lumineuse, une *photosphère*, qui, plus ou moins éloignée de l'atmosphère nuageuse intérieure, détermine par son contour extérieur les limites visibles de l'astre...

» La cause, quelle qu'elle puisse être, qui détermine l'écartement dans la matière dont se compose l'atmosphère réfléchissante, semble devoir occasionner une accumulation de cette matière tout près des bords de l'ouverture ; or une accumulation de matière doit avoir pour conséquence une augmentation dans la réflexion des rayons lumineux. On voit que par là on rendrait assez bien compte de l'augmentation de clarté de la pénombre dans le voisinage du noyau obscur qu'elle entoure. »

L'éminent astronome, t. 2, p. 105, explique les facules et les lucules de la manière suivante : il assure, d'après des expériences spéciales sur ce point, qu'une flamme verse sur un objet une égale quantité de lumière, quand elle l'éclaire par la tranche et lorsqu'elle se présente à lui par sa plus large surface. Il en conclut qu'une surface gazeuse incandescente et d'une étendue déterminée est plus lumineuse si on la voit obliquement que sous l'incidence perpendiculaire, « par conséquent, dit-il, si la surface solaire offre des ondulations comme notre atmosphère lorsqu'elle se couvre de nuages pommelés, elle doit paraître comparativement faible dans les parties de ces ondulations qui se présentent perpendiculairement à l'observateur, et plus brillante dans les parties inclinées ; toute cavité conique doit nous sembler une lucule. Il n'est donc plus nécessaire, pour rendre compte des apparences, de supposer qu'il existe sur le soleil des milliers de foyers plus incandescents que le reste du disque, ou des milliers de points se distinguant des régions voisines par une plus grande accumulation de la matière lumineuse. »

Arago, à l'aide d'expériences de polarisation, a cru pouvoir déterminer directement la nature de la matière incandescente du soleil.

Il a reconnu que la lumière qui émane, sous un angle suffisamment petit, de la surface d'un corps solide ou d'un corps liquide incandescent, lors même que cette surface n'est pas complètement polie, offre des traces évidentes de polarisation, en sorte que, pénétrant dans la lunette polariscope, elle se décompose en deux faisceaux colorés ;

Que la lumière qui émane d'une substance gazeuse enflammée, d'une substance semblable à celle qui éclaire aujourd'hui nos rues, nos magasins, est toujours au contraire à l'état naturel, quel qu'ait été son angle d'émission.

Or, en observant directement le soleil un jour quelconque de l'année, à l'aide de grandes lunettes polariscopes, on n'a aperçu aucune trace de coloration sur les bords des deux images. Donc, conclut Arago, la substance enflammée qui dessine le contour du soleil est gazeuse ; puis il généralise la conclusion, en remarquant que les divers points de la surface du soleil, par l'effet du mouvement de rotation, viennent chacun à leur tour se placer sur le bord.

Ce résultat s'accorde avec la théorie d'Herschel en ce point que la photosphère du soleil est supposée gazeuse.

Avant de juger cette théorie, je crois convenable de présenter et discuter les théories opposées, les opinions qui s'en écartent. Je suis d'autant plus porté à suivre cet ordre, que, depuis Herschel, on a observé des faits, des particularités importantes, qu'on a invoqués contre sa doctrine et qui méritent certainement notre attention.

Les discussions auxquelles je me livrerai feront suffisamment connaître mon opinion sur les travaux de Wilson et de Bode.

CHAPITRE III.

Expériences et théorie de M. Kirchhoff. — Réflexions critiques à ce sujet.

Dans un mémoire présenté à l'Académie de Berlin en 1861, M. Kirchhoff a rendu compte des expériences qu'il a faites, avec M. Bunsen, sur le spectre. De ces expériences il a conclu notamment que « les différentes combinaisons d'un même métal, lorsqu'elles sont volatiles, donnent naissance aux mêmes raies brillantes, ne variant que par leur éclat, et qu'un mélange des sels de différents métaux donne un spectre identique à celui qui résulterait de la superposition des spectres de chacun de ces métaux. » Sur l'apparition de ces raies brillantes il a fondé une méthode d'analyse qualitative.

Après avoir reconnu, avec la flamme de la lampe de Bunsen, les raies brillantes de chacun des métaux, il a retrouvé ces raies dans les spectres obtenus, à l'aide d'autres flammes moins propres à leur production, dans lesquelles il plaçait un sel volatil de ces métaux, et dans le spectre de l'étincelle électrique, l'électrode étant formé par chacun de ces corps simples, ou seulement imprégné d'une dissolution de ces substances.

En comparant les uns aux autres les spectres des di-

vers métaux, il a observé que plusieurs raies de ces
spectres semblent coïncider. Cela lui a paru frappant
surtout pour certaines raies qui appartiennent l'une au
fer et au magnésium, et l'autre au fer et au calcium.

Il a observé aussi que la position des raies brillantes
ou des maxima de lumière, dans le spectre produit par
une vapeur incandescente, est indépendante de la température, de la présence d'autres vapeurs; en un mot,
de toutes les conditions autres que la nature chimique
de la vapeur examinée. Cependant, en diverses circonstances, l'aspect du spectre d'une même vapeur peut être
très-différent, et la variation de la masse de la vapeur
incandescente peut suffire à elle seule pour donner au
spectre de cette vapeur un autre caractère. Lorsqu'on
augmente l'épaisseur de la couche de vapeur dont on
étudie le spectre, l'intensité de chacune des raies brillantes du spectre s'accroît, mais d'une manière variable
pour chacune d'elles. La température de la vapeur
incandescente semble exercer sur le spectre une influence
analogue à celle de la masse de cette même vapeur.
M. Kirchhoff explique, par cette influence de la température et de la masse de la vapeur incandescente,
comment, dans beaucoup de spectres de vapeurs métalliques, les raies les plus caractéristiques sont autres,
suivant qu'on observe le métal placé dans une flamme
de gaz ou servant au passage de l'étincelle électrique.
Ces observations s'appliquent de tout point au spectre
du calcium. M. Kirchhoff a trouvé que, lorsque dans le
circuit d'une bouteille de Leyde qui donne l'étincelle,
on interpose une ficelle humide ou un tube étroit rempli
d'eau, et qu'on met du chlorure de calcium en dissolution sur les électrodes, on obtient un spectre parfaitement identique à celui que donne le chlorure de cal-

cium placé directement dans la flamme du gaz. Dans
ce spectre, on n'aperçoit pas les raies qui sont les plus
brillantes lorsque le circuit de la décharge est entièrement métallique. Si l'on remplace la mince colonne
d'eau par une couche de ce liquide d'un plus grand
diamètre et d'une plus faible hauteur, on obtient un
spectre présentant à la fois, avec une égale netteté, les
raies que donne le spectre de la flamme du gaz et celles
de l'étincelle non affaiblie. Cela montre comment on
passe du spectre de calcium fourni par la flamme du gaz
au spectre éclatant du même métal obtenu avec l'étincelle électrique.

Déjà, dans ses recherches entreprises sur le spectre
de l'arc électrique produit entre deux cônes de charbon,
M. Foucaud avait observé que les raies brillantes du
sodium qu'il y avait reconnues étaient transformées en
raies obscures lorsqu'il superposait le spectre de l'arc
électrique et celui du soleil. Lorsqu'il faisait passer la
lumière solaire à travers l'arc, les raies obscures D apparaissaient avec une intensité inaccoutumée.

M. Kirchhoff a cherché à expliquer et étendre ces
observations. Ayant produit un spectre d'une intensité
moyenne, il plaça devant la fente de l'appareil une
flamme chargée de sodium, et il vit les raies obscures D
se transformer en raies brillantes. La lampe de Bunsen
lui donnait les raies du sodium sur le spectre solaire
avec un éclat inattendu. Ayant fait passer un rayon
solaire direct à travers la flamme du sodium placée en
avant de la fente, il vit apparaître avec une intensité
extraordinaire les raies D. Il remplaça la lumière solaire
par la lumière Drummond, dont le spectre, dit-il,
comme celui de tout corps solide ou liquide, porté à
l'incandescence, ne présente pas de raies obscures ;

puis, en faisant passer cette lumière au travers d'une flamme convenable chargée de sel marin, le spectre fut immédiatement renversé par la substitution des raies obscures aux raies brillantes du sodium. En employant, au lieu d'un cylindre en chaux, un fil de platine rendu incandescent par une flamme et porté à une température voisine de son point de fusion par l'action d'un courant électrique, il observa le même fait.

M. Kirchhoff explique ces phénomènes en supposant qu'une flamme chargée de sodium exerce une absorption sur les rayons de même réfrangibilité que ceux qu'elle émet, et qu'elle est au contraire complètement transparente pour tous les autres rayons. (A l'appui de cette hypothèse, il rappelle qu'on a observé depuis longtemps une semblable absorption exercée à basse température par certaines vapeurs, telles que l'acide hypoazotique et la vapeur d'iode.) Si l'on vient à placer, en avant du fil de platine incandescent dont on observe le spectre, une flamme de sodium, l'éclat des parties voisines des raies du sodium n'est pas modifié, ce qui doit être dans l'hypothèse précédente, mais les raies elles-mêmes changent, et cela pour deux motifs. D'abord la lumière émise par le fil de platine perd une certaine partie de son intensité primitive par l'absorption qu'exerce, sur une certaine étendue, la flamme de sodium. D'autre part, la lumière de la flamme de sodium s'ajoute à la lumière du fil. — Lorsque le fil de platine émet une lumière d'une intensité suffisante, la perte de lumière causée par l'absorption de la flamme doit l'emporter sur l'accroissement de lumière dû à cette même flamme ; les raies du sodium doivent alors paraître plus obscures que les parties du spectre qui les avoisinent, et peuvent, si l'absorption est assez considérable, paraître tout à fait noires par contraste avec leur voisinage, bien que leur intensité lumineuse dépasse nécessairement encore celle de la flamme de sodium considérée isolément.

L'absorption de la flamme de sodium sera d'autant plus visible que son pouvoir éclairant sera plus faible, c'est-à-dire que sa température sera plus basse. En effet, on n'est pas arrivé à produire sur le spectre d'un fil de platine incandescent ou sur le spectre de la lumière de Drummond les raies obscures du sodium à l'aide d'une flamme de gaz contenant du sel marin; mais on y réussit parfaitement avec une flamme d'alcool aqueux et salé........

La flamme du sodium se distingue de toutes les autres flammes colorées par la grande intensité des raies de son spectre. Après elle, sous ce rapport, vient la flamme du lithium. La raie rouge de ce métal peut être presque aussi facilement renversée que les raies brillantes du sodium. Si l'on fait arriver un rayon solaire au travers d'une flamme de lithium, on voit apparaître, dans le spectre, à la place de la raie rouge, une raie obscure qui rivalise par sa netteté avec les raies de Fraünhofer les plus caractéristiques, et qui disparaît lorsqu'on enlève la flamme du lithium. Le renversement des raies brillantes des autres métaux s'obtient moins facilement; toutefois MM. Kirchhoff et Bunsen ont pu renverser les raies les plus brillantes du potassium, du strontium, du calcium et du baryum en faisant détoner devant la fente du spectroscope, à travers laquelle passaient les rayons solaires, un mélange de chlorates de ces corps avec du sucre de lait.

M. Kirchhoff conclut de ces faits que chaque gaz incandescent affaiblit, par absorption, exclusivement les rayons doués de même réfrangibilité que ceux qu'il

émet ; en d'autres termes, que le spectre de chaque gaz
incandescent doit être renversé, lorsque ce gaz est traversé par des rayons de même réfrangibilité émanés d'une
source lumineuse suffisamment intense, et donnant par
elle-même un spectre continu, c'est-à-dire dénué de raies.

Pour justifier théoriquement cette interprétation, l'auteur raisonne ainsi : « Pour chaque espèce de rayon,
dit-il, le pouvoir émissif de tous ces corps portés à la
même température est égal au pouvoir absorbant. On
n'a en vue, dans cette proposition que les corps émettant des rayons dus uniquement à la température à
laquelle ils sont portés, et l'on admet que les rayons
absorbés par ces corps sont transformés intégralement
en chaleur ; on en exclut, par exemple, les cas dans lesquels se produit la phosphorescence. Il résulte immédiatement de cette proposition qu'un gaz incandescent,
dans le spectre duquel manquent des teintes qui existent
dans ce spectre d'un autre corps possédant la même
température que lui, est complètement transparent pour
les rayons correspondant à ces couleurs, et qu'il exerce,
sur les rayons d'une couleur qui existe dans son spectre,
une absorption d'autant plus considérable que l'intensité
de cette couleur de son spectre est elle-même plus
grande. On voit donc que l'hypothèse à laquelle con-
duisent les phénomènes que je viens de décrire est rigoureuse dans les limites d'exactitude du théorème précédent, et qu'elle s'applique par conséquent au cas où
le gaz n'émet de rayons que par suite de la température,
et n'exerce d'autre absorption que celle qui transforme
en chaleur tous les rayons absorbés. »

Il conclut du même principe que si la source lumineuse donnant un spectre continu à l'aide de laquelle
sera renversé le spectre d'un gaz incandescent est elle-

même un corps incandescent, sa température doit être
plus élevée que celle du gaz incandescent.

M. Kirchhoff rappelle cette observation de Fraünhofer,
que les deux raies obscures du spectre solaire, qu'il a
désignées par la lettre D, coïncident avec les deux raies
brillantes qu'on sait aujourd'hui être les raies du sodium.
Il constate des coïncidences de ce genre entre des raies
d'autres métaux, tels que le fer, le calcium, le magnésium, et des raies du spectre solaire, et il les explique
en admettant que les rayons lumineux qui donnent le
spectre solaire ont traversé des vapeurs de ces métaux,
dans lesquelles ils ont éprouvé l'absorption que devaient
exercer sur eux ces vapeurs ; il ne voit pas d'autre explication plausible de ces coïncidences, il juge nécessaire
de l'admettre. Il est vrai que des vapeurs de métaux, de
fer, par exemple, peuvent exister dans l'atmosphère de
la terre , mais M. Kirchhoff regarde comme impossible
qu'il y ait dans notre atmosphère des vapeurs de fer en
quantité suffisante pour produire dans le spectre solaire
des raies d'absorption aussi marquées que le sont les
raies correspondant au fer. C'est d'autant plus inadmissible, pense-t-il, que ces raies n'éprouvent pas un
changement notable quand le soleil s'approche de l'horizon. Rien au contraire ne s'oppose à l'hypothèse de
l'existence de semblables vapeurs dans l'atmosphère du
soleil dont la température doit être si élevée.

L'auteur est ainsi conduit à regarder comme démontrée la présence du fer, du calcium, du magnésium, du
sodium, du chrome, du nickel, et même du barium, du
cuivre et du zinc, mais en petite quantité, quant à ces
trois derniers métaux.

Suivant M. Kirchhoff, pour expliquer les raies obscures du spectre solaire, il faut admettre que l'atmo-

sphère du soleil enveloppe un corps éclairant donnant par lui-même un spectre dépourvu de raies obscures et doué d'une intensité lumineuse qui dépasse certaines limites, et l'hypothèse la plus vraisemblable qu'on puisse faire consiste à admettre que le soleil est constitué par un noyau solide ou liquide, porté à la plus haute température qu'on puisse imaginer et entouré d'une atmosphère un peu moins chaude que lui. Cette conception lui paraît s'accorder avec l'hypothèse de Laplace sur la formation de notre système planétaire. « Si, dit-il, la masse, concentrée aujourd'hui dans des corps isolés, a formé autrefois une nébuleuse d'une dimension énorme de la condensation de laquelle sont résultés le soleil, les planètes et la lune, tous ces corps ont dû, au moment de leur formation, présenter une constitution intime, identique. La géologie nous a appris que la terre s'est trouvée primitivement à l'état de liquide incandescent ; il faut admettre que les autres éléments de notre système planétaire ont passé également par cet état. Le refroidissement qui s'est produit pour tous, par suite du rayonnement de la chaleur, a atteint chez chacun d'eux, suivant leur différentes masses, des degrés très-différents ; tandis que la lune est devenue plus froide que la terre, la température de la surface du soleil n'est pas encore descendue au-dessous du rouge blanc. L'atmosphère terrestre, qui ne contient plus aujourd'hui qu'un petit nombre d'éléments, devait, lorsque la terre était encore incandescente, posséder une composition beaucoup plus complexe; tous les corps volatils au rouge devaient s'y rencontrer. L'atmosphère du soleil doit posséder aujourd'hui une composition semblable. »

Mais les phénomènes des taches solaires, comment M. Kirchhoff les explique-t-il ? Voici son explication :

« Il doit, dit-il , se produire dans l'atmosphère du
» soleil des phénomènes analogues à ceux que nous
» observons dans la nôtre; il doit y arriver, comme
» sur la terre, des abaissements de température don-
» nant lieu à la formation de nuages : seulement les
» nuages solaires seront différents des nuages terrestres
» par leur constitution chimique. Lorsqu'un nuage s'est
» formé près du soleil, toutes les régions de l'atmo-
» sphère situées immédiatement au-dessous de lui se
» refroidissent, parce qu'une partie de la chaleur rayon-
» nante que le noyau incandescent lui envoyait primiti-
» vement est absorbée par le nuage. Ce refroidissement
» sera d'autant plus grand que le nuage aura plus
» d'étendue et d'épaisseur, il sera plus considérable
» pour les points situés près du nuage que pour les
» points plus élevés. Il doit résulter de là que le nuage
» s'accroîtra par en haut avec une rapidité croissante,
» et que sa température s'abaissera. La température
» s'abaissant au-dessous du rouge, le nuage devient
» opaque et constitue le noyau d'une tache solaire.
» Mais il se produit aussi des abaissements de tempé-
» rature à des hauteurs considérables au-dessus de ce
» nuage, et cela non-seulement verticalement, mais
» aussi latéralement. Si quelque part par là , soit par
» le peu d'élévation de la température régnante, soit
» par la rencontre de deux courants atmosphériques ,
» les vapeurs s'approchent de leur point de condensa-
» tion, cet abaissement de température provoquera
» la formation d'un second nuage moins dense que le
» précédent, parce que, à cette hauteur, la densité
» des vapeurs qui lui donnent naissance est moins con-
» sidérable qu'au-dessous, la température étant plus
» basse ; ce second nuage, en partie transparent, con-

» stituera la pénombre s'il a un développement suffi-
» sant. A la surface de la terre, nous voyons aussi se
» produire simultanément, à diverses hauteurs, des
» nuages dont la densité diminue avec la hauteur.

» Il doit sur notre globe y avoir fréquemment for-
» mation simultanée de différentes couches de nuages,
» sans qu'on puisse observer le phénomène; mais si ce
» n'est pas la règle chez nous, cela peut l'être près du
» soleil, parce que l'atmosphère de cet astre est exclu-
» sivement échauffée par en bas, tandis que la nôtre
» tire toute sa chaleur d'en haut, c'est-à-dire des
» rayons solaires. »

Dans la théorie des taches que propose M. Kirchhoff,
chacune des deux couches de nuage joue le rôle attribué
aux ouvertures respectives de l'atmosphère nébuleuse et
de la photosphère dans la théorie d'Herschel. Il rend
cela sensible au moyen de la figure 1 où AB et CD
représentent les deux nuages dans l'une des théories
et les ouvertures dans l'autre; S est la surface du noyau
solaire considéré dans l'une des théories comme éclairant et dans l'autre comme obscur.

Si la terre se trouve dans la direction T, la tache apparaît au centre du disque solaire et la pénombre a des
deux côtés même largeur. La terre se trouve-t-elle
dans la direction T', la tache se montre dans le
voisinage de l'un des bords du soleil et la pénombre a
disparu en C. Le côté situé près de C est celui du côté
de la tache tournée vers le centre du soleil, comme on
peut le voir sur la figure 2; dans celle-ci, S représente
la surface, M le centre du noyau solaire, E le lieu où
se trouve la tache; si la terre est sur la ligne MT, E
apparaît comme le centre du disque solaire; si la terre
est sur la ligne MT', c'est E' qui paraît être le centre du

disque. La différence existant entre les conclusions qui découlent des deux théories est la suivante : lorsque la terre s'avance au delà de T', une partie du noyau de la tache doit, suivant l'une de ces théories, sortir de la pénombre, suivant l'autre elle doit être masquée par elle.

Pourquoi, dans le système de M. Kirchhoff, le noyau d'une tache est-il nettement limité, et pourquoi la pénombre dans les parties qui touchent au noyau, est-elle ordinairement plus lumineuse que dans le voisinage de son bord extérieur ? Voici la réponse de M. Kirchhoff :

« Cela tient, je crois, à ce que le nuage supérieur est
» très-mince en son milieu, et que sa masse est particu-
» lièrement condensée sur ses bords. Le refroidissement
» qui, au-dessus du nuage, résulte de l'absorption
» partielle par ce dernier des rayons émanés du noyau
» solaire occasionne un courant d'air descendant. L'air
» qui, pour cette raison, est appelé des points très-
» élevés de l'atmosphère, doit être remplacé ; il s'ensuit
» un courant ascendant qui se forme tout autour du
» nuage. Ces deux courants se rencontrent au sein
» même du nuage, de sorte que ce dernier devient le
» lieu de courants se produisant horizontalement et
» allant du dehors au dedans.

» Ces courants, qui sont d'une intensité énormément
» supérieure à celle des courants terrestres, les diffé-
» rences de température qui les produisent pouvant
» atteindre plusieurs milliers de degrés, doivent en-
» traîner avec eux les masses nébuleuses, et rendre ainsi
» le nuage plus mince au milieu et plus dense sur ses
» bords. Si l'on jette un regard sur les dessins des
» taches solaires, exécutés avec tant de soin dans le VIe
» volume des *Astronomische Nachrichten* de Schumacher
» (voir aussi Arago, *Astronomie populaire*, t. 11,

» p. 96 et suiv.), on voit, dans la pénombre de la plu-
» part de ces taches, des bandes plus foncées s'éten-
» dant du dedans au dehors, et qui permettent, à
» mon avis, de conclure à l'existence de courants avec
» autant de raison qu'on peut le faire pour les vents
» qui règnent dans les hauteurs de notre atmosphère,
» d'après les bandes parallèles qu'on y aperçoit.

» La violence des orages qui doivent se produire
» dans le voisinage des nuages explique la grande va-
» riabilité que présentent les taches du soleil. »

Les expériences de M. Kirchhoff sur le spectre solaire
sont incontestablement fort remarquables et fécondes à
plusieurs égards; mais elles n'autorisent point à conclure
que le soleil est un corps solide ou liquide incandescent; que les taches ne sont autre chose que des nuages
cachant une portion de la surface éclatante de l'astre.

Est-il certain que tout corps solide ou liquide incandescent donne un spectre continu? Est-il certain que
tout corps gazeux incandescent ne peut donner qu'un
spectre discontinu? C'est contestable, car nous ne connaissons pas tous les corps possibles. Au reste, voici
comment M. Foucault s'est exprimé, à ce sujet, dans
un feuilleton du journal des *Débats* où il a rendu compte
des expériences spectrales de MM. Kirchhoff et Bunsen :

« L'analyse prismatique appliquée à l'étude des
sources de lumière artificielle fournit des résultats généraux dont le caractère dépend surtout de l'état physique
des particules portées à l'incandescence. Quand la source
est un corps solide ou liquide, tel que l'argent fondu,
le charbon ou le platine rougi, le spectre qu'on en tire
se montre parfaitement complet et continu d'une extrémité jusqu'à l'autre; mais si la lumière émane d'une
flamme *uniquement formée d'un gaz incandescent*, il ar-

rive *presque toujours* qu'elle fournit un spectre plus ou moins incomplet, dans lequel les rayons simples se disposent en groupes séparés par des intervalles obscurs. » Ces mots *presque toujours* impliquent que parfois aussi le contraire est arrivé, c'est-à-dire qu'un gaz a donné un spectre complet, sans intervalles obscurs.

Admettons qu'une flamme uniquement formée d'un gaz, d'un pur gaz incandescent, donne toujours un spectre discontinu : en sera-t-il ainsi d'une flamme formée non-seulement d'un tel gaz, mais encore de parcelles solides ou liquides incandescentes? Quand, pour obtenir la lumière Drummond, on introduit un morceau de chaux dans le dard du chalumeau à gaz oxygène et hydrogène, la chaux se dilate et ses parties deviennent incandescentes au sein de la flamme résultant de la combinaison de l'hydrogène avec l'oxygène ; mais si de nombreuses parcelles de chaux incandescentes se trouvaient dans cette flamme, sans faire partie ou sans être arrachées d'un morceau de chaux préalablement introduit dans le mélange gazeux en combustion, ne produiraient-elles pas un spectre continu, un spectre analogue à celui de la lumière Drummond? Cela est plausible, et nous verrons bientôt que M. Kirchhoff lui-même ne repousse pas cette hypothèse.

On peut donc supposer que la photosphère solaire n'est pas formée d'un pur gaz, qu'elle contient des parcelles solides qui par leur incandescence donnent à la lumière de l'astre son très-vif éclat, et que néanmoins, soit dans ce gaz, soit dans les couches qui lui sont extérieures, se trouvent des vapeurs métalliques ou autres, telles que des vapeurs de sodium, de calcium, etc., qui absorbent certains rayons de la lumière photosphérique, les rayons de même réfrangibilité que ceux que ces vapeurs émettent pour leur propre compte (1), et qu'il en résulte ces lacunes, ces raies sombres, noires, qui apparaissent dans le spectre solaire. Si, pour ce phénomène, la lumière solaire doit être telle que, par elle-même, et sans la présence des matières absorbantes, elle donnerait un spectre continu, il n'est point inadmissible, qu'elle puisse offrir cette condition sans émaner d'un corps solide ou liquide incandescent. Il peut suffire qu'elle provienne surtout de parcelles solides ou liquides portées à l'incandescence, dans la flamme d'un gaz soumis à une très-haute température.

D'ailleurs, on peut supposer, avec M. Faye, que des gaz proprement dits, en se combinant dans la photosphère, donnent des produits solides ou liquides qui aient, comme les matières originairement telles, le pouvoir de rendre la flamme propre à fournir un spectre continu : supposition que, d'ailleurs, on peut faire sans admettre la théorie de M. Faye sous d'autres rapports.

Il est des faits positifs qui protestent contre la théorie de M. Kirchhoff, en montrant clairement que les taches ne sont point au-dessus de la photosphère, mais au-dessous. Voici ces faits :

1° L'intervalle lumineux compris entre deux taches équatoriales, quelque petit qu'il soit au moment où ces taches atteignent le centre du disque, subsiste généralement encore près du limbe. Galilée, en remarquant ce fait, en a conclu avec raison que les noyaux des taches n'ont aucune saillie au-dessus de la surface solaire; car si leur hauteur était sensible, ils se projetteraient alors

______

(1) J'ai contesté cette explication dans mon livre intitulé : *Discussions sur les principes de la Physique.* Toute réflexion faite, je pense qu'elle peut s'admettre.

l'un sur l'autre et ne paraîtraient former qu'une seule tache;

2° L'observation ayant suivi dans leur cours certaines taches solaires jusqu'au bord du limbe, l'aspect qu'elles ont présenté a laissé voir qu'elles sont des cavités, non des protubérances. Plusieurs astronomes ont fait des observations de ce genre; je me borne à citer celle du R. P. Secchi, qui en a rendu compte de la manière suivante dans le *Cosmos* du **8** novembre **1865** :

« Je viens maintenant à l'observation la plus importante. J'ai déjà remarqué que, dans son avancement, la tache avait subi un grand allongement de la pénombre intérieure, et que dans cette pénombre se trouvaient des noyaux très-bien décidés, environnés de facules ou parties plus claires. Je surveillais donc avec grand empressement la disparition de la tache au bord du soleil, pour voir quels phénomènes se manifestaient. La première partie de la tache arriva au bord le 5 août, à 6 h. 1 m., mais l'état de l'atmosphère agitée ne permit pas d'observer avec sûreté des phénomènes particuliers. Le matin suivant, la seconde partie de la tache arriva au bord, et j'eus la satisfaction de faire l'observation suivante, dans des circonstances d'air assez favorables.

» La tache montrait un noyau qui, le matin, à 9 heures, se trouvait très-rapproché du bord. Ce noyau se voyait comme un trait noir, séparé par un filet très-lumineux du bord du soleil, et ce filet produisait une proéminence sur le bord solaire, et, à droite et à gauche de cette proéminence, on voyait nettement une dépression. A quelque distance du noyau, on avait, sur le bord, une partie brillante, et de là le bord se relevait, pour continuer ondulé jusqu'à la limite de la tache, au-delà de laquelle le limbe solaire reprenait sa régularité. J'étais absorbé dans ces observations, lorsque je reçus la visite de M. Tacchini, astronome à Palerme, et très-exercé dans les observations solaires, et, sans lui dire ce que j'avais vu, je le priai de faire grande attention au lieu de la tache et de dessiner ce qu'il voyait. M. Tacchini fit une figure que je trouvai juste l'expression de ce que j'avais vu.

» A 10 h. 32 m., temps moyen de Rome, le bord lumineux qui enveloppait le noyau était encore visible comme une ligne déliée, mais avec des nœuds et des irrégularités assez sensibles à l'intérieur. On ne peut se refuser de comparer ces apparences à celles qu'on voit dans la lune, près du bord, lorsqu'elle est presque pleine. La pleine lune en photographie de M. Rutherfurd, de New-York, qui m'arriva ce jour-là, finit par nous convaincre que les apparences étaient les mêmes. Pour plus de sûreté, dans une observation de telle importance, nous avons pris le bord par projection, et nous avons estimé les irrégularités entre 1/4 et 1/2 seconde en arc.

» D'après ces circonstances, il me paraît bien démontré que les facules étaient des proéminences, et les pénombres des dépressions dans le corps solaire. Si ces dépressions se voient si rarement, c'est que les taches sont ordinairement très-petites par rapport au globe solaire, et par là il arrive que le bord saillant de la partie intérieure, lorsque la tache est près du limbe, cache lui-même la pénombre et la cavité, comme il arrive même dans la lune. Mais si la dépression a une très-vaste étendue, comme cette fois-ci, le bord saillant ne peut empiéter assez pour cacher toute la dépression de la pénombre.

» Il est inutile d'insister sur l'importance de cette observation qui tranche pour toujours ce point douteux. »

M. Faye a présenté (séance du 4 décembre 1865 de l'Académie des Sciences) une démonstration du même fait en se fondant sur un autre ordre d'idées. Elle est trop importante pour que je ne lui donne pas une place dans cette discussion.

Plusieurs astronomes, notamment M. Carrington, ont observé que le mouvement d'une tache n'est pas uniforme. Par exemple, une tache régulière, observée par ce dernier, à deux retours consécutifs, a décrit sur l'hémisphère visible du soleil, en 10 jours, un arc de 6°, tandis qu'elle a mis 18 jours sur l'hémisphère invisible pour parcourir un arc de moins de 5° (ces arcs étant comptés à partir du méridien mobile employé dans ce genre de recherches). Or, M. Faye a fait remarquer que le mouvement d'une tache doit paraître inégal si la tache n'est pas au niveau même de la photosphère; parce que, dans ce cas, pour un observateur placé au centre du soleil, elle ne répond pas au même point de la surface que pour un observateur placé sur la terre. Cette considération l'a porté à penser que telle était la cause de l'inégalité apparente du mouvement dont il s'agit.

Il a réduit en formule cette irrégularité.

En appelant R, le rayon du soleil ;

p, la distance de la tache à la surface ;

l et λ, les coordonnées héliocentriques de la tache;

ρ, la distance angulaire héliocentrique au centre de l'hémisphère visible ;

t, un angle parallactique donné par la formule

$$\sin t = \frac{\mathrm{Cos}\ D}{\sin \rho}\ \sin\ (l - \mathrm{L.})$$

dans laquelle L et D désignent les coordonnées héliocentriques de la terre. La longitude et la latitude de la tache, corrigées de l'inégalité en question, seront :

$$l \pm \frac{p}{R} \ \ \text{tang} \ \rho \sin t \sec \lambda$$

$$\lambda \pm \frac{p}{R} \text{tang} \ \rho \cos t \quad (\cos t \text{ suit le signe de } \lambda).$$

Le signe + répond au cas où le noyau noir de la tache est au-dessous de la surface du soleil, et le signe — au cas où il est au-dessus.

M. Faye, appliquant ces corrections aux observations de M. Carrington, en laissant indéterminées la constante p et son signe, a trouvé que, pour les taches qu'il a soumises au calcul jusqu'ici, p était une valeur positive, et il en a conclu que les taches sont au-dessous de la surface photosphérique, c'est-à-dire qu'elles sont des cavités, non point des protubérances.

Il est, en effet, bien plausible que la cause indiquée par cet astronome, pour rendre compte de l'inégalité apparente du mouvement d'une tache solaire, est vraie, est du moins la principale, et qu'ainsi il faut conclure avec lui, que les taches ne sont point au-dessus de la photosphère, mais au-dessous, contrairement à la théorie que je critique.

La théorie de M. Kirchhoff sur la constitution du soleil me paraît peu logique et peu conforme aux principes. Suivons et pesons les raisonnements de l'auteur pour rendre compte des taches solaires.

« Lorsqu'un nuage s'est formé près du soleil, toutes
» les régions de l'atmosphère situées immédiatement au-
» dessous de lui se refroidissent, parce qu'une partie de

» la chaleur rayonnante que le noyau incandescent lui
» envoyait primitivement est absorbée par le nuage. Ce
» refroidissement sera d'autant plus grand que le nuage
» aura plus d'étendue et d'épaisseur ; il sera plus con-
» sidérable pour les points situés près du nuage que
» pour les points plus élevés. » — A quel refroidissement se rapporte la dernière proposition? Apparemment au refroidissement de *toutes les régions de l'atmosphère situées immédiatement au-dessous* du nuage; mais
alors que signifie la phrase : « il sera (ce refroidissement) plus considérable pour les points situés *près du
nuage* que pour les points *plus élevés* (1)? — L'auteur entend-il que le *refroidissement* s'opère près du
nuage, non-seulement *au-dessous* mais *au-dessus?* soit ,
passons à la proposition qui suit : « Il doit résulter de
» là que le nuage s'accroîtra par en haut avec une ra-
» pidité croissante , et que sa température s'abais-
» sera. » — Ainsi, parce que le nuage formé près du
soleil aura absorbé une partie de la chaleur rayonnante
que le noyau incandescent envoie dans cette direction ,
ce nuage se refroidira , et cela parce qu'il aura préalablement , par cette absorption, refroidi autour de lui le
milieu où il se trouve. Mais on peut objecter que , si le
nuage tendait à atténuer, par absorption, la chaleur du
milieu ambiant, comme, par cette absorption, il s'échauf-
ferait et rayonnerait ensuite lui-même, il rendrait de la
chaleur à ce milieu; que sans doute aussi il lui en donnerait par réflexion; qu'en somme, la chaleur que le
nuage absorberait continuellement et qui serait rayonnée principalement par le corps central, source perma-

(1) Le mémoire de M. Kirchhoff est en allemand, et je ne puis répondre
de l'exactitude de la traduction, qui est de M. Grandeau, docteur ès-
sciences.

nente, devrait le maintenir à une haute température,
l'empêcher de se refroidir. Écartons l'objection et supposons qu'un nuage opaque se forme près du soleil
malgré l'extrême incandescence de cet astre.

Selon M. Kirchhoff, soit par des abaissements de
température qui se produiraient à de grandes hauteurs au-dessus de ce nuage, verticalement et latéralement, soit par la rencontre de deux courants atmosphériques, des vapeurs s'approchent de leur point de condensation, et il se forme un second nuage *moins dense
que le précédent,* parce que, à cette hauteur, la densité
des vapeurs qui lui donnent naissance est *moins considérable qu'au-dessous, la température étant plus basse.* —
Ici encore, je ne comprends pas. Est-ce que la chaleur
ne tend pas au contraire à dilater, à raréfier les vapeurs,
les gaz ? La chaleur les dilate et, en se dilatant, ils perdent
de leur chaleur, mais le refroidissement tend à les condenser.

Cette explication est bien hasardée, ce me semble.
Du reste, nous contentera-t-elle ? Voyons.

Pourquoi généralement le nuage supérieur qui déterminera la pénombre sera-t-il plus étendu que le nuage
inférieur plus opaque qui constitue la tache ? Pourquoi
la pénombre sera-t-elle plus lumineuse aux points où
elle touche au noyau que près de son bord extérieur ?
« Cela tient, je crois, dit M. Kirchhoff, à ce que le
» nuage supérieur est très-mince en son milieu et que
» sa masse est particulièrement condensée sur ses bords.
» Le refroidissement qui, au-dessus du nuage, résulte
» de l'absorption partielle par ce dernier des rayons
» émanés du noyau solaire, occasionne un courant
» d'air descendant. L'air qui, pour cette raison, est
» appelé des points très-élevés de l'atmosphère, doit

» être remplacé ; il s'ensuit un courant ascendant qui
» se forme autour du nuage. Ces deux courants se ren-
» contrent au sein même du nuage, de sorte que ce
» dernier devient le lieu de courants se produisant hori-
» zontalement et allant du dehors au dedans. Ces cou-
» rants, qui sont d'une intensité énormément supérieure
» à celle des courants terrestres, les différences de tem-
» pérature qui les produisent pouvant atteindre plusieurs
» milliers de degrés, doivent entraîner avec eux les
» masses nébuleuses, et rendre ainsi le nuage plus
» mince au milieu et plus dense sur ses bords. »

Je ne comprends pas que des deux courants verticaux l'un descendant, l'autre ascendant, que l'auteur
suppose formé autour du nuage, il doive s'ensuivre des
courants horizontaux allant *du dehors au dedans*, et je
ne vois pas d'ailleurs qu'allant du dehors au dedans,
ces courants doivent entraîner avec eux les masses nébuleuses de manière à rendre le nuage plus mince au
milieu et plus dense sur ses bord. Y a-t-il ici une faute
de traduction ? Faut-il lire : *du dedans au dehors*, au lieu
de *du dehors au dedans ?* Soit, toujours est-il que, en
somme, l'explication n'est pas satisfaisante ; et même je
puis encore lui adresser une objection : si le nuage
supérieur, qui est venu constituer la pénombre, a dû,
par l'effet des courants invoqués, s'amincir en son milieu et se condenser sur ses bords, pourquoi un phénomène analogue ne s'est-il pas produit sur le nuage inférieur précédemment formé ? Pourquoi le refroidissement
au-dessus de ce nuage n'a-t-il pas occasionné un courant d'air descendant, puis un courant ascendant, et
n'est-il pas, par suite, devenu aussi le lieu de courants
horizontaux ayant l'effet de condenser principalement
sa masse vers ses bords ?

M. Kirchhoff a tenté d'expliquer diverses particularités relatives aux taches du soleil.

« Une des particularités les plus remarquables qu'offrent ces taches, dit-il, c'est de n'avoir jamais été aperçues que dans l'espace compris entre certaines distances de l'équateur solaire. L'explication de ce fait ne peut pas être déduite, il est vrai, de la théorie que je défends, mais mon hypothèse semble, plus que l'ancienne, capable de le faire comprendre. Secchi a conclu de ses observations que les régions polaires du soleil possèdent une température plus basse que la zone équatoriale. Si cela est, à la surface du noyau solaire, il doit y avoir, dans l'atmosphère, des courants allant des pôles à l'équateur, rebroussant chemin en ce point, et retournant vers les pôles ; l'atmosphère solaire doit être animée d'un mouvement analogue à celui que les températures élevées des régions tropicales communiquent à la nôtre. Ce mouvement même devra être plus régulier dans le soleil que sur la terre, parce que là manquent des perturbations dues, sur notre planète, aux changements des jours et des saisons. Là, comme ici, le courant équatorial devra s'écarter de l'équateur dans une certaine direction et rencontrer le courant polaire allant en sens contraire.

» Ces courants de l'atmosphère solaire doivent faciliter la formation de nuages. Si l'on considère ces courants comme la cause la plus active de la formation des nuages, on comprendra qu'il ne se produise de nuages de semblables densité et grandeur, nous offrant l'aspect de taches, que dans la partie comprise entre de certaines distances de l'équateur. »

Bien insuffisante est cette explication. La différence réelle qui peut exister entre la température des pôles et celle de l'équateur de l'astre, n'est pas assez grande pour qu'il en résulte généralement des courants très-intenses dirigés des pôles à l'équateur, et ensuite de l'équateur aux pôles, comme sur notre globe. Supposons-le toutefois : en ce cas, il s'ensuivrait des vents superposés allant du nord-est au sud-ouest, et d'autres en retour du sud-ouest au nord-est. Or, ces vents ne seraient pas favorables à la formation des taches, telle que la conçoit M. Kirchhoff. D'ailleurs, la plupart des taches alors formées auraient un mouvement très- notable vers l'équateur ou vers les pôles ; elles seraient loin de suivre les parallèles, ce qui n'est pas conforme aux observations. Généralement la déviation en latitude que peut éprouver le mouvement d'une tache paraît fort peu considérable.

On sait la coïncidence qui existe généralement entre les facules et les taches. On a observé que les facules se montrent ordinairement avant les taches, qu'elles annoncent presque toujours. De plus, c'est le plus souvent à gauche des taches que se montrent les facules. Il résulte notamment des observations de M. Stewart que sur 185 taches, 6 seulement avaient leurs facules à droite, 21 avaient des facules des deux côtés, 158 les avaient à gauche.

Or, ce n'est point, je pense, dans la théorie que je critique, qu'on pourra trouver l'explication de ces faits.

M. Kirchhoff considère les facules et lucules comme devant se produire « lorsque deviennent visibles à la » surface du soleil des corps possédant un pouvoir » rayonnant ou une température plus considérable que » ceux qui les entourent. »

Il ajoute : « Les facules peuvent aider à la formation » de nuages dans leur voisinage, en ce qu'elles occa-

» sionnent des variations de température, et par suite
» des courants dans l'atmosphère, courants qui amènent
» au contact des couches différentes par leur composition
» et par leur température. D'un autre côté, on peut
» aussi penser que les nuages favorisent la formation
» de facules en ce que, jouant le rôle d'enveloppes
» protectrices, ils affaiblissent le rayonnement de la
» partie inférieure de la surface du noyau solaire, et
» font ainsi que la chaleur, arrivant constamment de
» l'intérieur, amène une élévation de température. »

L'insuffisance de cette explication est palpable. Les
courants supposés ne peuvent-ils donc être aussi et
même plus contraires que favorables à la formation des
nuages opaques en question ? Et ces courants résultant
des facules et générateurs des taches, pourquoi les pro-
duisent-ils le plus souvent à la droite des facules? A cet
égard, la théorie est muette.

Si le soleil était un corps solide ou liquide incandescent, comme le suppose M. Kirchhoff, comme il rayonnerait une chaleur intense de tous les points de sa masse,
il devrait envoyer à la terre incomparablement plus de
chaleur par le centre de son disque que sur ses bords.
Or, les expériences du R. P. Secchi ont démontré qu'en
effet les bords du soleil nous envoient moins de chaleur
que le centre, qu'il y a une différence de moitié environ
entre les températures de ces lieux; mais la différence
devrait être bien plus considérable si la masse du soleil
était entièrement incandescente. On s'explique mieux les
quantités relatives de chaleur émanées des divers points
du disque solaire, en admettant que la chaleur rayonnée
vers la terre vient principalement d'une couche incandescente supérieure, d'une photosphère, au-dessus de
laquelle se trouve une atmosphère imparfaitement dia-

thermane. Comme les rayons partis des bords du disque
solaire, vu l'obliquité de leur direction, doivent, pour
arriver jusqu'à nous, traverser une plus grande étendue
d'atmosphère que celle qu'ont à traverser les rayons
partant du centre, on conçoit que les premiers soient
plus absorbés que les seconds, et que par suite la chaleur arrivée du centre soit notablement supérieure à
celle venant des bords.

D'ailleurs, même en lui supposant une écorce solide,
le corps central du soleil rayonnerait continuellement
une certaine quantité de chaleur de tous ses points, et,
sous ce rapport, celle émanée du centre devrait être plus
forte que celle qui nous arrive des bords du disque ; or
l'on peut aisément concevoir que la grande différence
constatée par les expériences résulte de ces causes
réunies.

Il suffit, au reste, d'examiner les taches solaires ou
les dessins qu'on en a obtenus, pour voir qu'elles ne
peuvent être des nuages amoncelés extérieurs à la photosphère. En considérant la forme, la netteté, la délimitation tranchée du contour du noyau, et l'aspect,
l'espèce de déchiqueture, de dentelure radiée que présente généralement la partie qu'on a appelée pénombre,
comment ne pas reconnaître là l'effet d'une déchirure
effectuée dans une matière gazeuse, nuageuse ? Comment
penser que tout cela est dû à la disposition, au croise-
ment, au plus ou moins de condensation de nuages
planant sur la photosphère ? Que l'on regarde les taches
sans prévention, sans parti pris, et l'on ne pourra s'arrêter à une telle idée.

Si, dans la recherche de la constitution du soleil, il
faut tenir compte des expériences spectrales, on ne doit
point non plus mettre à néant les expériences polarisco-

piques d'Arago, dont le résultat est que les bords du
disque solaire ne donnent aucune trace de polarisation,
et autorise conséquemment à conclure que la photosphère solaire n'est ni solide ni liquide. Il faut tâcher
de concilier ces deux ordres d'expériences, et je pense
que j'y suis parvenu, par les considérations que j'ai
présentées plus haut.

M. Kirchhoff, à la fin de l'opuscule précité, a contesté l'importance des expériences d'Arago.

« Seule, dit-il, la lumière d'un gaz incandescent,
d'après Arago, n'est aucunement polarisée. Comme,
d'après son observation, la lumière qui nous arrive des
points du disque solaire voisins du bord de l'astre n'offre aucune trace de polarisation, il en conclut que la
matière éclairante qui forme le bord visible du disque
solaire est gazeuse.

» Cependant il n'y a pas que la lumière d'un gaz
incandescent qui ne présente pas de trace de polarisation. Arago lui-même dit que la flamme du gaz de l'é-
clairage tel qu'on l'emploie pour s'éclairer, émet de la
lumière complètement dépourvue de polarisation, et
cependant le pouvoir éclairant de cette flamme ne dépend pas d'un gaz incandescent, mais bien presque exclusivement de particules de charbon qui se déposent
dans la flamme. Tout nuage incandescent composé de
particules solides ou liquides doit se comporter exactement comme cette flamme. On peut donc *tout au plus*
conclure de l'observation d'Arago que la lumière qui
rend le soleil visible pour nous ne dépend pas du noyau
résistant solide au liquide. On peut, par cette même
observation, être conduit à supposer que, entre le noyau
résistant du soleil et son atmosphère gazeuse, il y a une
couche nuageuse si épaisse, que les rayons du noyau

incandescent ne peuvent la traverser, et que cette couche
est portée elle-même à la température du rouge blanc.
Mais l'hypothèse d'une semblable couche de nuages ne
nous semble même pas nécessaire pour expliquer l'observation d'Arago. Arago a vu que la lumière émise
sous des angles aigus par un corps solide ou liquide
porté à l'incandescence donne des traces évidentes de
polarisation, *même lorsque la surface de ces corps n'est
pas complètement polie.* Dans le cas où le soleil serait en
grande partie à l'état liquide, que les mers agitées
comme les nôtres, et soulevées par les orages, se préci-
piteraient en vagues écumantes, devrait-on s'attendre à
ce que la lumière de ces mers soit polarisée sensiblement dans le plan suivant lequel elle devrait l'être, si le
liquide éclairant présentait la surface qui correspond à
son état d'équilibre? Je ne le pense pas, la différence
des directions des éléments superficiels dont les rayons
se confondent pour notre œil déterminerait un état trop
voisin de celui de la lumière non polarisée; et l'on
semble pourtant fondé à admettre un semblable mouvement des mers solaires lorsqu'on réfléchit aux immenses
différences de température qui se produisent dans l'atmosphère solaire et à la violence des courants qui doivent en résulter. »

Remarquons d'abord que M. Kirchhoff, par sa première objection contre les conclusions d'Arago, semble
insinuer que l'on pourrait tout concilier en admettant
que la photosphère, la partie lumineuse qui donne le
spectre solaire est nuageuse, formée de parties solides
ou liquides incandescentes suspendues dans l'atmosphère
solaire, comme nos nuages dans l'atmosphère terrestre;
du moins, en opposant cette hypothèse, il ne la rejette pas, même au point de vue spectral.

Au reste , Arago ne prétendait point que la photosphère devait se maintenir à l'état de pur gaz ; qu'elle
ne pouvait contenir, en suspension, des particules solides
ou liquides ; ce qu'il croyait bien, d'après ses expériences
polariscopiques , c'est qu'elle ne pouvait être vraiment
ni solide ni liquide.

L'autre objection est faible. Si la surface solaire était
une mer de feu continuellement ou habituellement bouleversée par des tempêtes, son atmosphère et les nuages
qui, selon M. Kirchhoff, doivent former les taches, seraient sans doute ordinairement dans une agitation
extrême, et par suite les taches n'auraient guère de
durée, seraient loin d'avoir la permanence que plusieurs ont offerte à l'observation. Je ne nie pas la possibilité d'orages, de tempêtes solaires, mais je ne crois
point qu'elles soient si habituelles que M. Kirchhoff le
suppose, et qu'on puisse ainsi expliquer que la lumière
des bords du disque solaire ne donne pas trace de polarisation. La surface solaire est sans doute agitée , et
présente des inégalités de niveau considérables : toutefois ses bords doivent nous envoyer généralement des
rayons obliques ; ces rayons doivent prédominer considérablement, et, s'ils émanaient d'une matière solide
ou liquide lumineuse par elle-même, ils devraient suffire
pour accuser, par des indices de polarisation , que cette
matière n'est pas à l'état gazéiforme.

La polarisation des rayons obliques des corps solides
ou liquides lumineux par eux-mêmes, s'explique bien
par la supposition que parmi ces rayons, un grand nombre viennent de l'intérieur du corps et sont réfléchis.
Pourquoi les rayons obliques d'un corps gazeux, ou gazéiforme ne sont-ils pas polarisés ? c'est que, apparemment, presque toutes leurs particules, étant beaucoup,

plus distantes les unes des autres que ne le sont celles
des corps solides ou liquides, la lumière venue de l'intérieur est presque entièrement directe, non réfléchie.
Que ces particules, si distantes, soient purement gazeuses, ou non, leur distance relative n'est point favorable
à la réflexion des rayons lumineux qui en émanent même
assez profondément. Ceux qui peuvent se réfléchir sont
trop peu nombreux pour que le polariscope puisse ré-
véler leur présence au milieu des rayons directs.

L'idée d'expliquer les taches par des nuages n'est pas
nouvelle : « Si, dit Galilée, la terre était lumineuse par
» elle-même, et qu'on l'examinât de loin, elle offrirait
» les mêmes apparences que le soleil. Suivant que telle
» ou telle région se trouverait derrière un nuage, on
» apercevrait des taches tantôt dans une position du
» disque apparent, tantôt dans une position diffé-
» rente; la plus ou moins grande opacité du nuage
» amènerait un affaiblissement plus ou moins grand de
» la lumière terrestre. A certaines époques, il y aurait
» peu de taches ; ensuite on pourrait en voir beaucoup;
» ici elles s'étendraient, ailleurs elles se rétréciraient ;
» ces taches participeraient au mouvement de rotation
» de la terre, en supposant que notre globe ne fût pas
» fixe; et comme elles auraient une profondeur très-
» petite comparativement à leur largeur, dès qu'elles
» s'approcheraient du limbe, leur diamètre s'amoin-
» drirait notablement. » Mais Galilée lui-même a ruiné ce
frêle édifice par l'observation et le raisonnement que
j'ai reproduits plus haut.

L'astronome Gascoigne a supposé qu'il y a autour du
soleil un grand nombre de corps presque diaphanes qui
circulent dans des cercles de diamètres différents, mais
dont aucun ne s'éloigne cependant de la surface solaire;

de plus du dizième du rayon de l'astre. Les vitesses de ces divers corps doivent être inégales et d'autant plus grandes que leurs orbites ont de moindres dimensions. De tels corps sont alors fort souvent en conjonction, et c'est la conjonction qui fait apparaître une tache ; un seul corps n'affaiblit pas suffisamment la lumière pour que l'œil puisse rien voir de sombre sur le soleil, tandis que deux, trois ou un plus grand nombre de ces corps, superposés doivent produire toutes les nuances d'obscurité que les taches solaires ont offertes aux observateurs.

Arago, après avoir résumé ainsi la théorie de Gascoigne, ajoute ceci :

« Crabtrée, qui a combattu cette ridicule opinion dans une lettre adressée à Gascoigne lui-même, fait remarquer que, suivant cette hypothèse, les taches changeraient continuellement de forme, comme change une volée d'oiseaux, et qu'elles auraient les vitesses les plus inégales. »

CHAPITRE IV.

Cette théorie, qui a été récemment exposée par l'auteur dans un mémoire présenté à l'Académie des Sciences, devait produire et a produit en effet une vive sensation dans le monde savant. Cela s'explique et par le rang éminent que l'auteur a conquis parmi les astronomes, et par la nouveauté de la doctrine qu'il a émise sur un sujet qui, d'ailleurs, est bien intéressant par lui-même.

Tout en m'efforçant d'être bref dans l'exposition résumée que je vais faire de la théorie dont il s'agit, je tâcherai de ne rien omettre d'essentiel.

M. Faye commence par déclarer que depuis la découverte des taches du soleil, c'est-à-dire depuis deux siècles et demi, la question soulevée par ces phénomènes n'est pas sortie du domaine des conjectures, mais que, grâce à l'accumulation des faits observés et au progrès général des sciences, le moment paraît venu d'abandonner la voie conjecturale et de chercher, non plus à *deviner comment les choses doivent se passer à **38** millions de lieues de nous, mais à rattacher l'ensemble des phénomènes à quelques lois générales, de telle sorte que les faits paraissent être de simples déductions logiques de ces lois.*

Puis il établit ces deux points : 1° les taches sont des cavités ; 2° la photosphère n'est ni solide ni liquide, mais d'une contexture nébuleuse et gazéiforme.

Quant au premier point, marchant sur les traces de Wilson, il raisonne ainsi : « Si les taches se réduisaient » à un phénomène superficiel, comme le voulait Lahire, » les contours d'ombre et de pénombre, supposés cir- » culaires et concentriques au milieu du disque, devien- » draient des ellipses concentriques lorsque la rotation » solaire aurait amené la tache plus près du bord. Si » les taches étaient des saillies, comme le voulait La- » lande, la partie noire se projetterait excentriquement » du côté du bord. Si ce sont des cavités, le noyau noir » de la tache se projettera encore excentriquement, mais » du côté du centre ; ce qui est confirmé par l'obser- » vation et l'expérience. »

Pour le second point, M. Faye invoque la célèbre ex- périence d'Arago, que j'ai rappelée plus haut, relative à la polarisation de la lumière.

Abordant les objections, il n'en voit que deux qui soient sérieuses. La première est celle de sir J. Herschel, op- posant à l'expérience d'Arago, que la surface de la photosphère étant prodigieusement accidentée, les rayons qui nous viennent d'une portion quelconque des bords n'émergent pas nécessairement sous une incidence ra- sante ; qu'il en vient d'une multitude de facettes ayant toutes les inclinaisons imaginables sur la direction vi- suelle ; qu'il est ainsi tout simple que les rayonnements des bords ne présentent que de la lumière naturelle, ré- sultant du mélange de rayons polarisés dans tous les sens.

M. Faye répond à cette objection qu'à la distance où nous sommes, une région de quelque étendue, prise sur les bords, affecte, malgré les accidents les plus variés,

— 46 —

une direction générale qui coïncide avec la surface
moyenne à laquelle est dû le contour apparent du soleil;
qu'il s'ensuit une prédominance générale d'obliquité, en
un sens déterminé, pour l'ensemble des rayons admis
dans le polariscope; que par conséquent les rayons devront présenter une certaine proportion de lumière polarisée perpendiculairement au plan d'émergence; si le
corps rayonnant est solide ou liquide; que, d'ailleurs, les
expériences d'Arago n'ont pas été faites, pense-t-il,
sur des globes polis. Il ajoute qu'il les a répétées avec
une boule d'argent mat dont les aspérités n'ont pas empêché la polarisation de se manifester largement vers les
bords, et même en des régions beaucoup plus rapprochées du centre.

La seconde objection lui paraît plus grave : c'est celle
tirée des expériences de MM. Bunsen et Kirchhoff, citées
plus haut. « MM. Bunsen et Kirchhoff, dit-il, ont mon-
» tré que l'on reproduit artificiellement les principales
» raies du spectre solaire en interposant les vapeurs de
» divers métaux sur le trajet de la lumière d'une source
» à spectre continu. M. Kirchhoff a transporté conjec-
» turalement au soleil lui-même cette admirable combi-
» naison de laboratoire. Il lui faut une source de lumière
» continue : ce sera la photosphère; il lui faut des va-
» peurs métalliques interposées : elles formeront l'at-
» mosphère invisible du soleil.... Mais les solides et
» les liquides incandescents donnent seuls un spectre
» continu, tandis que les gaz ou les vapeurs ne fournissent
» qu'un spectre réduit à quelques raies brillantes : donc
» la photosphère, loin d'être gazeuse comme nous le
» pensions et comme Arago croyait l'avoir démontré
» expérimentalement, serait une croûte solide ou tout
» au plus liquide. »

À cet égard, M. Faye croit pouvoir concilier les expériences d'Arago et celles de M. Kirchhoff. Il fait observer que le terme de *gaz incandescent* n'a pas été pris
par Arago dans le sens qu'on lui attribue aujourd'hui ;
que la flamme dont il s'est servi était celle du gaz d'é-
clairage et non la flamme *obscure* d'un brûleur de Bunsen
ou d'un gaz simple. Suivant M. Faye, des molécules incandescentes, diffusées dans un milieu gazeux porté
lui-même à une haute température, donneraient un
spectre continu, à l'exception des raies noires dues à
l'absorption de ce milieu. D'un côté, l'expérience d'Arago
conduit à une conclusion exacte ; car la lumière émanée
de particules incandescentes, flottant isolément dans un
milieu gazeux, ne saurait être que de la lumière naturelle, de quelque profondeur qu'elle émane, parce
qu'elle n'éprouve, sous aucune incidence, de réfraction
sensible de la part du milieu ambiant ; d'un autre côté,
ce milieu exerce son action absorbante et détermine,
dans le spectre continu de ces nuages incandescents,
le système de raies qui est propre à sa nature complexe.

M. Faye voit que la conception de M. Kirchhoff ne
saurait être conforme à la réalité, en ce qu'elle ne peut
rendre compte des taches du soleil.

Après des discussions tendant notamment à écarter
l'hypothèse du second Herschel, suivant laquelle les taches résulteraient de tourbillons qui déchireraient la
photosphère et pénétreraient jusqu'au noyau obscur à
travers la seconde couche, celle des nuages réflecteurs
imaginés par William Herschel, l'éminent astronome,
annonce qu'il va tenter une explication rationnelle, et
cherchant un point de départ, il s'exprime ainsi :

« Rien ne distingue notre soleil de la multitude d'é-

» toiles qui brillent au ciel ; les astronomes admettent
» volontiers que le soleil est une étoile de moyenne
» grandeur, d'une lumière à peu près blanche, avec un
» caractère très-peu marqué de variabilité périodique.
» Nous sommes donc en face d'un phénomène très-
» considérable sans doute pour nous, mais très-com-
» mun, très-ordinaire dans l'univers étoilé. Il convient
» donc aussi de partir de l'idée la plus simple, la plus
» générale, la plus applicable à l'ensemble des étoiles,
» et cette idée sera, sauf erreur de formule, la réunion
» successive de la matière en vastes amas, sous l'em-
» pire de l'attraction, de matériaux primitivement dis-
» séminés dans l'espace.

» De là deux conséquences immédiates : 1° la des-
» truction d'une énorme quantité de force vive remplacée
» par un énorme développement de chaleur ; 2° un
» mouvement de rotation plus ou moins lent pour la
» masse entière. Le calcul de la chaleur d'origine ainsi
» développée dans l'acte de formation du soleil a été
» faite par M. Helmholtz, à l'aide de diverses suppo-
» sitions plausibles sur les éléments numériques de la
» question : ce calcul montre qu'il est aisé de rendre
» compte ainsi d'une durée de plusieurs millions d'an-
» nées, tandis que les actions chimiques ne fourniraient
» pas à la dépense actuelle de chaleur pendant la moitié
» de la période historique (3000 ans).

» Cette chaleur interne, quand il s'agit de masses si
» considérables, dépasse de beaucoup la température où
» les actions chimiques commencent à s'exercer ; mais le
» refroidissement va déterminer dans cette masse de gaz
» et de vapeurs mélangés des phases successives que nous
» allons examiner. Par suite de ce refroidissement, où la
» la conductibilité directe ne saurait jouer qu'un rôle in-

» signifiant, il doit s'établir bientôt, par des mouve-
» ments intérieurs, un équilibre stable entre les couches
» successives, analogue à celui de notre atmosphère
» où les déplacements d'une couche à l'autre ne sont
» dus qu'à l'action de causes extérieures qui n'existent
» pas ici. Or, quelle que soit la température d'une telle
» masse gazeuse homogène, son pouvoir émissif doit
» être très-faible, ses radiations doivent être toutes su-
» perficielles, puisque chaque couche jouit d'un pouvoir
» absorbant spécial pour les rayons émis par les cou-
» ches inférieures. Sa conductibilité étant d'ailleurs
» très-faible, l'équilibre de la masse entière ne subira
» que de lentes modifications, et, à moins de circon-
» stances nouvelles, on ne voit pas comment cette masse
» pourrait émettre cette énorme quantité de chaleur qui
» ne semble subir aucun affaiblissement dans le cours
» des siècles. Voici, sur ce point, mon raisonnement :
» En fait, la température du soleil est loin d'être aussi
» élevée que cette température interne de dissociation
» universelle dont nous parlions tout à l'heure. Des
» mesures de M. Pouillet sur l'intensité actuelle de la
» radiation solaire, M. Thompson déduit que la chaleur
» émise n'est que de 15 à 45 fois supérieure à la chaleur
» engendrée dans le foyer de nos locomotives. Ainsi la
» température superficielle ne doit pas dépasser énormé-
» ment celle que nous savons produire dans nos laboratoi-
» res, température suffisante pour produire la dissociation
» d'un grand nombre de corps, mais à laquelle résistent
» encore les composés les plus stables. La comparaison
» de la lumière du soleil avec celle de nos sources arti-
» ficielles les plus puissantes vient corroborer cette dé-
» duction.
» Il résulte de là que, si l'action des forces molécu-

» laires et atomiques de la cohésion et de l'affinité dis-
» paraît dans la masse interne , elle commence à repa-
» raître à la surface ; là , dans un mélange gazeux des
» éléments les plus variés , le jeu de ces forces donnera
» naissance à des précipitations (Herschel) , à des nua-
» ges (Wilson) de particules non gazeuses susceptibles
» d'incandescence , dont nos flammes brillantes nous
» offrent tant d'exemples. Bientôt ces particules , solli-
» citées par la gravité , gagneront en tombant les cou-
» ches inférieures , où elles finiront par retrouver la
» température de dissociation , et seront remplacées
» dans les couches superficielles , par des masses ga-
» zeuses ascendantes , qui viendront y subir le même
» sort. L'équilibre général sera donc ainsi troublé dans
» le sens vertical seulement , par un échange incessant
» de l'intérieur à la superficie qui eût été impossible
» dans la phase précédente , et , comme la masse
» interne ainsi mise en rapport avec l'extérieur est
» énorme, on conçoit que l'émission superficielle , pui-
» sant incessamment dans le vaste réservoir de la cha-
» leur centrale , constitue une phase de très-longue
» durée et d'une grande constance.

» Ainsi la formation d'une photosphère , limite appa-
» rente du soleil , est une simple conséquence du refroi-
» dissement, et , comme le point de départ s'applique à
» tous les astres analogues , le même phénomène doit
» exister ou avoir existé pour toutes les étoiles. . . .

» La formation de la photosphère va nous permettre
» de rendre compte des taches et de leurs mouvements.
» Nous avons vu que les couches successives étaient
» constamment parcourues par des courants verticaux
» ascendants et descendants. Dans cette agitation in-
» cessante, on comprendra aisément que là où les cou-

» rants ascendants prendront plus d'intensité, la ma-
» tière lumineuse de la photosphère soit momentanément
» dissipée. A travers cette sorte d'éclaircie, ce n'est pas
» le noyau solide, froid et noir du soleil que l'on aperce-
» vra, mais la masse gazeuse ambiante et interne, dont
» le pouvoir émissif, à la température de la plus vive
» incandescence, est tellement faible, par rapport à
» celui des nuages lumineux de particules non gazeuses,
» que la différence de ces pouvoirs suffit à expliquer le
» contraste si frappant des deux teintes observées avec
» nos verres obscurcissants. . . . .

» De l'échange continuel qui s'opère entre les couches
» profondes et la surface au moyen de courants verti-
» caux, il faut conclure que, les lois ordinaires de la
» rotation dans une masse fluide en équilibre, doivent
» être singulièrement altérées, puisque cet équilibre est
» constamment troublé dans le sens vertical. Les masses
» ascendantes, parties d'une grande profondeur, arri-
» vent en haut avec une vitesse linéaire de rotation
» moindre que celle de la surface, parce que les couches
» d'où elles partent ont un moindre rayon. De là un
» rallentissement général dans le mouvement de la pho-
» tosphère, bien que ce retard doive être compensé,
» pour la masse totale, par les courants descendants,
» de manière que la loi fondamentale des aires soit sa-
» tisfaite. De même notre atmosphère ne suit pas exac-
» tement les lois de la rotation d'une masse en équilibre,
» mais les effets sont tout différents parce qu'elle repose
» sur un globe solide ou liquide.

» Si la photosphère est en retard sur la rotation gé-
» nérale, les couches profondes devront par compensa-
» tion se trouver en avance sur ce mouvement. De cette
» opposition il résulte que, tandis que la photosphère

» aura une faible tendance à se rapprocher de l'axe de
» rotation, en coulant superficiellement vers les pôles,
» la tendance contraire se manifestera dans les couches
» inférieures qui se porteront vers l'équateur. Les choses
» se passeront comme si les points de départ des cou-
» rants verticaux se trouvaient sur une surface interne
» plus éloignée des pôles que de l'équateur ; et si cette
» surface idéale d'émission était sphéroïdale, par exem-
» ple, sa profondeur, et par suite le retard des zones
» successives de la photosphère, varierait à peu près
» comme le carré du sinus de la latitude. Or, c'est ce
» que donnerait la formule empirique de M. Carrington
» si on la corrigeait du défaut de continuité qui lui a
» été objecté avec raison par M. Babinet, en remplaçant la
» puissance $\dfrac{7}{4}$ du sinus par la puissance paire $\dfrac{8}{4}$, ou 2.

» Je trouve en effet que les observations sont aussi bien
» représentées par la formule

$$\text{Mouvement diurne} = 762' - 186' \sin^2 l.$$

» Mais ici les faits cessent de nous guider ; au fond
» la loi de ces variations n'est pas réellement connue ;
» la rareté des taches dans les 5 premiers degrés de la
» zone équatoriale et dans la zone polaire qui commence
» au 35e degré ne permet pas encore de déterminer la
» forme algébrique de cette variation. Voilà donc le
» problème que M. Carrington nous lègue et qu'il faut
» attaquer désormais avec toutes les ressources de la
» science. C'est à cette partie de la théorie que se rat-
» tacheront plus tard la répartition des taches, le phé-
» nomème de leur périodicité et la légère différence de
» température qui paraît exister entre les pôles et l'é-
» quateur....

» Quant aux facules, sorte de rides lumineuses dont
» l'apparition fait présager, presque à coup sûr, la pro-
» chaine formation d'une tache, elles sont évidemment
» dues, comme les taches, aux courants ascendants.
» La photosphère n'est pas une surface de niveau dans
» le sens mathématique; c'est la limite à laquelle les
» courants ascendants portent, dans la masse fluide
» générale, les phénomènes physiques ou chimiques
» de l'incandescence. Mais, bien que le phénomène
» dans son ensemble affecte une remarquable régularité,
» puisque la surface brillante nous apparaît parfaitement
» sphérique, on conçoit qu'un afflux local plus rapide
» puisse dépasser cette limite et porter un peu plus
» haut les nuages lumineux. De la les inégalités citées
» par J. Herschel dans son objection à l'expérience
» d'Arago, inégalités confinées comme les taches en
» certaines régions. Par cela seul que les facules s'élè-
» vent plus haut dans le milieu général, leur mouve-
» ment doit être un peu en retard sur la zone corres-
» pondante de la photosphère; de là une tendance à se
» placer tout d'abord en arrière des taches; c'est-à-dire
» à gauche, puis à se déverser dans ces taches lorsque
» l'impulsion du courant local a cessé et laisse les ta-
» ches elles-mêmes disparaître sous l'envahissement ra-
» pide des nuages incandescents.

» Restent d'intéressants mais minutieux détails sur
» les pénombres, les nuances des noyaux des taches,
» le pointillé de la surface générale, etc., *que je ne
» puis espérer de faire rentrer dans cette première ébau-
» che.* Bornons-nous ici aux traits généraux que je vais,
» pour terminer, résumer théoriquement.

» En dehors des époques cosmogoniques dont nous
» n'avons pas à nous occuper, il y a trois phases à con-

» sidérer dans le refroidissement d'une masse fluide
» isolée dans l'espace, animée d'un mouvement de ro-
» tation, et portée à une température bien supérieure
» aux forces d'association physique et chimique des
» molécules ou des atomes.

» 1º La phase de complète dissociation (nébuleuses
» planétaires?) où la chaleur va en décroissant du centre
» à la périphérie. Cet état est susceptible d'un équilibre
» particulier : le pouvoir émissif est très-faible; la lu-
» mière est purement superficielle, puisque celle des
» couches profondes peut être absorbée entièrement par
» les couches superficielles. Le spectre est probablement
» réduit à de nombreuses raies brillantes séparées par
» de larges intervalles obscurs.

» 2º Refroidissement des couches externes au point
» où le jeu de certaines affinités moléculaires devient
» possible. Formation d'une photosphère, espèce de
» laboratoire superficiel qui détermine les contours ap-
» parents de la masse. Pouvoir émissif considérable
» pour la chaleur et la lumière. La lumière émise vient
» d'une profondeur considérable de la photosphère. Le
» spectre de la phase précédente est interverti. La lu-
» mière n'est sensiblement polarisée sous aucun angle
» d'émergence.

» L'énorme flux de chaleur émané de la photosphère
» est entretenu aux dépens de la masse entière, par le
» jeu des courants ascendants et descendants qui s'é-
» tablissent entre les couches profondes et la périphé-
» rie, courants impossibles dans la phase précédente.
» La deuxième phase doit donc nous occuper un laps de
» temps considérable, et présenter dans ses phéno-
» mènes une grande fixité.

» Si la photosphère vient à se dissiper localement,

» la lumière et la chaleur émises se réduisent en ce
» point dans le rapport des pouvoirs émissifs de la pho-
» tosphère à celui du milieu gazeux général.

» Le mouvement de rotation ne s'exécute pas tout
» d'une pièce comme dans la phase précédente où la
» masse fluide s'écarte peu des conditions de l'équilibre :
» la surface est en retard sur le mouvement de la masse
» entière ; sous l'antagonisme des forces qui troublent
» cet équilibre , les phénomènes superficiels peuvent
» révêtir le caractère de l'intermittence.

» 3° Lorsque, par les progrès du refroidissement, les
» courants verticaux commencent à se ralentir, lorsque
» la masse entière successivement contractée a une den-
» sité moyenne suffisante , la photosphère devenue très-
» épaisse prend à la surface une consistance liquide ou
» pâteuse, et finalement solide. Alors la communication
» avec la masse centrale est interceptée ; le refroidisse-
» ment de cette masse ne s'opère plus guère que par
» la simple conductibilité d'un liquide plus ou moins
» pâteux ; celui de la croûte liquide ou solide fait des
» progrès rapides à la superficie; la rotation qui s'est
» accélérée se régularise ; les phénomènes des taches
» et des facules ont disparu , et la figure est celle qui
» convient à une masse fluide en équilibre sous l'action
» des forces intérieures. L'intensité de la radiation
» baisse rapidement ; la lumière émise obliquement est
» fortement polarisée ; le spectre précédent ne change
» pas essentiellement d'aspect, mais il ne présente que
» les raies noires dues à la couche atmosphérique , la-
» quelle est désormais distincte du corps même de
» l'astre : le spectre des bords diffère notablement du
» spectre central par le nombre et l'obscurité des raies.

» Puis viennent les phénomènes de l'extinction défini-
» tive. C'est là la phase géologique.

» Arrêtons-nous un instant au début de la troisième
» phase, c'est-à-dire à la période de liquidité. Cette pé-
» riode est purement transitoire; elle ne saurait avoir une
» longue durée, tandis que la deuxième phase, pendant
» laquelle presque toute la masse contribue à l'émission
» de lumière et de chaleur qui s'effectue par la pho-
» tosphère, peut durer des millions d'années si la masse
» est considérable comme celle de notre soleil. Il paraît
» donc physiquement impossible que les étoiles, eus-
» sent-elles été formées au même instant, soient au-
» jourd'hui parvenues toutes à la fois à cette période
» très-particulière de liquidité si voisine de l'extinction
» définitive. Dieu merci, la création entière n'est pas
» menacée d'une fin si prochaine. »

J'aborde maintenant l'appréciation de cette théorie.
Rien ne montre que les conditions dans lesquelles a eu
lieu la formation primitive du soleil soient bien celles
que M. Faye conçoit et suppose. Dans l'hypothèse où
cet astre se serait constitué successivement par la précipitation vers un centre d'attraction de matières cosmiques
gazeuses répandues au loin dans l'espace, il est contestable qu'il ait dû en résulter d'abord une seule masse
gazeuse en *dissociation*, par l'effet d'une énorme intensité de chaleur : on peut supposer que la matière cosmique, en se concentrant par l'attraction mutuelle de ses
éléments, de ses parties, a passé, soit immédiatement,
soit après un certain temps, à l'état de liquidité incandescente, sous la forme d'un globe, et qu'autour de ce
globe, il s'est formé une atmosphère, des couches gazeuses ou vaporeuses, notamment une enveloppe gazéi-

forme enflammée ; qu'ensuite, par le refroidissement, le rayonnement de sa chaleur, la matière liquide de l'astre s'est peu à peu consolidée, solidifiée jusqu'à une certaine profondeur à partir de sa surface. Il n'y a point, d'ailleurs, de loi absolue fixant un maximum et un minimum de chaleur auxquels des substances quelconques peuvent être en combinaison ou en dissociation, en liquéfaction ou solidification. A cet égard, les différences considérables qui paraissent exister entre les corps sur lesquels on a pu expérimenter, permettent d'en supposer de bien plus grandes encore entre ces corps et les substances qui échappent à nos investigations. Ces questions sont subordonnées à la nature des substances, à la disposition de leurs parties, aux milieux, aux conditions extérieures qui influent sur elles; or, nous ne connaissons pas les substances qui constituent la masse solaire ; nous ne savons point comment elles se trouvaient disposées, réparties dans l'espace, lorsqu'elles se sont réunies pour former l'astre radieux.

Et même, dans cette hypothèse où le soleil aurait été primitivement une masse gazeuse homogène et sphérique, comme le suppose la théorie de M. Faye, il n'est pas plausible qu'il y ait eu, dans ce globe, des causes capables d'amener des inégalités énormes, ces montagnes gazeuses dont les sommets constitueraient les facules, ces déchirements de la photosphère, ces vastes lacunes qui seraient les taches, des taches qui atteignent parfois des dimensions de plus de trente mille lieues. Je conçois les éruptions volcaniques de notre globe. Je conçois que des vapeurs accumulées sous l'écorce terrestre atteignent une tension assez énergique pour soulever et briser cette écorce et s'élancer dans l'atmosphère. Mais, dans le système de M. Faye, je ne m'explique pas l'accumulation de vapeurs , de gaz, s'opérant dans les couches profondes de la masse solaire, et faisant irruption de manière à produire des facules à la surface, ou de vastes trouées dans toutes les couches supérieures ; car, à mesure que des particules solides provenant des courants descendants arriveraient aux couches profondes, leur décomposition s'y opérerait et leur ascension en serait immédiatement la suite.

Si nous entrons dans un examen plus spécial des divers points de cette théorie, nous verrons qu'elle ne sau·rait rendre bien compte des faits observés.

Suivant M. Faye, une facule serait produite par un courant ascendant de gaz, parti des couches profondes , *plus rapide* que les courants ordinaires, qui aurait l'effet de porter un peu plus haut les nuages lumineux, et de produire ainsi un accroissement notable dans l'éclat de la lumière à la surface de la partie élevée.

Une tache serait produite quand un courant ascendant de gaz , parti des couches profondes , encore plus intense que celui qui opère une facule . dissiperait une portion de la photosphère : le gaz ascendant alors en vue apparaîtrait obscur à côté de la vive incandescence de la surface générale, et serait ainsi le noyau.

Plusieurs objections me paraissent surgir contre ce dernier point de la théorie.

1° Dans l'hypothèse fondamentale de l'auteur, l'éclat photosphérique doit aller en décroissant de la surface aux couches profondes; la pénombre ne peut être le talus même de la cavité photosphérique, car ce talus offrirait une dégradation de lumière de haut en bas, tandis que la pénombre présente une surface tranchant par un côté sombre avec le contour éclatant de la surface, et par un côté lumineux avec la noirceur du noyau. La pénombre, ne pouvant être le talus de la cavité, serait inexplicable.

2° Le fluide du courant qui aurait produit l'ouverture devrait s'être élevé jusqu'au niveau de la photosphère, et même plus haut, jusqu'à dépasser les plus hautes facules. En effet, la théorie, admettant que le gaz ascendant va généralement alimenter la photosphère et conséquemment monte ordinairement jusqu'à la surface, doit, à plus forte raison, admettre qu'il s'élève même encore plus haut quand il s'agit d'un courant ascendant bien plus intense. Je ne vois point pourquoi le fluide du grand courant, ce fluide qui aurait la puissance d'opérer une vaste trouée dans toute l'épaisseur de la photosphère, resterait au-dessous de la surface photosphérique, à une distance qui, suivant M. Faye, peut s'élever d'un demi-rayon à un rayon terrestre. Logiquement, il faudrait donc penser que le fluide sombre du noyau se trouve en contact par son contour avec la photosphère, avec les plus hauts bords de l'ouverture et des facules. Or, dans ces conditions, si ce fluide était propre à la combustion, il se brûlerait, s'enflammerait et ainsi le noyau disparaîtrait promptement, ce qui ne s'accorderait pas avec les faits, car il y a des taches qui persistent très-longtemps. Si, au contraire, ce même fluide n'est pas propre à la combustion quand il arrive à la surface; s'il doit rester longtemps sombre, alors il en sera ainsi du fluide de même nature destiné à l'alimentation générale de la photosphère et qui montera dans les hautes régions : il sera plus susceptible d'atténuer l'éclat photosphérique que de l'entretenir.

Dira-t-on que le fluide d'un faible courant perd plus promptement sa chaleur que le fluide, en bien plus grandes quantité et densité, d'un grand courant? Soit :

j'accorde que , à hauteur égale du moins, les fluides se refroidiront d'autant moins vite qu'ils seront en plus grande quantité sur un point. Néanmoins, si le fluide des petits courants perd assez promptement sa chaleur pour n'être plus à l'état de *dissociation* en peu d'instants, je ne saurais penser que le même fluide, dans les noyaux des taches, puisse conserver l'état de dissociation pendant plusieurs mois. Il faut considérer, en effet, que, dans les hautes régions , les bords de la vaste colonne de fluide constituant le noyau devraient se refroidir *successivement*, presque aussi vite que le fluide des petits courants parvenus à la même hauteur ou à une hauteur inférieure.

Sous ce dernier rapport, d'ailleurs, une objection va se dresser contre la théorie. Le fluide sombre qui constituerait le noyau serait sans doute plus chaud et plus sombre au centre que sur ses bords, et c'est vers ses bords en contact avec la matière photosphérique qu'il commencerait à brûler ; de sorte que le noyau irait en s'assombrissant graduellement de ses bords au centre , et ainsi il ne saurait se produire un noyau et une pénombre tels que ceux qui apparaissent réellement et généralement.

Ici, je fais une remarque très-importante.

Dans le chapitre précédent , en critiquant la théorie de M. Kirchhoff, j'ai cité une communication de M. Faye à l'Académie des sciences, où il établit que l'irrégularité apparente du mouvement des taches doit provenir de ce que leur noyau se trouve au-dessous de la surface lumineuse, et où il calcule que la distance du noyau à cette surface est d'un demi à un rayon terrestre. Or, nous venons de voir que cette condition ne s'accorde pas avec les justes conséquences de la théorie de M. Faye.

Il est visible que le fluide sombre de la tache s'élevant jusqu'à la surface de la photosphère, un observateur placé au centre du soleil et un observateur placé sur la terre verraient, rapporteraient la tache au même lieu de la surface photosphérique. Je puis donc dire qu'en présentant sa démonstration, M. Faye a forgé et fourni une arme contre sa propre théorie.

Nous avons vu que, d'après le propre aveu de l'auteur, cette théorie ne rend pas raison des pénombres et de diverses particularités qu'il se contente de signaler sommairement.

On n'y voit pas non plus pourquoi les taches sont généralement précédées dans le temps par les facules, et pourquoi celles-ci sont ordinairement et surtout à gauche des taches. M. Faye ne donne pas d'explication satisfaisante de ce fait général : il ne découle pas de cette conclusion de l'auteur, que les facules s'élevant plus haut dans le milieu général, leur mouvement doit être un peu en retard sur la zone correspondante de la photosphère ; car ceci n'établit, ne montre aucun lien entre les lieux et les temps où résident et s'exercent les causes des facules et des taches.

Il n'est pas besoin d'entrer dans les considérations subtiles auxquelles il s'est livré pour expliquer que le soleil est sensiblement sphérique. Plusieurs raisons peuvent concourir à faire concevoir que cet astre n'offre pas d'aplatissement visible aux pôles. D'abord, la vitesse de sa rotation est faible relativement à sa masse. Il faut aussi avoir égard à la distance qui nous en sépare : elle est telle qu'il peut nous paraître exactement rond , bien qu'il ne le soit pas réellement ; une faible différence pouvant n'être pas sensible à 38 millions de lieues. Considérons de plus que cet astre a son équateur incliné de

7° sur l'écliptique (1), et que cette position, suivant laquelle nous le voyons, peut dissimuler un peu son aplatissement polaire.

Je crois, du reste, que l'on attache trop d'importance à la forme du soleil, pour déterminer sa constitution. Il n'y a point de loi qui oblige à croire que tout astre qui tourne sur lui-même doit être renflé à l'équateur, aplati aux pôles ; car sa forme définitive ne dépend pas seulement de sa rotation, mais encore de la forme qu'il avait quand il a commencé à tourner. Imaginons que le soleil, primitivement, n'était pas complètement sphérique, mais un peu oblong, et que sa rotation s'est établie dans le sens de son moindre diamètre : il pourra bien se faire que sa rotation ait seulement l'effet de le rendre sphérique, plus rond qu'il ne l'était.

Nous verrons plus loin qu'on peut expliquer plus simplement et plus justement que ne l'a fait M. Faye, le fait reconnu aujourd'hui, que les vitesses angulaires des zones solaires vont en décroissant de l'équateur aux pôles.

Au reste, à divers point de vue, il me semble difficile d'admettre que la masse solaire soit entièrement à l'état gazeux ou gazéiforme.

1° La forme du soleil nous paraît invariable, et il est vraisemblable qu'elle ne se montrerait par telle dans l'hypothèse. Elle tendrait incessamment à varier, à obéir aux diverses influences extérieures qui doivent être considérables, puisque, sans parler de l'action des planètes, le soleil gravite vers quelque astre supérieur. Les comètes, qui sont considérées généralement comme étant des masses gazeuses, éprouvent, comme on sait, de grandes

___

(1) On le voit par la courbe elliptique que les taches paraissent décrire sur le disque solaire.

variations dans leur forme : n'en serait-il pas à peu près de même pour le soleil, s'il était entièrement gazeux ou nuageux?

2° Les planètes sont généralement regardées comme des corps solides ou liquides, non pas comme formées uniquement de matières gazéiformes, et cette opinion repose sur des considérations imposantes. Mais, parmi les planètes, il en est dont la densité est inférieure à celle du soleil. Ainsi la densité de Jupiter, rapportée à celle de la terre prise pour unité, est, d'après les calculs les plus généralement admis, d'environ 0,24..., celle de Saturne, bien moindre, n'est que de 0,13..., tandis que la densité du soleil est 0,25... ; si donc le soleil est gazeux, et que Jupiter et Saturne soient solides ou liquides, il s'ensuivra l'étrange conséquence que les matières liquides ou solides de ces deux derniers astres sont moins denses que les matières gazeuses du soleil.

CHAPITRE V.

**Observations et opinions du R. P. Secchi et de plusieurs
autres astronomes.**

Dans un mémoire lu à l'Académie de *Nuovi Lincei* le
22 mai 1853, le R. P. Secchi a rendu compte, comme il
suit, du résultat d'observations qu'il avait faites de taches du soleil avec la lunette de Cauchois de six pouces
d'ouverture, munie d'un petit diaphragme à l'oculaire,
non à l'objectif, selon le mode pratiqué par M. Dawes :

« 1° La pénombre des taches qui, vue avec un fai-
» ble grossissement, et suivant le procédé ordinaire,
» apparaît d'une teinte uniforme, vue avec le petit dia-
» phragme, et avec un grossissement de 300 à 400
» fois, apparaît toujours d'une structure plus ou moins
» rayonnée. Les rayons qui la composent sont curvili-
» gnes et très-irréguliers, mais tous convergents vers
» le centre du noyau. Ils laissent entre eux des inter-
» valles noirs plus ou moins larges, et peuvent juste-
» ment se comparer à une multitude de très-petits cou-
» rants qui, séparés l'un de l'autre, semblent confluer
» en un fond commun (1).

(1) Bien que nous disions ces courants très-petits, il faut toutefois nous
rappeler que, dans le soleil, l'arc d'une minute occupe une étendue linéaire

» 2º Chaque rayon ou courant, isolé et considéré en
» soi, a une intensité lumineuse égale à celle de la
» photosphère dont il se détache. Le contour du noyau
» n'est jamais une ligne continue ; mais outre le contour
» général polygonal, qu'on aperçoit avec un faible gros-
» sissement, on voit que tous les côtés de sa périphérie
» sont dentelés très-délicatement. Les dentelures sont
» formées des *têtes* des courants, et en suivant leur
» cours sur la pénombre jusqu'à la limite supérieure,
» on trouve qu'à chacun d'eux en correspond un autre,
» moins prononcé, à la séparation de la pénombre et de
» la photosphère. Quelques-uns de ces rayons plus
» larges que les autres s'étendent quelquefois à travers
» le noyau, et semblent le diviser en deux ou plusieurs
» parties. Tel est le cas où les noyaux apparaissent
» sans pénombre d'aucune sorte avec un instrument
» médiocre.

» 3º Lorsque plusieurs courants ou rayons se croi-
» sent dans la pénombre même, la lumière s'y accroît,
» et devient égale en intensité au reste du soleil.

» 4º Dans les pénombres très-étendues, qui sont
» celles qui suivent, comme une queue, les noyaux des
» taches qui tendent à s'évanouir, les rayons sont très-
» irréguliers et s'entrecroisent de mille manières indes-
» criptibles. Je ne saurais en donner une plus juste idée
» qu'en les comparant aux flots de la mer telles que
» les représentent les peintres, qui ont coutume de les
» figurer par une série de lignes qui courent parallèle-
» ment et en serpentant vers quelque espace, et puis,

de 27500 milles romains, ce qui donne à peu près 461 milles par seconde :
or, un fil d'araignée sous-tend de 2 a 3″ d'arc (avec un médiocre instrument), et la largeur des courants excède parfois cette étendue. (Note du
R. P. Secchi.)

» se confondant ensemble, vont former une énorme
» vague.

» Cette structure rayonnée de la pénombre n'est pas
» du tout nouvelle : le célèbre John Herschel en parle
» dans ses observations du Cap, et il pense qu'elle se
» voit fréquemment dans les figures de Pastoroff qui
» s'est fort occupé de semblables recherches. Il paraît
» cependant que les astronomes et les physiciens y ont
» fait peu d'attention et qu'ils la considéreraient comme
» un cas exceptionnel, n'étant jamais entrés dans les
» détails indiqués plus haut. Ce n'est pas surprenant,
» parce qu'il est difficile de les observer avec le procédé
» qui était alors usité, si ce n'est dans le cas de rayons
» plus marqués et plus larges. Ils exigent encore un
» assez grand calme dans l'atmosphère terrestre, et
» certaine habitude d'observer, qui consiste particuliè-
» rement à regarder l'objet sans aucune tension de la
» vue. Cette structure de la pénombre est pourtant
» d'une grande importance pour arriver un jour à con-
» naître quelque chose sur la nature de la photosphère
» solaire. Le fait que les rayons formant la pénombre
» paraissent se détacher de la partie lumineuse du so-
» leil, et couler vers le noyau, *en conservant la même*
» *intensité lumineuse* que la masse dont ils se sont déta-
» chés, prouve que la pénombre n'est pas formée d'une
» substance différente du reste de la photosphère, mais
» que son moindre éclat vient principalement de ce
» qu'elle offre des espaces clairs et obscurs mêlés en-
» semble, et de ce que la matière incandescente y est
» divisée en divers courants. Si avec de faibles téles-
» copes, ou même avec des télescopes puissants, mais
» en regardant d'après la méthode usitée, où l'œil reste
» ébloui par la lumière du reste du champ, nous voyons

» la pénombre avec une teinte uniforme, c'est là un
» phénomène semblable à celui qui se produit quand on
» regarde à distance une gravure, dans laquelle les
» traits noirs et blancs mêlés ensemble forment une
» teinte ou nuance intermédiaire entre le blanc du pa-
» pier et le noir de l'encre.

» 5° On sait que les grandes taches, au moment de
» leur apparition, sont ordinairement presque circu-
» laires. Souvent alors on voit comme un point noir ou
» pore dans lequel la pénombre est à peine visible. Ce
» pore s'élargit peu à peu, et décidément apparaît la
» pénombre, et, dans cette phase, le parallélisme entre
» le contour du noyau et celui de la pénombre est plus
» parfait qu'à toute autre époque. Avec le petit dia-
» phragme, on peut voir les divers courants détachés des
» parties les plus proéminentes autour de la pénombre,
» s'avancer bien avant sur le noyau; et quelquefois deux
» de ces courants, partis de points opposés, s'y réunir
» de manière à le séparer en deux. Mais quand la tache
» a duré ainsi quelque temps, elle se défait ; et le pa-
» rallélisme des deux contours cesse en grande partie :
» la pénombre est généralement plus restreinte vers
» cette partie que j'ai appelée *précédente* dans le mou-
» vement diurne, et plus allongée sur la *suivante*. Dans
» la région *suivante* surtout se manifestent ces groupes
» de crêtes qui ressemblent tant aux flots d'une mer
» agitée. Ces faits prouvent qu'on ne doit pas attribuer
» la pénombre à une seconde atmosphère inférieure à
» la photosphère qui devienne visible quand celle-ci se
» déchire, comme le proposait W. Herschel.

» 6° Dans la tache observée aux derniers jours de dé-
» cembre de l'année passée (1852), et aux premiers jours
» du mois de janvier courant, j'ai été très-surpris par une

» apparence jusqu'alors nouvelle pour moi, mais que
» depuis j'ai vue plusieurs fois reproduite dans les beaux
» dessins dus à Herschel et que contient l'ouvrage précité.
» Vue confusément, cette grande tache paraissait avoir
» trois ou quatre noyaux, mais mieux examinée avec le
» petit diaphragme, elle paraissait avoir réellement un
» seul noyau principal, mais traversé comme par un
» grand courant qui la partageait en deux : en outre,
» il y avait comme un grand ruban de feu formant un
» cercle presque complet et s'étendant sur une partie du
» noyau à travers le courant dont il vient d'être parlé :
» il semblait vraiment qu'on voyait là un grand cratère
» lunaire dans lequel serait éclairé un peu plus que la
» moitié de la couronne des montagnes qui en formeraient
» les bords. Cette apparence dura un peu plus de deux
» heures. Puis la régularité de sa forme fut sensible-
» ment atténuée, et les jours suivants la tache perdit tout
» caractère de régularité.

» J'avoue qu'à la première vue de ce courant de feu
» traversé par un autre courant comme par un arc, j'ai
» été fortement porté à mettre en doute s'ils étaient
» réellement dans un même plan. Toutefois l'apparence
» de relief qu'ont les objets vus avec la lunette, est trop
» souvent illusoire pour qu'on puisse fonder sur elle au-
» cune réalité certaine. Néanmoins je crois important
» de chercher à reconnaître, à l'aide des principes de
» la perspective, si jamais les apparences d'arcs sont
» telles qu'il y ait lieu de penser que les courants ne
» sont pas dans un même plan. Si la matière de la pho-
» tosphère est gazeuse, comme Arago croyait l'avoir
» prouvé par ses ingénieuses expériences, rien n'est plus
» facile à comprendre ; mais si elle n'est pas gazeuse,
» la chose est plus difficile.

» 7° Bien que l'astronome doive s'occuper plutôt de
» la description des faits que de la recherche des théories,
» cependant, en ce cas, il est difficile de distinguer les
» uns des autres, et, après avoir signalé à l'attention
» des physiciens des faits qui, s'ils ne sont pas tout à
» fait nouveaux, n'avaient pas du moins été envisagés
» sous leur vrai point de vue, qu'il me soit permis de
» remettre en lumière une opinion exprimée il y a long-
» temps par l'astronome Wilson, pour expliquer la pé-
» nombre des taches solaires, mais que quelques-uns
» ont regardée comme insoutenable.

» Cet astronome, dans un mémoire inséré dans le
» tome LXIV, 1re. partie, des *transactions philosophi-*
» *ques* de l'année 1774, prouve que *les taches solaires*
» *sont des cavités dans la photosphère solaire ;* à ce fait
» incontestable, il ajoute que très-probablement la pé-
» nombre consiste uniquement dans les parois inclinées
» de la cavité, et que celle-ci est formée de la matière
» même de l'enveloppe lumineuse qui s'écarte pour
» obéir à la cause qui produit la tache. Il allègue, à l'ap-
» pui de cette proposition, le fait observé, que le
» contour de la pénombre suit certainement celui du
» noyau, mais de manière que ses angles sont beau-
» coup plus arrondis que ceux du noyau même : une
» fois, ayant observé un noyau se divisant en deux, il
» vit que le contour de la pénombre ne se ferma pas
» en faisant un angle ayant son sommet tourné vers le
» noyau, mais au contraire se disposa de telle façon
» qu'il lui présenta son ouverture, comme s'il vou-
» lait indiquer que la matière lumineuse, pour aller
» remplir le noyau, s'était abaissée latéralement, et que
» la pénombre s'était élargie dans cette direction. D'au-
» tres preuves de son hypothèse peuvent se trouver

» dans son mémoire qui mériterait d'être reproduit ici
» en entier. Mais, contre cette ingénieuse hypothèse,
» s'élevait toujours une forte objection : comment la
» seule inclinaison des flancs de la cavité pouvait–elle
» produire une si grande diminution de lumière, qui,
» suivant les résultats photométriques d'Herschel, est
» de moitié environ ? Il ne paraissait pas possible qu'une
» simple différence de niveau dans les parties de la
» photosphère pût produire un tel effet. L'objection est
» forte et Wilson lui–même se la faisait, mais il ne l'a
» pas résolue d'une manière satisfaisante. La faiblesse
» de ses instruments ne lui permettait pas de distin-
» guer la véritable structure de la pénombre. Il la
» supposait d'une structure uniforme, et nous avons vu
» qu'elle n'est pas telle : où il y a pénombre il y a dis-
» continuité, et le noyau noir, visible sans interruption
» dans le centre de la tache, est cependant visible à
» travers les intervalles laissés par les courants de la
» matière lumineuse qui va remplir la cavité, et le mé-
» lange de ces couches claires et obscures produit la pé-
» nombre. C'est là un fait ; et il me paraît qu'il atténue
» de moitié la grande objection élevée contre la théorie de
» Wilson. En outre, nous pouvons ajouter que si pour-
» tant quelques rayons semblaient parfois moins lumi-
» neux que la photosphère, ceci pourrait provenir de
» plusieurs causes : 1° ces rayons pourraient être com-
» posés de filaments très–ténus et par cela même in-
» discernables ; 2° la matière lumineuse, étant en eux
» plus subtilisée, si elle est plus ou moins transpa-
» rente, peut laisser voir à travers elle le fond obscur ;
» 3° la tache étant une cavité, les rayons se trouvent
» placés dans une couche plus profonde de l'atmosphère
» solaire qui, par son épaisseur, peut beaucoup atté-

» nuer leur lumière, et en effet nous savons combien
» cette atmosphère est absorbante.

» L'aspect des courants que nous avons vus couler de
» la matière de la photosphère, pourrait faire penser
» que celle-ci doit être liquide, plutôt que gazeuse et
» élastique, comme semblent l'indiquer les expériences
» précitées de M. Arago. Bien que nous ne puissions
» rien assurer touchant la nature de la photosphère,
» nous ferons cependant observer que l'écoulement de
» la matière lumineuse, comme un torrent, vers le centre
» du noyau, n'entraîne pas la conséquence que la ma-
» tière soit liquide, et qu'elle se répande comme les
» laves de nos volcans glissant sur le sol. Il n'est pas
» nécessaire d'admettre que les irrégularités qu'on ob-
» serve dans la fermeture des taches, naissent seule-
» ment des irrégularités de la surface solaire, bien que
» celles-ci puissent y contribuer. En effet, dans notre
» atmosphère même, nous voyons souvent les nuages
» courir de diverses parties de l'horizon et couvrir le
» ciel. De même que des cîmes des hautes montagnes,
» on voit les nuées passer à travers les flancs des val-
» lées qu'elles dominent, et couvrir les bas-fonds en
» laissant libres les cîmes, de même en admettant un
» abaissement et un écoulement de la matière solaire,
» il n'est pas besoin de la supposer liquide, s'abîmant
» dans le noyau solide, mais elle doit être comme une nuée
» épaisse, justement comme la supposait Wilson. L'ac-
» tion prépondérante de la gravité, qui là est bien **27,9**
» fois plus forte qu'à la surface de la terre, peut déter-
» miner la descente de cette matière, bien que gazeuse,
» avec une grande rapidité, comme la pesanteur pro-
» duit sur la terre l'abaissement des nuages. Que la
» matière lumineuse soit aussi suspendue dans une at-

» mosphère transparente, cela ne peut point être mis
» en doute ,et en parlant de la chaleur solaire, dans un
» autre article, nous avons apporté une preuve convain-
» cante que la théorie de Wilson ne peut être regardée
» comme étant en opposition avec cette opinion plus re-
» çue, que la photosphère est gazeuse. Mais si les taches
» sont des cavités, et que la photosphère tende à se nive-
» ler au-dessus d'elles , quelle sera l'épaisseur de cette
» couche même à laquelle nous devons la lumière? Cette
» question a été touchée par Wilson , qui, dans ses ob-
» servations, a trouvé que la profondeur de la tache est
» d'environ un demi-diamètre terrestre; elle ne serait pas
» grande relativement au diamètre du soleil ; mais sur
» ce point nos connaissances sont insuffisantes : de toute
» manière cependant, bien que peu élevée, la photosphère
» doit être très-dense , car elle obéit promptement à la
» pesanteur solaire , et très-dense est cette atmosphère
» transparente dans laquelle elle nage , et qui, nous
» l'avons dit, peut, par une plus grande épaisseur,
» absorber plus de lumière et faire paraître plus ob-
» scures les parties de la photosphère qui descendent
» dans la cavité; il est au contraire probable que les
» facules, qui sont indubitablement proéminentes, n'ap-
» paraissent plus lumineuses que parce qu'elles s'élèvent
» quelque peu au-dessus des couches plus denses que
» l'atmosphère même. »

Après avoir reproduit cet écrit, l'auteur y ajoute les
réflexions suivantes :

« A l'égard de la structure des courants indiquée au
» n° 1, voici ce qu'on observe avec le grand réfracteur :
» très-souvent les plus petits courants sont vraiment
» interrompus, et présentent plutôt une succession de
» petits corps ressemblant à des *cumuli* allongés,

» qu'une surface continue. Les grands offrent plus de
» continuité. Quant à la dimension de ces corps blancs ,
» elle varie extrêmement. Dans les taches observées
» à la fin de mai, j'ai tâché de mesurer ces têtes de
» courants dites *feuilles de saule*, et je ne les ai pas
» trouvées supérieures à $\frac{1}{8}$ de seconde. Le 30 mai , j'ai
» vu , au milieu du noyau , sur la continuation de ces
» *langues*, une multitude de points allongés qui se
» détachaient des mêmes langues et dont le diamètre
» n'excédait point celui d'une étoile de 14e grandeur, et
» je l'ai évalué à $\frac{1}{12}$ de seconde. Ils sont reproduits dans
» la photographie 2. (Voir fig. 10.)

» Dans ces taches a paru le phénomène curieux d'une
» masse brillante entourant complètement le noyau , et
» qui s'est ensuite dissipée. Le 29, la tache avait à peu
» près l'apparence d'une roue avec une masse brillante
» au centre , qui représentait le moyeu , et cinq rayons
» lumineux qui en divergeaient. (Fig. 9 et suiv.) Cette
» masse brillante s'est dissipée peu à peu et s'est dis-
» soute en forme de courant, laissant un centre libre et
» noir. Ce phénomène nous paraît très-important pour
» la théorie, mais étant unique jusqu'ici , nous ne
» savons pas ce qu'on peut fonder sur lui.

» On voit qu'en substance les *feuilles de saules* sont,
» sur le fond , ce que nous avons appelé courants et
» têtes de courants; mais la figure de M. Nasmyth re-
» présente mieux la forme des parties ou corps allongés
» qui concourent à remplir les pénombres en s'alignant
» entre eux. Toutefois, nous ne croyons pas soutenable
» l'opinion que ces feuilles sont toutes d'égales dimen-
» sions. Même dans les points où nous les avons vues
» détachées (comme le 30 mai), elles nous ont paru
» avec des dimensions très–différentes, et comme de

» très-petites nuées qui, pendant l'orage, courent avant
» de se détacher des gros nuages. Pourtant, en n'at-
» tribuant à ces corpuscules qu'un diamètre angulaire
» de $\frac{1}{10}$ de seconde, ils auraient eu une dimension li-
» néaire de 20 ou 25 milles.

» Au § 5, j'ai admis la variation de l'étendue de la
» pénombre relativement à la rotation solaire, fait qui
» maintenant est généralement reconnu d'après les ob-
» servations de Chacornac et de Delarue.

» Pareillement, notons, au § 6, les ponts ou arcs qui
» sont si importants pour arriver à connaître la struc-
» ture de la photosphère. Depuis, j'ai voulu leur appli-
» quer aussi ce que je disais alors de Wilson, parce que
» cela est aujourd'hui confirmé par l'examen des photo-
» graphies de Kiew. Notons aussi que j'ai exposé il y a
» 12 ans, la théorie qui admet que la matière lumineuse
» est suspendue dans l'atmosphère solaire à la manière
» de nos nuages, et qui est si généralement acceptée.
» Nos observations de 1861 ont confirmé le peu d'épais-
» seur de la couche photosphérique du soleil, et nous
» avons trouvé qu'elle n'excédait pas un rayon terrestre.

» Quant à la hauteur à laquelle peuvent s'élever les
» facules, les proéminences de la photosphère au-dessus
» des bas-fonds, nous pouvons citer le fait, que nous avons
» vu près du bord du soleil une tache ronde entourée
» d'un bord circulaire de facules tellement net qu'il
» nous semblait voir un cratère lunaire. D'après cela,
» le nom de cratère solaire donné aux taches d'abord
» par Ximénès et maintenant par Chacornac n'a pas
» été, en ce cas, mal choisi.

» Ayant ajouté un nouveau ciel mobile à l'équatorial
» de Cauchois, de manière à obtenir l'obscurité suffi-
» sante, et l'image solaire étant projetée sur une feuille

» de papier blanc, j'ai vu, au moyen d'un fort grossis-
» sement, que les granulations de la photosphère ne
» sont qu'autant de taches rudimentaires de petite di-
» mension. C'est un spectacle bien étonnant que l'énorme
» irrégularité qu'affecte l'intensité de la lumière sur le
» disque solaire. »

Le R. P. Secchi a aussi observé la grande tache solaire
du 30 juillet 1865, et il a rendu compte de ses observations dans le bulletin du 31 août suivant, n° 8, vol. 4.
J'en extraits les passages essentiels.

« Le 28 juillet, le soleil n'avait aucune tache dans la
» région centrale et seulement un ou deux points noirs
» sur le reste de son disque. Le 29, apparurent près du
» centre deux points noirs peu distants l'un de l'autre,
» et de forme presque ronde. Le 30, l'un d'eux s'était
» allongé énormément et formait une tache d'une gran-
» deur extraordinaire dont le diamètre était de 76″,
» c'est-à-dire de quatre fois celui de la terre. La forme
» de cette grande tache était celle d'une couronne quasi-
» circulaire formée de taches moindres qui entouraient
» une masse blanche centrale de structure analogue au
» reste de la photosphère. Avec le réfracteur de Merz,
» cette couronne paraissait comme un grand cercle de
» tourbillons et déchirures irréguliers disposés autour
» de la masse centrale (voir la figure 15).

» Le mouvement, au milieu de cette tache, était tel
» que l'apparence de celle-ci variait en peu de minutes.
» Le lendemain la tache était complètement changée :
» son aspect était celui d'une double esse (SS) (fig. 16),
» formée entièrement de déchirures et taches qui se
» rapprochaient davantage de la forme ordinaire. Une
» file de celles-ci ressemblait à un grand ver divisé en
» autant de troncs partiels, avec deux grands cratères

» au commencement et à la fin. La partie centrale blan-
» che était toute lacérée et ressemblait à une masse de
» coton étirée en long sur un fond noir. Le troisième jour
» la tache continua à se déformer, mais les centres
» étaient mieux marqués, et la surface s'étendait en
» longueur à plus du double de la première, c'est-à-dire
» atteignait une longeur de 147 secondes, en gardant
» à peu près la même largeur. En s'approchant du
» limbe les jours suivants, elle allait visiblement en se
» raccourcissant, mais il est clair, par le calcul, que ses
» parties, en longitude, ont continué quelque peu à se
» séparer.

» La masse centrale, entre les cratères, devenait de
» plus en plus rare, au point de se réduire à être comme
» une simple pénombre sur laquelle étaient répandues
» de tous côtés les parties dites *feuilles de saule*, et les
» centres du mouvement ou les taches principales al-
» laient toujours en se séparant, tandis que les plus
» petites taches étaient absorbées. Les feuilles qui
» couvraient les pénombres étaient tournées vers les
» noyaux dans les parties extérieures du groupe, mais,
» dans la portion intérieure, elles étaient irrégulière-
» ment disséminées autour de chaque cratère. »

Une lettre adressée aux *Mondes*, par le R. P. Secchi,
et insérée dans le nᵒ du 17 août de cette revue, contient, sur la même tache du 30 juillet, quelques détails
et des considérations que je crois devoir également reproduire :

Après avoir dit que cette tache n'existait pas le 29 juillet, qu'il y avait seulement, à midi, un petit pore à sa
place, cet astronome ajoute : « Le 30, à 10 heures,
» elle était énorme, et, en la regardant avec le grand
» réfracteur et l'oculaire à réflexion, on voyait qu'elle

» était un assemblage de tourbillons , dont les courants
» se croisaient et tournoyaient dans toutes les directions.
» Ces tourbillons étaient disposés en deux lignes, sous
» forme de S allongé : ces variations ont continué à se
» déclarer de plus en plus chaque jour...... Dans cet
» abîme de tourbillons, nous avons remarqué ces faits
» saillants :

» 1º Il y avait des noyaux *noirs* et des noyaux en
» partie voilés uniformément;

» 2º Les pénombres étaient toutes composées de ce
» voile léger sur lequel se disposaient en lignes paral-
» lèles les *feuilles de saule*. Mais , dans les taches non
» isolées des autres , ces lignes ou feuilles n'étaient con-
» vergentes vers le noyau que dans les parties qui
» étaient du côté extérieur du groupe. Dans la portion
» intérieure, ces feuilles ou langues manquaient complè-
» tement, ou étaient arrangées irrégulièrement en tous
» sens. Cette partie interne, environnée des tourbillons,
» était filamenteuse , et ressemblait à des flocons de
» coton étirés de tous les côtés;

» 3º Dans quelques taches qui composaient le groupe,
» la pénombre manquait tout à fait du côté intérieur du
» groupe , mais dans aucune elle ne manquait à l'exté-
» rieur. Ces taches qui formaient , comme j'ai dit, un
» cercle le premier jour, se sont plus tard séparées no-
» tablement, et alors les apparences ont changé , et les
» taches se sont rapprochées des formes régulières;

» 4º Sans changer notablement de formes, une de ces
» taches a tourné de **90** degrés en position dans vingt-
» quatre heures.

» Voici les conclusions que l'on peut tirer de ce phé-
» nomène : 1º le **30**, il y avait un grand tourbillon dans

» l'atmosphère solaire, composé de tourbillons plus
» petits, et ces tourbillons se sont séparés peu à peu en
» suivant le mouvement général de l'atmosphère solaire;
» 2° dans chaque tache ou tourbillon partiel il y avait
» une double force, aspiratrice vers le centre et gira-
» toire, qui donnait une direction en spirale aux langues
» de feu ou *feuilles de saules ;* 3° le centre de ce groupe
» était en proie à la plus vive agitation irrégulière, pen-
» dant que tout autour il y avait une action dominante
» qui convergeait au centre de cette agitation ; 4° il y
» avait une couche de voiles transparents et légers, sur
» lesquels se répandent les feuilles de *saule* ou courants
» de la matière photosphérique; 5° ces voiles peuvent
» seuls former la pénombre, mais d'ordinaire ils sont
» associés avec les feuilles.

» En cherchant, dans les modes de précipitation
» qui s'observent dans notre atmosphère, quelque
» ressemblance avec ce qu'on voit dans le soleil, j'ai
» indiqué autrefois les *cumuli ;* mais je trouve aujour-
» d'hui que certaines *cirro-cumuli,* qui se forment sur-
» tout dans l'atmosphère, quand elle est très-vapo-
» reuse, qui sont très-petits, très-déchiquetés, souvent
» parallèles et convergents, et se détachant d'une masse
» plus épaisse, représentent avec assez de fidélité et de
» vérité les *feuilles de saule,* et les autres granulations
» du soleil.

» Dans la grande tache actuelle (celle du 30 juil-
» let), nous avons eu la répétition en quelques points
» de ce qu'on voit plus clairement dans la tache, de la
» fin de mai, c'est-à-dire que le noyau blanc, qui est
» environné de taches plus petites, s'est dissous en
» courants..... Donc ces amas de lumières ou feuilles

» ne contiennent rien de solide, mais toute cette matière
» doit être dans un état vaporeux, analogue à nos
» nuages.

» La grande tache est environnée de facules énormes,
» ce qui prouve le grand bouleversement qui a eu lieu
» dans le soleil. »

Le R. P. Secchi s'est attaché à l'observation de la surface solaire au point de vue des formes et des teintes
particulières, diverses, qu'elle offre quand elle est regardée avec de puissants instruments. Voici ce qu'il écrivait,
à ce sujet, dans le bulletin déjà cité du 31 août 1865 :

« Quand le ciel est tranquille et l'air très-favorable,
» le soleil, comme nous l'avons déjà dit, paraît formé de
» certains corpuscules, de grains plus ou moins allongés
» et ovales , disposés sur un fond gris , orientés suivant
» toutes les directions, et laissant entre eux comme un ré-
» seau très-délié où se voient de très-petits points noirs...
» Le 10 août, à 8 h. 1/2 du matin , nous avons eu le
» précieux avantage de mesurer les petits corps avec
» précision. Près du centre de l'astre était une petite
» tache ronde, reste d'une plus grande tache circulaire
» que nous avions suivie pendant la rotation précé-
» dente. Cette tache ressemblait à une planète, et on au-
» rait pu la prendre pour telle, sans la dentelure de scie
» que présentaient les corpuscules. Le diamètre de la
» tache fut évalué à 6″, 38, et, en comptant les feuilles
» qui l'entouraient, on trouva que, dans chaque cadran,
» il y en avait de 6 à 8, d'où il suit que la circonférence
» entière en contenait de 24 à 32. Dans une matière si
» difficile, il fut impossible de les nombrer plus exacte-
» ment. Plus tard la tache se déforma et, à 10 h., elle
» avait un segment couvert de *feuilles* plus avancées ;
» la corde de ce segment s'éloignait peu du diamètre, et

» le **P.** Ferrari et moi avons compté **7** de ces feuilles
» l'une près de l'autre. Avec ces éléments, il est facile
» de calculer que chaque feuille a une largeur de 0″, 83
» à 0″, 62, y compris l'intervalle obscur qui les sépare et
» qui est d'environ un tiers de la largeur des feuilles.
» Une feuille se verrait donc avec une largeur de 0″, 6 à
» 0″, 4. En rapprochant ce résultat de l'estimation faite
» sur la largeur des fils micrométriques, on trouverait
» que celle des feuilles était de **250** à **300** milles.

» D'après mes observations cependant, ce sont ces
» corps qui, se détachant du bord des taches, vont
» courir sur la pénombre. Je les ai vu plusieurs fois
» partir du bord de celles-ci et s'arrêter condensés au
» bord du noyau, et là accroître la lumière. Ces mêmes
» corps, allongés quelque peu et alignés entre eux, for-
» ment les rayons et courants qui seraient, suivant moi,
» les *brins de paille* de M. Dawes. Pourtant, il faut con-
» venir que, dans les pénombres, ils se voient mieux
» et plus facilement que dans le reste du soleil, et cela
» à cause du fond plus obscur sur lequel ils sont pro-
» jetés, et aussi parce qu'ils sont isolés, et qu'ils pa-
» raissent augmenter de longueur et prennent réellement
» la forme qui justifie le nom de *feuilles de saule*. Sou-
» vent ensuite on les voit se fondre et s'évanouir, ou se
» liquéfier et former un tout continu comme un cou-
» rant.

» A part les théories, telles sont les apparences. Les
» noms sont arbitraires, mais puisque l'on dit qu'il y a
» aussi sur le soleil des *grains de riz* de **8** et **10** secondes
» de longueur, nous dirons que cela est différent et naît
» ou de facules ou d'un état peu favorable de l'air, qui
» donnerait à certaines parties de la photosphère l'aspect
» de nuages et de coton effilé. Est-ce un effet atmo-

» phérique ou bien un état réel du soleil? C'est là une
» question à laquelle je ne saurais maintenant répondre
» définitivement ; mais j'incline à croire que le phéno-
» mène peut dépendre même de la structure solaire,
» qui n'est pas constante. En effet, dans toutes les mati-
» nées où l'air était convenable et permettait de voir les
» plus petites granulations, la régularité des formes
» ne se montrait pas, et au lieu de corps ovoïdes et pres-
» que uniformes, on ne voyait que des granulations
» très-petites et de figures irrégulières, à peu près
» comme, avec le microscope, on en voit dans le lait
» desséché.....

» L'étude des grandes taches est certainement très-
» instructive, mais celle des petites ne l'est pas moins;
» même pour connaître la structure de la photosphère,
» celles-ci sont préférables. Quand les taches sont en
» train de se former, la pénombre s'évanouit ou semble
» évanouie, et alors on voit bien, dans leur contour,
» les feuilles de la photosphère. Elles sont rendues plus
» distinctes par de très-petits interstices noirs qu'elles
» laissent entre elles. Il est alors facile de reconnaître
» que, même dans le reste de la photosphère, à une
» grande distance des taches, il n'existe point une *véri-
» table continuité*, et qu'au contraire il y a un réseau
» composé de ces corpuscules qui couvrent tout le globe
» solaire; mais l'observation dément formellement l'as-
» sertion que ces objets sont partout de même gran-
» deur, et de formes aussi allongées que celle des feuilles
» de saule; car ils paraissent plutôt *ovoïdes*. Dans une
» petite tache du soleil, j'ai vu distinctement qu'ils
» avaient toutes les formes imaginables qu'affectent les
» lambeaux de nuages ou les grains du lait coagulé,
» particulièrement là où, détachés du contour, ils al-

» laient sur le noyau, et là, peu après, se dissipaient,
» tandis que, dans les autres parties du périmètre, on
» les voyait s'allonger sans se détacher, et ils formaient
» les feuilles beaucoup plus régulièrement.

» Si l'on pouvait suivre longtemps les observations
» dans les conditions d'un air constamment favorable,
» on verrait les allongements dégénérer en véritables
» déchirures, mais il est difficile de pouvoir l'observer,
» à cause de leur petitesse et de l'inconstance de l'air.
» Par une projection très-agrandie dans une chambre
» noire, on obtient une preuve évidente que le soleil
» n'est uniforme en aucune de ses parties, qu'il est par-
» tout extrêmement irrégulier, et l'on distingue mieux
» que par la vue directe ses variétés de lumière ; on
» pense alors spontanément que toute la surface solaire
» n'est, pour ainsi dire, qu'une tache, et que les taches
» ordinaires ne sont que l'exagération de ce qui forme
» les petits points qu'on voit entre les granulations,
» comme Herschel l'avait remarqué. »

Ces manières de voir du R. P. Secchi, en certains
points du moins, ont été contestées par M. Airy qui
écrivait au *Reader :* « Je crois que le R. P. Secchi s'est
» trompé dans l'interprétation de ses *feuilles de saules.*
» Les divisions de la pénombre qu'il a représentées sont
» les *Tchatch-straws*, les *pailles de chaume* de Dawes,
» que l'on a vues il y a longtemps, que l'on peut voir
» sans peine dans une lunette qui ne soit pas trop petite.
» Les *feuilles de saule* couvrent, il me semble, toute la
» surface du soleil, et on les voit très-difficilement. »

Mais le R. P. Secchi a maintenu, au fond, ses premières appréciations. On le voit par une lettre insérée
dans les *Mondes* du 14 septembre.

Il y résume les détails et explications ayant trait à cette

question, contenus dans le bulletin du 31 août, et reproduits plus haut. Il dit que le 10 août, par un ciel
très-pur, le fond lumineux du soleil était formé de petits corpuscules blancs allongés, mais que ces corps
avaient une demi-seconde au plus de diamètre dans leur
plus petite dimension, et à peu près le double dans la plus
grande ; que tous n'étaient point égaux entre eux. « Le
» fond du soleil, dit-il, ressemblait au lait vu au micros-
» cope, éclairé par une vive lumière et d'un pouvoir
» grossissant médiocre, avec cette différence que, dans
» le lait, les globules sont ronds, et dans le soleil ils
» sont ovales. La maille noirâtre qui entoure les mailles
» du lait ressemble parfaitement à la maille du filet qui
» recouvrait le soleil. Je crois que nous avons à recon-
» naître ici les granulations d'Herschel..... Ces granu-
» lations n'ont aucune ressemblance avec les *feuilles de*
» *saule*. Il n'y a qu'une raison qui puisse justifier cette
» dénomination : auprès des petites taches surtout, les
» granulations prennent une forme allongée et ressem-
» blent à peu près aux *feuilles de saule*.... Quant aux
» *brins de chaume, bouts de paille*, d'après ce que je
» vois dans le soleil, les granulations, en s'allongeant, se
» condensent dans les environs des taches, et forment
» le contour à dents de scie ou de crémaillère, que l'on
» aperçoit autour des bords de la pénombre et la pho-
» tosphère. Ces dents de crémaillère s'allongent et parfois
» se détachent en forme de langues, qui couvrent toute
» la pénombre en se répandant sur le voile gris qui en
» fait le fond. Elles forment alors de véritables feuilles
» dont la longueur avec leur tête plus luisante dépas-
» sent plusieurs fois le diamètre ; elles se réunissent et
» se condensent près du bord du noyau, et parfois y
» augmentent de beaucoup la lumière. De plus, quel-

» ques-unes de ces langues ou feuilles se détachent bien
» souvent par morceaux, ayant encore la forme de
» feuilles allongées, et vont nager au milieu des noyaux
» noirs, où elles se dissolvent et disparaissent : le dia-
» mètre de ces points est alors excessivement petit,
» peut-être un dixième ou deux au plus de seconde.
» En général, ces espèces de langues ou mieux de
» feuilles sont orientées perpendiculairement au contour
» du noyau ; ce qui démontre qu'elles sont convergentes
» au centre si le noyau est régulier et circulaire, et pa-
» rallèles, si le noyau a une portion rectiligne..... Il
» faut avouer que souvent ces langues sont assez lon-
» gues et parallèles, et le nom de *brins de paille* semble
» alors mieux approprié : je les avais appelées *courants*
» et *têtes de courants* dans un mémoire de 1853. Peut-
» être que ce nom pourrait convenir à des filets de ma-
» tière lumineuse plus larges et d'une grande étendue,
» qui vont séparer les noyaux en plusieurs parties. Mais
» on voit qu'ici la délimitation des noms est tout à fait
» arbitraire, car j'ai vu ces langues se prolonger, for-
» mer un courant et diviser le noyau ; tandis que j'ai
» vu un de ces gros courants se décomposer en feuilles
» et prendre l'aspect de scie, latéralement et perpendi-
» culairement à sa direction....... On parle aussi de
» *grains de riz* qui auraient jusqu'à 10 secondes de
» longueur : ils ne seraient, selon moi, que de vérita-
» bles facules ou lucules, produites par la fusion des
» granulations plus petites réunies en une masse uni-
» que. L'action même de l'air atmosphérique s'inter-
» posant entre ces images peut parfois produire des
» renforcements dans la lumière. Mais ces apparences
» sont, je le crois, assez variables dans le soleil lui-
» même ; de sorte que plusieurs fois j'ai vu la granu-

» lation solaire tout à fait irrégulière et comme du lait
» coagulé vu au microscope.....

» Je conclus en proposant d'assigner aux mots les
» sens suivants :

» *Granulation*. Forme ronde ou ovale de grains lumi-
» neux visibles dans le soleil, surtout près du centre.
» Leurs diamètres sont à peu près comme 1 à 2 ; leurs
» dimensions sont variables.

» *Feuilles de saule*. Grains allongés de 5 diamètres
» au moins, à feuilles pointues, plus effilées vers une
» extrémité que vers l'autre, visibles aux environs des
» petites taches, et sur les bords des grandes et près
» des noyaux, parfois sur les noyaux eux-mêmes.

» *Brins de paille* ou *de chaume*. Lignes ou filets très-
» minces et formant des rayons longs, parallèles ou
» convergents, qui recouvrent toute la largeur de la pé-
» nombre ou sa plus grande partie, en se prolongeant
» sans discontinuité jusqu'à la limite qui sépare la pé-
» nombre de la photosphère.

» *Courant*. Ligne lumineuse sinueuse qui traverse le
» noyau en le divisant, prenant parfois l'aspect d'un
» pont, qui aurait au moins une largeur d'une seconde.

» *Lucules* ou *grains de riz*. Amas de petites granu-
» lations intermédiaires entre les facules et les petits
» grains ovoïdes, classifiés comme ci-dessus.

» Si cette distinction est adoptée, on pourra s'enten-
» dre ; en cas contraire, chacun dira ce qu'il entend
» par chacun de ces mots. »

La surface générale de la photosphère solaire a paru
à M. Nasmyth entièrement formée de nuages allongés et
ovales comme des feuilles de saule (willow-leaves-
clouds), tous réguliers, semblables de forme et d'égale
grandeur.

Suivant John Herschel, ces feuilles de saule ne sont pas des nuages : voici ce qu'il écrivait à ce sujet :

« D'après les observations de M. Nasmyth, observations faites avec un excellent télescope construit par lui-même, la surface brillante du soleil semble formée d'objets distincts, individuels, qui offrent tous une certaine forme ressemblant à une feuille de saule.

» Ces feuilles, ou plutôt ces écailles, ne sont pas disposées comme, par exemple, les taches des ailes du papillon, au contraire elles se croisent les unes les autres dans tous les sens, excepté sur les bords, et se dirigent vers la partie centrale.

» La forme parfaitement définie de ces écailles, leur exacte similitude, la manière dont elles s'éparpillent dans tous les sens, excepté aux endroits où elles forment des espèces de ponts qui traversent les taches, et où elles semblent adopter une direction commune, offrent un aspect vraiment inouï et qui confond la pensée humaine.

» Ces différents caractères ne permettent pas de croire que les feuilles de saule soient, comme on l'a dit, des fluides ou des vapeurs.

» Il faut donc les considérer comme des feuilles, des couches, des écailles, séparées, indépendantes les unes des autres et douées d'une certaine solidité.

» Elles sont évidemment les sources immédiates de la lumière et de la chaleur solaires; elles tirent ces éléments, par un procédé inconnu jusqu'ici, du fluide obscur dans lequel elles paraissent flotter.

» Aussi ne peut-on méconnaître en elles une organisation d'une nature particulière et surprenante

» On ne saurait, toutefois, prétendre qu'une telle organisation soit animée et douée de la vie, bien que l'action vitale s'y montre assez forte pour développer la lumière, la chaleur et l'électricité.

» Ces curieuses observations ont été faites par d'autres que par M. Nasmyth et d'une manière qui rend le doute impossible. »

M. Fletcher, membre de la Société de Londres, pense, d'après ses observations de la surface solaire, que, pour exprimer l'aspect général de cette surface, cette comparaison de *grains de riz* de M. Stone est fort convenable, mais que les formes des petits grains sont trop variées pour qu'ils soient exactement définis par ce terme. Ces grains, selon lui, auraient une grande permanence ; il en a observé, dit-il, « plusieurs dans un très-petit champ de 10 ou 15 minutes, sans remarquer aucun signe de changement de forme et de position entre eux. Les espaces qui les séparaient étaient occupés par de très-petits points d'un brun sombre : parfois, quand l'atmosphère devenait momentanément tremblante, il y avait là une apparence semblable à celle qui peut se produire par l'entrelacement d'objets de forme allongée et lenticulaire, mais, au moment où l'atmosphère se raffermissait, cette apparence s'évanouissait, et quand la vision a été plus parfaite, l'entrelacement n'a pu se maintenir. »

Il a estimé la grandeur des grains à 2 ou 3 secondes ; il en a trouvé quelques-uns dont le plus grand diamètre était environ triple du plus court. Il n'a pas remarqué en eux une tendance à prendre la forme allongée. Il pense que ces grains ne sont point des *entités*, mais seulement des portions de l'enveloppe lumineuse du soleil, élevée au-dessus de l'atmosphère non lumineuse ; il est porté à admettre qu'ils sont constitués par d'inombrables élévations de la matière photosphérique. (*Notices de la Société royale*, vol. XXV, n° 8.)

M. Brodie, membre de la même Société, a aussi observé la photosphère solaire ; elle lui a offert un aspect conforme à celui décrit par John Herschel qui a dit : « La photosphère représente assez fidèlement l'apparence d'un sédiment déposé par le précipité chimique d'une matière floconneuse dans un fluide transparent, quand on regarde perpendiculairement au-dessus. »

Le même observateur a remarqué à la surface du soleil un grand nombre d'objets en forme de grains de riz, dans diverses directions les uns à l'égard des autres. Il a estimé la longueur de quelques-uns à 8 ou 10 secondes sur à peu près 2 secondes de largeur. Suivant lui, ces sortes de nuages photosphériques n'étaient pas d'une égale élévation dans toute leur longueur, mais paraissaient avoir un contour d'élévation analogue à celui d'un nuage-cumulus, et leur surface était comme celle d'une véritable vague, ce qui donnait au soleil un aspect très-irrégulier. Les flancs de ces vagues paraissaient notablement inclinés, bien qu'en réalité ils ne s'écartassent pas fortement de la perpendiculaire. Les dentelures ou vallées s'entrecoupaient entre elles très-irrégulièrement. Dans quelques parties de la photosphère où les formes circulaires prédominaient, les dentelures semblaient une véritable mer. La couche nébuleuse était creusée dans une même direction oblique, de sorte qu'on ne pouvait apercevoir le fond des cavités.

Ces dentelures semblaient avoir au moins 2″ de profondeur ou 1000 milles ; mais l'appréciation de cette profondeur est chose difficile. Les cîmes étaient brillantes ; les vallées ou dentelures paraissaient sombres, moins lumineuses. « En plusieurs occasions, dit-il, j'ai pu distinguer entre elles des points noirs ou pores. L'ensemble de cette surface bigarrée formait de vastes ondulations, vraiment semblables aux chaînes de montagnes, qu'on voit représentées sur les bonnes cartes géographiques. Les parties élevées apparaissaient comme de petites facules, mais qui étaient, à cause de leur petitesse, bien plus difficiles à observer que les facules ordinaires du soleil.

» En examinant les larges taches solaires où une grande pénombre s'est développée, le bord de la photosphère immédiatement adjacent à la pénombre offre souvent l'apparence d'une partie détachée de la couche la plus lumineuse et glissant en descendant vers la tache ou sur la pénombre, jusqu'à atteindre l'ombre que souvent elle traverse en formant au-dessus comme un pont étroit. L'ombre de ces taches est généralement formée d'une couche très-mince de matière lumineuse, quelquefois tournée en spirale, comme les *cirro-stratus* de la terre, et, en ce cas, j'ai toujours vu, dans quelque partie de l'ombre, une tache noire arrondie, que M. Dawes a nommée le noyau; mais je ne me rappelle pas si j'ai toujours vu quelque pont de matière lumineuse traversant le noyau.

» Le 16 mai 1864, j'ai eu une excellente occasion de constater l'extrême mobilité de la photosphère du soleil. Il y avait alors sur le soleil une tache très-grande et assez régulière de forme ovale. Le bord sombre de la pénombre était frangé tout autour par de beaux filaments de matière lumineuse s'étendant au-dessus et vers le centre de l'ombre. Dans le cours de trois heures et demie ou quatre heures, un large pont de matière lumineuse s'est formé complètement à travers la tache, divisant l'ombre en deux parties. J'ai été surpris de cette circonstance inattendue. J'ai pris quelques mesures de la tache alors que le soleil était très-bas, et que par suite la perception de la tache était d'autant plus irrégulière. J'ai reconnu que la longueur totale (ou le grand axe) de l'ombre était d'environ **22000** milles, et sa largeur (ou son petit axe) d'à peu près **7000** milles. Le pont de matière lumineuse était large d'environ **3500** milles et régnait à travers l'ombre ovale à une petite distance de son petit axe. Sa longueur a pu ne pas dépasser **5500** milles en ce point là. La matière lumineuse qui a formé ce pont avait l'énorme vitesse de **1400** milles par heure... J'ai vu, pendant quelques minutes, le pont à demi-formé, et j'ai remarqué que la matière photosphérique a entièrement passé d'un côté à l'autre. Cette mobilité, je le conçois, peut, jusqu'à un certain point, expliquer ce curieux phénomène parfois observé, qu'on a exprimé sous le nom de *brin de chaume*, et qui est la seule chose que j'aie aperçue qui approche de la formation de M. Nasmyth, appelée *feuille de saule*.

» Plusieurs personnes ont peut-être remarqué que, quand un courant d'air passe sur le sommet d'une chaîne de montagnes, au-dessus desquelles règne un fort brouillard, l'effet de ce courant est de tirer en bas une partie de ce nuage et de former de longs filaments de brouillard sur le flanc de la montagne, de sorte qu'ils ont l'aspect de brins de chaume. Ces filaments sont ordinairement séparés du nuage et s'allongent en forme de feuilles de saule. Cela me fait supposer qu'un courant de l'atmosphère ou de gaz dilaté passe sur le bord de la pénombre, descend dans l'ombre, entraînant au loin des parties de la photosphère extrêmement mobile, et les portant à travers l'ombre, formant, de cette façon, un pont lumineux.

» Le 19 avril 1864, j'ai observé le curieux phéno-
» mène de plusieurs parties isolées et presque rondes

» de la matière lumineuse portées dans le centre de
» l'ombre d'une tache du soleil. Celles-ci avaient l'ap-
» parence de masses de glace flottantes sur une mer
» noire, mais une d'elle a été bientôt ensuite réunie à
» la pénombre par un pont de matière lumineuse. »

» Au moment présent, il y a un beau groupe de taches
sur le soleil, et la singulière configuration de leurs pénombres peut être justement comparée à quelqu'un des
grands glaciers alpins où le glacier sort avec une soudaine irrégularité de son lit, causant ainsi de vastes crevasses et le démembrement de larges masses de sa substance.

» D'après ce que j'ai pu observer sur la surface du
soleil, j'ai conçu la possibilité d'attribuer quelque forme
régulière à des particules s'entrelaçant entre elles, pour
former l'étonnante multitude de *nœuds* qu'offre la photosphère du soleil ; quelque entrelacement de cette sorte
ayant dû produire cette égalité et cette uniformité relatives de la surface, et constituer l'apparente enveloppe
solaire, j'ai été impuissant à concilier les feuilles de
saule avec cette constitution. » *(Notices de la Société
royale,* vol. XXV, n° 8.)

Dans les mêmes notices, mêmes volume et numéro,
M. Lockier, membre de la Société, a rendu compte de
ses observations d'une tache du soleil, comme il suit :

« Le deux avril, elle (la tache) était extrêmement remarquable. C'était une tache d'un caractère normal,
non circulaire, mais offrant une langue qui paraissait
être une portion de facule, à en juger par son grand
éclat. Quand l'observation a commencé, à peu près sur
les 10 heures et demie, la langue de facule a été extrêmement brillante. Alors j'ai laissé le télescope, et vers
une heure, cette même langue de facule paraissait être

moins éclatante que certaines parties de la pénombre. En même temps, il me semblait qu'elle abandonnait de sa matière, par son extrémité, et qu'une portion de l'ombre entre elle et la pénombre était voilée par une couche de nuage qui s'en était détachée. Après un assez long temps, des feuilles de saule obscures semblaient s'être formées et condensées sur la portion suivante de la masse nuageuse. Comme au premier cas, une masse brillante de celle-ci nous paraissait être une facule fondant graduellement et s'écoulant dans l'ombre, et alors l'ombre semblait se condenser entre les feuilles de saule. Je sais que, lorsqu'il s'agit d'appréciations aussi délicates, il serait convenable de dire les raisons sur lesquelles on les a fondées; mais je suis resté convaincu que j'ai vu là une brillante masse de facule. Je dis *facule*, à cause de son éclat; mais je ne pense pas qu'alors elle fût au-dessus du niveau de la photosphère. Cette masse s'est peu à peu répandue sur un nuage qui alors est devenu bordé de feuilles de saule, dont le nombre s'est accru successivement. Pendant un temps, j'ai vu deux masses de cette sorte clairement et distinctement, puis, un peu après, j'en ai vu cinq ou six. Je pensai d'abord que j'avais fait une méprise, mais je crois maintenant que cette erreur était impossible, car les conditions atmosphériques étaient extrêmement bonnes, et j'avais soigneusement examiné la région auparavant. J'ai été de plus en état d'observer trois ou quatre masses de nuages sur le bord intérieur de la pénombre se détacher elles-mêmes de celle-ci en différents points, et traverser l'ombre vers le centre de la tache. Dans une tache circulaire, cela est aisément intelligible, mais ce qui est difficile à comprendre, ce sont deux courants opposés l'un à l'autre, ou à angles droits entre eux, l'un portant les masses

de nuages à travers la tache de droite à gauche , l'autre
portant celles-ci en haut ou en bas. C'est cela cependant
que j'ai très-distinctement vu....

» J'ai aussi vu les feuilles de saule, ou grains de
riz , dans une région de la pénombre, changer la direction de leurs grands axes relativement au centre de
la tache , dans l'espace d'environ trois quarts d'heure.
En fait, elles ont tourné en dedans d'un angle très-con-
sidérable. D'autres projetées sur l'ombre ont graduellement fondu hors de vue. Une feuille de saule a paru
distinctement s'étendre sur l'ombre, comme un voile ,
et parcourir sur elle une distance qui était considérable
quand j'ai cessé de l'observer. Je pense que j'en ai vu
une autre se condenser.... »

Ici M. Lockier constate que le lendemain, 3 avril,
dans des circonstances atmosphériques très-favorables,
avec un instrument des plus puissants , il a très-bien vu
la grande différence qui existe, selon lui, entre l'aspect
des choses (quelles qu'elles puissent être) que présente
la surface générale du soleil, et l'aspect des objets qu'offrent les pénombres. Il a distingué les feuilles de saule
ou grains de riz sur ces dernières. Mais il n'a rien vu de
semblable sur la surface générale; celle-ci offrait généralement des masses confuses et circulaires. Une partie de
ces masses sont graduellement portées vers les taches
dont elles sont voisines , elles voyagent, et, si on les
aperçoit traversant l'ombre , elles peuvent paraître d'une
forme qui approche plus ou moins de celle d'une feuille
de saule. « Il y avait, dit-il, une sorte de masse confuse
et circulaire qui gagnait la pénombre du bord de la
photosphère, quelquefois en pointe , parfois arrondie,
parfois tronquée, avec une partie effilée vers l'ombre et
une partie émoussée vers la surface *générale*. Mais si

vous observez de semblables masses qui ont traversé la pénombre, vous trouvez qu'elles sont généralement aiguës à l'un et l'autre bout, la pointe étant parfois arrondie, parfois tronquée. Quant au courant, c'est là une question difficile ; c'est une observation qu'on ne peut guère espérer faire avec certitude, que celle d'une partie de la matière photosphérique se précipitant dans la pénombre, la traversant et changeant de forme, voilant l'ombre et fondant. »

Les travaux du R. P. Secchi sont certainement d'une grande importance, par les faits observés, par les réflexions que ces faits ont suggéré à l'éminent observateur, par les conclusions qu'il en a déduites. Je vais apprécier ces travaux dans leurs points essentiels.

Rappelons d'abord que, suivant le R. P. Secchi, la pénombre d'une tache solaire, vue avec l'instrument qu'il indique, apparaît toujours d'une structure plus ou moins rayonnée ; les rayons ou courants sont curvilignes, irréguliers, et convergents vers le centre du noyau ; ils laissent entre eux des intervalles plus ou moins larges ; chaque rayon ou courant isolé *a une intensité lumineuse égale à celle de la photosphère dont il se détache ; à chacun d'eux en correspond un autre, moins prononcé, à la séparation de la pénombre et de la photosphère.*

Si vraiment toutes les petites bandes lumineuses qui, sur la pénombre rayonnent vers le noyau, paraissent être une continuation de bandes lumineuses de la photosphère, et se montrent avec le même éclat que celles-ci, il est probable que les unes et les autres sont d'une même substance, celle de la photosphère. Mais, d'abord, peut-on bien regarder ces faits comme certains ? D'après le R. P. Secchi lui-même, les courants correspondants de la photosphère sont *moins prononcés* que ceux de la pénombre. Cette correspondance, d'ailleurs, est-elle bien constante? N'y a-t-il pas d'exception dans les taches solaires? Il est permis d'en douter. Quant à l'éclat des petits courants de la pénombre, cet obser-vateur a-t-il bien vu qu'il était toujours égal à celui des courants photosphériques? n'a-t-il pas payé tribut à quelque illusion?

Est-il impossible que la réflexion, effectuée sur un corps de la pénombre, de la lumière émise par la pho-tosphère, ait produit la clarté qu'il a observée ici? Dans l'hypothèse où chacun des points de ce corps réfléchis-sant recevrait cette lumière de tous les points d'une grande étendue de la photosphère, notamment des pa-rois lumineuses de la trouée opérée en celle-ci, ne sau-rait-il en réfléchir diffusément une quantité telle qu'il parût à peu près aussi éclatant que la substance de la photosphère même? On pourrait d'autant plus le sup-poser que la pénombre serait bien au-dessous de la sur-face photosphérique, et que, par suite, sa substance devrait être notablement plus dense que celle de la pho-tosphère; et même on pourrait supposer que la densité des corps de la pénombre a été accrue par les causes auxquelles serait due leur formation en ce cas.

Au reste, il paraît bien et je reconnais que souvent des parties de la photosphère font invasion sur la pénombre et même sur le noyau, et il peut y avoir des cas où cette invasion soit telle que la pénombre en soit presque tota-lement couverte, qu'elle n'offre même que des rayons ou courants photosphériques séparés par des espaces noirs ou sombres. Mais n'y a-t-il jamais de pénombre qui ne soit ainsi formée? D'abord, la pénombre n'est-elle pas, surtout et généralement du moins, constituée par des masses de l'enveloppe réfléchissante? C'est là une question que je ne puis regarder comme absolument et négativement résolue par les observations du R. P. Secchi.

A l'appui de l'unité substantielle de la pénombre et de la photosphère, le R. P. Secchi trouve-t-il un grand secours dans cette considération que d'abord, quand apparaît la pénombre, il y a parallélisme entre son contour et celui du noyau, mais que plus tard le parallélisme cesse en grande partie, de telle sorte que la pénombre est généralement plus restreinte dans sa partie occidentale que dans sa partie orientale? Pour moi, je cherche vainement la preuve qu'il voit dans ce fait supposé certain, que d'ailleurs j'expliquerai ultérieurement. Cette preuve ne réside pas non plus dans les autres faits concernant les contours relatifs de la pénombre et du noyau qu'invoque Wilson et qui sont rapportés par le R. P. Secchi, en faveur de la thèse qu'il soutient. Rien de concluant dans tout ceci. Je vois bien que la photosphère joue ici un rôle, mais non point que la pénombre n'est qu'une portion de la photosphère. A cet égard, je me reporte à ce que j'ai dit plus haut.

Le R. P. Secchi ne me paraît point refuter complètement l'objection faite à l'hypothèse de Wilson, que la seule inclinaison des parois de la cavité n'explique pas suffisamment la diminution de lumière que présente la pénombre, et qui, suivant les résultats photométriques d'Herschel, serait d'environ une moitié.

En effet, 1° si l'on suppose avec l'astronome romain, que les rayons de la pénombre sont composés de très-petits filaments venant des régions photosphériques, on demandera pourquoi une même substance prendrait, dans la pénombre, une disposition à tel point différente de celle qu'elle aurait dans la photosphère.

2° Une demande analogue serait suscitée par la supposition que, dans la pénombre, la matière est tellement subtilisée qu'elle est transparente et laisse voir à travers elle le fond obscur. 3° Dans l'hypothèse où la pénombre se trouve occuper une couche de l'atmosphère solaire plus profonde que celle occupée par la photosphère, il serait difficile d'admettre que, si la pénombre paraît moins lumineuse que la photosphère, cela vient seulement de ce que la première occupe une partie plus profonde, plus dense, de l'atmosphère qui absorbe ainsi plus de sa lumière. Si la pénombre est plus basse que la photosphère, étant suspendues l'une et l'autre dans l'atmosphère, la pénombre doit être plus dense que la photosphère, d'après la loi de la pesanteur. A ce point de vue, du moins, si la pénombre est lumineuse par elle-même, elle l'est vraisemblablement plus que la photosphère, et ce surcroît peut compenser, du moins en partie, l'absorption plus grande de l'atmosphère. On voit aussi que cette hypothèse ne s'accorderait pas avec la précédente, suivant laquelle la matière de la pénombre serait subtilisée jusqu'à la transparence. Mais, d'ailleurs, si la pénombre n'est, d'après Wilson, que le talus de la cavité d'une tache, que deviennent les deux premières hypothèses que le R. P. Secchi présente pourtant en vue de défendre l'idée de Wilson? Comment trouver, dans cette énorme épaisseur et ce plan incliné, ces filaments déliés, cette transparence laissant voir le noyau noir, le fond obscur?

La pénombre est ordinairement d'une teinte sensiblement uniforme, excepté sur les bords touchant au noyau noir. Comment, d'après cela, concevoir qu'elle ne soit que le talus d'une ouverture pratiquée dans la photosphère? Supposera-t-on que l'intensité de la lumière photosphérique, à partir de la surface, décroît graduellement, indéfiniment, ou qu'elle décroît jusqu'à un certain point central au-delà duquel elle va en croissant? On n'expliquerait pas ainsi la pénombre, qui n'offre pas cette gradation de lumière que devrait présenter le talus dans ces hypothèses.

Veut-on au contraire supposer que la lumière photosphérique augmente graduellement d'intensité en s'approchant du centre? A ce point de vue encore, la pénombre ne serait pas expliquée.

Si des masses lumineuses photosphériques, se détachant, allaient s'arrêter au bord du noyau, cela expliquerait, jusqu'à un certain point, que la pénombre soit plus lumineuse vers ces bords que vers son contour extérieur; mais d'abord il faudrait motiver cet arrêt sur les bords du noyau, et l'on ne verrait pas pourquoi fort souvent, généralement même, la pénombre est plus ou moins telle dès le principe. De plus on ne saurait point pourquoi la pénombre est brusquement délimitée du côté opposé, de manière à trancher par sa nuance foncée avec l'éclat photosphérique.

A ceux qui adoptent le système d'Herschel, on objecte que sous l'extrême chaleur de la photosphère, malgré l'enveloppe réfléchissante, le corps central du soleil devrait être incandescent et ne saurait paraître noir à travers les ouvertures des deux enveloppes supposées; à plus forte raison, on refusera d'admette l'opacité du corps central, dans l'hypothèse où la photosphère ne serait pas séparée de ce corps par une enveloppe réfléchissante.

Le R. P. Secchi, en admettant que les pénombres et la photosphère sont dues à une même substance, ne paraît point s'être assez préoccupé de la difficulté de rendre compte des taches dans l'hypothèse d'une seule enve-

loppe, celle de la photosphère. Nous l'avons vu, il regarde comme indubitable que *la matière lumineuse est*,
comme nos nuages, suspendue dans une atmosphère trans
parente. Comment alors la chaleur photosphérique n'échauffe-t-elle pas la matière centrale assez pour la rendre
incandescente, et comment un noyau noir peut-il nous
apparaître quand la photosphère s'entr'ouvre, se déchire?

Quelle est la véritable apparence de la photosphère?

Rappelons, sur ce point, les principaux traits résultant des observations précitées.

Suivant **M.** Nasmyth, la photosphère n'offre que
des corps allongés en feuilles de saule, exactement semblables de forme et de grandeur. Le R. P. Secchi n'a
vu des feuilles de saule qu'autour des taches et sur
la pénombre. M. Fletcher a observé des objets ressemblant à des grains de riz; il est, en ce point, d'accord avec M. Stone; seulement, il a vu que leur forme
varie plus que celle de ces grains. M. Brodie, comme
John Herschel, a vu à la surface photosphérique un mélange floconneux sans formes bien arrêtées. Toutefois,
il a distingué à cette surface des objets d'une forme analogue à celle de grains de riz, d'inégale élévation dans
leur longueur, il a reconnu des dentelures ou vallées
entre ces grains, en un mot, de vastes ondulations analogues aux chaînes de montagnes; dans quelques parties,
les formes circulaires prédominaient et les dentelures
semblaient une vaste mer. Aux yeux de M. Lockier, la
surface générale du soleil s'est montrée couverte d'objets
circulaires, non allongés; il a distingué des objets de formes approchant de celles des feuilles de saule ou grains
de riz, mais ils étaient sur la pénombre, non à la surface
générale. On a généralement vu des points sombres ou

pores à la photosphère. Les uns y ont vu des entrelace-
ments de corpuscules ; d'autres contestent ces entrelace-
ments. M. Fletcher assure que les corpuscules ont une
grande permanence de forme et de position relative ;
mais la plupart n'admettent pas cette permanence.

A quoi faut-il attribuer cette divergence dans les résultats des observations de la surface solaire? Provient-
elle de la différence des instruments employés, des vues
plus ou moins bonnes appliquées à ces instruments, des
lieux où l'on a observé? Tient-elle à l'état de l'atmosphère
au moment des observations? Tout cela peut y avoir contribué, mais je pense qu'il est plus vraisemblable que
l'état de la photosphère est variable, qu'il a notablement
changé dans l'aspect qu'il a présenté aux regards des astronomes.

D'après cette variabilité, d'après les phénomènes relatifs aux taches du soleil et la critique que j'ai faite plus
haut de la théorie de M. Kirchhoff, il est plausible que
la matière photosphérique est à l'état gazeux, qu'elle
n'est point formée de corps solides. Sans prétendre assimiler aucunement la substance et l'état des masses
photosphériques à ceux de nos nuages, on peut supposer entre eux une certaine analogie dans leurs formes et
leur distribution. Il arrive souvent que le ciel a cet aspect qu'on exprime en disant qu'il est pommelé. Or, ne
peut-on supposer que, dans le soleil, il y a quelque cause
pour que les masses photosphériques affectent le plus
souvent ces formes et cette disposition ? Cela est admissible, et ultérieurement je donnerai, à cet égard, des
explications qui le rendront plausible. Il paraît bien que
généralement les objets distincts de la surface générale
de la photosphère sont plus allongés que ceux qui entou-

rent les taches ou vont sur la pénombre et le noyau ; cela s'expliquera aisément dans la suite de cet écrit.

Les autres phénomènes, les particularités constatées par les observations que j'ai rapportées, y recevront aussi des explications satisfaisantes.

CHAPITRE VI.

Observations et spéculations de M. Chacornac.

Elles se trouvent formulées par l'auteur dans une suite
de notes autographiées dont je vais présenter le contenu,
au moins dans tout ce qu'elles ont d'essentiel, et en
conservant, autant que possible, le texte même de ces
intéressants écrits, qui sont datés de Ville-Urbane, près
de Lyon, où M. Chacornac a observé le soleil.

Nous trouvons d'abord un bulletin rendant compte
des observations de groupes de taches solaires du 6
mars 1865, à 9 heures. En voici la substance :

« Lorsque les taches se ferment, il est presque toujours possible de découvrir, dans leur partie profonde,
des corps se présentant comme les mailles d'un réseau
formé d'une matière d'apparence glutineuse correspondant des couches superficielles à d'autres plus profondes. Mais ce qu'il y a ici de plus remarquable, c'est
l'apparence étirée des mailles de ces corps sous-jacents
à la photosphère, apparence qui résulte évidemment des
mouvements de tractions exercées en différents sens,
soit par la force expansive des gaz qui se dégagent des
orifices, soit par la chute de ces strates qui semblent
plonger ainsi vers le centre de l'astre par suite d'un

affaissement du sol sur lequel elles s'appuyaient, soit enfin par des mouvements de transport des strates profondes dues à des courants dirigés en sens inverses de celui des couches supérieures. Phénomènes qui montrent une relation évidente entre l'écorce *pâteuse* et le milieu *liquide* du centre.

» L'apparition des taches est due à deux genres de phénomènes qui donnent lieu à ces cavités : l'un se manifeste par une sorte d'élargissement des ouvertures primitivement formées, comme le ferait un dégagement vaporeux s'échappant d'un milieu à l'état gazeux et en fermentation, tel que, par exemple, la pâte de froment. L'autre consiste en une sorte d'effondrement des parties pleines du réseau, lesquelles paraissent s'engloutir dans des régions plus profondes, en subissant une dépression sur plusieurs points seulement de leurs contours, de telle manière que ces excavations offrent généralement un bord terminé à pic ou en surplomb, tandis que l'autre forme un talus plus ou moins incliné par rapport à la surface de l'astre. Cette configuration donne à ces cavités l'apparence caractéristique de soupiraux dont l'axe est ordinairement incliné sur la normale à la surface du soleil.

» Dans le cas d'une grande tache subitement apparue, on observe néanmoins, à l'origine de sa formation, que le phénomène d'effondrement a lieu sur tous les points du périmètre de la tache, presque simultanément. Les changements qui s'opèrent par le concours des deux ordres de phénomènes, dispersent surtout celui de l'incandescence, principalement dans la direction verticale, et la tache n'offre pas encore de pénombre ; mais en revanche il est difficile d'apercevoir dans ce cratère normal le corps d'aspect glutineux, tellement les strates superficielles sont promptement englouties. Ainsi, dans la période primitive de la formation d'une tache, elle n'offre pas de pénombre, et le phénomène d'effondrement prédominant, on observe que des parties en surplomb, situées sur l'orifice de l'abîme, paraissent s'y engloutir comme dans un gouffre, où le corps d'aspect pâteux semble fondre.

» Durant cette phase du développement des taches solaires, la rapidité des changements est telle, que l'on peut suivre, dans une même journée, des courants de matière photosphérique se précipitant dans le gouffre principal en y transportant les petites taches voisines ; celles-ci, en s'ajoutant à la grande, augmentent son ouverture et prouvent ainsi que *la masse entière de cette portion de l'écorce solaire est transportée par ce courant.*

» Lorsqu'on examine la structure des corps sous-jacents à la photosphère, on découvre que son apparence percillée d'orifices de dégagements vaporeux, paraît être la cause unique des formes qu'affectent ordinairement, soit les taches, soit les simples pores de la surface générale de l'astre.

» Si l'on s'attache, par exemple, à suivre les changements des *cristaux* photosphériques déposés ou situés sur les branches inclinées de points analogues à ceux qui plongent dans la cavité sombre de la tache d'aujourd'hui, on observe les faits suivants : lorsque, par suite des mouvements qui transportent ces corps dans les parties profondes du cratère, les cristaux photosphériques sont amenés dans la cavité sombre, dans la région de *dissociation*, si l'on veut employer ce terme, on aperçoit qu'aussitôt qu'ils ont dépassé une certaine limite, ils s'évaporent, se dissipent comme le feraient des nuages atmosphériques, aux formes pommelées, sous l'influence d'un courant d'air chaud ; eh bien, on trouve constamment au corps sous-jacent des formes analogues à celles des cristaux photosphériques dispersés.

» Supposons, pour fixer les idées, un pont de facules ayant la forme d'un arc de cercle et traversant une ouverture sombre. Si les facules sont promptement résorbées, on aperçoit un pont composé de cette matière d'aspect glutineux ou bitumeux, offrant la forme d'un arc de cercle tout à fait identique à celui que formaient les facules dispersées.

» En réalité, les choses se passent ainsi, seulement le pont de facules est ordinairement divisé en *paillettes* tronquées dont chacune a sa partie correspondante symétriquement distribuée sur le corps sous-jacent, en sorte que, lorsque le phénomène lumineux a disparu, ce corps se montre comme le moule obscur des configurations que présentaient les facules......

» D'après les observations les plus certaines, il paraît exister une limite pour la production du phénomène lumineux le plus intense, c'est celle que ne dépassent pas les facules, tandis qu'il existe au-dessous de celle-ci une région où le phénomène se montre moins éclatant, bien qu'il apparaisse d'une nature identique, c'est la région des pénombres. Par exemple, lorsque le bord d'un noyau est plus lumineux que le contour extérieur de la pénombre, il ressort évidemment de la configuration des stries, que cette dernière région plonge dans la direction du corps central, tandis que les parties voisines du bord du noyau apparaissent redressées, occupant apparemment une région voisine de celle des facules. Cette disposition des strates donne aux pénombres une structure analogue à celle des cratères de soulèvement.

» En nous attachant ici à la description de cette appa-

rence glutineuse qu'offre le corps sous-jacent à la photosphère, faisons remarquer que les ouvertures se mul-
tiplient dans les couches profondes en s'élargissant à
leurs orifices supérieurs.

» Dans la région la plus extérieure de la surface brillante de l'astre, on observe souvent qu'un même bourrelet continu de facules environne deux pénombres rapprochées ; chacune de ces pénombres renfermant à leur
tour plusieurs noyaux ; mais c'est surtout dans l'intérieur
de ceux-ci, que l'on découvre des orifices sombres, de
forme conique, d'apparence scoriforme comme les pores
de pierres ponces, dont le nombre s'accroît considérablement avec la profondeur des strates. On remarque
en outre que ces cavités, comme celles des pénombres,
diminuant d'ouverture à leur extrémité inférieure, aboutissent finalement à des fissures noires sans dimension
appréciable.

» Dans beaucoup de cas, il est impossible de voir le
fond de la cavité ; on n'observe souvent qu'une paroi se
présentant normalement au rayon visuel, tandis que le
fond paraît masqué par un effet de perspective dû à la
direction inclinée de l'axe de la caverne. Ces faits paraissent indiquer d'une manière évidente que les gaz de la
masse centrale éprouvent une certaine résistance à soulever cette enveloppe d'aspect pâteux qu'ils paraissent
entr'ouvrir par une force d'expansion subitement acquise.

» Un des phénomènes qui méritent une mention
particulière dans cet aperçu, consiste dans l'apparition
des lignes de dislocations toujours alignées suivant des
directions rectilignes à l'origine de leur formation soudaine, puis qui prennent ensuite des formes ondulées
s'orientant plus ou moins parallèlement à la direction du

mouvement de rotation de l'astre. C'est surtout sur les chaînes qui se présentent suivant une diagonale fortement inclinée aux parallèles, que ces changements sont rapides, et il est vraiment curieux de suivre le déplacement de ces centres éruptifs en remarquant qu'ils ne cessent pas d'être actifs et de conserver leurs formes respectives.

» Par exemple, à l'origine de son apparition, tous les soupiraux de la faille sont ouverts simultanément et placés sur un arc de grand cercle; quelques heures plus tard, une partie des orifices sont presque fermés, d'autres sont considérablement agrandis, mais tous se sont déplacés; en sorte que la chaîne présente une ligne sinueuse *comme si la masse entière qui supporte cette écorce pâteuse* était soumise à des courants de vitesse différente suivant la latitude héliocentrique. Ainsi, malgré leur déplacement relatif, les centres éruptifs gardent sensiblement leurs formes; n'est-ce pas une preuve que l'orifice du cratère est percé *dans un milieu offrant une certaine consistance et que la masse entière se déplace?* Dans la configuration des lucules, il est facile de reconnaître, d'ailleurs, que cette écorce pâteuse éprouve des tractions, des tiraillements, des pressions, qui accusent une certaine élasticité dans la matière dont est formé le réseau; mais c'est principalement dans la période active d'un centre d'éruption considérable, que l'arrangement de ces pores montre la direction des courants supérieurs de l'écorce se dirigeant dans le gouffre de la tache. Ainsi j'ai suivi d'un regard continu des taches qui se sont jointes à d'autres plus grandes en franchissant un espace de dix-sept secondes d'arc en trois heures de temps, tandis que, pendant trois jours consécutifs, une petite tache s'est maintenue récemment sur le bord d'une vaste ouverture sans changer de forme. Il y a donc des périodes durant lesquelles cette écorce paraît fondre avec rapidité, c'est celle qui témoigne de l'activité du volcan. Durant d'autres phases de son apparition, un volcan solaire offrirait, au contraire, malgré une large ouverture, une période pendant laquelle ces phénomènes d'effondrement seraient presque imperceptibles. »

L'auteur signale ce fait que, dans les changements de forme des taches, la rapidité de ces variations paraît plus grande pour les groupes voisins de l'équateur solaire que pour ceux situés à la limite de la zone d'apparition ; ces derniers persistent, en outre. durant plusieurs rotations, tandis que les groupes voisins de l'équateur naissent, se transforment et s'effacent subitement.

M. Chacornac assure que les facules s'orientent en longues traînées convergentes à un centre actif d'éruption, comme autant d'immenses fleuves subitement formés et venant directement ou par embranchements de toutes les directions. Il ne doute pas, d'après leurs configurations par rapport aux volcans solaires, que ce soient des courants de matière photosphérique se déversant sans cesse dans la cavité de la tache, où *les éruptions intermittentes les dispersent sans cesse.* Toutes choses égales, ces courants auraient une tendance plus marquée à se former dans le sens des méridiens solaires que suivant la direction des parallèles. Lorsque les taches entrent dans une période de calme, ces grands fleuves, convergents au cordon de facules qui environne celles-ci, se dissipent en se divisant par fragments plus ou moins allongés.

Dans un autre bulletin sur la tache du 15 mars et celle des 27 et 28 du même mois, M. Chacornac expose

que la première était caractéristique du phénomène
d'effondrement qu'éprouve le corps sous-jacent à la
photosphère. Il a vu alors qu'une portion de la surface
solaire s'est montrée subitement limitée par des fissures
formées d'une série de petites ouvertures placées les
unes à la suite des autres. « Cet espace, ainsi circonscrit,
excepté au nord, a paru ensuite s'abaisser comme une
soupape à charnière. Cet effondrement a eu lieu en même
temps que les phénomènes de dispersion de la photosphère et finalement il en est résulté une cavité... Il n'y
avait pas de pénombre distribuée aux alentours ; c'était
une teinte graduée de l'extrême noir foncé à l'intensité
lumineuse de la surface générale du soleil. Cette portion
de la surface solaire engloutie était percée de soupiraux
de forme analogue à celle de la tache.

» Les orifices volcaniques solaires de petites dimensions affectent des formes elliptiques ou sémi-elliptiques,
de même que les taches en général. Les formes en *feuilles
de saule* semblent être, dans certains cas, une configuration résultant plutôt de la forme des soupiraux nommés *lucules*, que de celle des *cristaux photosphériques*.

» Les strates de la région des pénombres présentent
un aspect strié impossible à découvrir dans la région des
strates de facule. Celles-ci conservent constamment leur
apparence de nuages pommelés, accumulés en masse ou
divisés en fragments ressemblant à des *paillettes* incandescentes d'un métal en fusion. Bien que la structure
des facules ne soit pas la même que celle des pénombres, elles paraissent être en relation dans le cas surtout
où des fragments de ces enveloppes se montrent isolés
et superposés.

» Le groupe de taches entré le **25** dans l'hémisphère
visible présente sa ligne de grande dislocation suivant

le plan d'un parallèle solaire, mais ordinairement une grande ligne de rupture, perpendiculaire aux parallèles, termine les lignes de dislocation situées à l'orient du centre éruptif principal. Ainsi ce groupe était terminé, les 27, 28 et 29 mai, par une grande ligne de rupture perpendiculaire à celle de grande dislocation parallèle à l'équateur solaire. Ces grandes failles qui terminent ainsi les groupes, qu'un grand centre principal commence, ont une étendue au moins égale à la moitié de celle du groupe de taches.

» Dans le cas de deux centres éruptifs principaux situés aux extrémités d'un groupe, il y a deux lignes de grande dislocation sensiblement parallèles, dont l'extrémité aiguë est tournée en sens contraire et souvent reliées l'une à l'autre par des failles transversales.

» Dans le cas d'une forme régulière du noyau, la pénombre est, autour du centre principal d'éruption, plus étendue du côté oriental que de celui en avant du mouvement rotatoire de l'astre. »

L'auteur, par post-scriptum, ajoute les observations suivantes :

« L'intensité lumineuse, au bord des taches, ne paraît pas augmenter par suite d'une accumulation d'une plus grande quantité de fragments photosphériques en feuilles de saule superposés, mais bien par une augmentation de volume des nuages photosphériques, en même temps qu'ils apparaissent dans un état floconneux plus complet. Quant aux formes et aux configurations, elles sont les mêmes, soit sur les bords des taches, dans les pénombres ou l'intérieur des noyaux. La différence de structure ne consiste donc que dans une augmentation de volume.

» Néanmoins, les nuages photosphériques paraissent

affecter un état gazeux plus complet dans la région des facules que dans celle des pénombres. Par exemple, dans la région inférieure des taches, lorsqu'il se forme, par voie de condensation du fluide lumineux, des cristaux photosphériques, d'immenses nuages floconneux apparaissent dans la région des facules, comme si le phénomène d'incandescence se produisait avec plus d'intensité, sur de plus vastes espaces et dans des conditions de plus grande homogénéité, au sein des couches supérieures de l'astre, que dans la région inférieure de la photosphère.

» Le groupe actuel offre un spécimen sur de grandes proportions. Le 30 mai, au matin, des strates plongent dans les parties profondes du corps sous-jacent : trois ponts relient la pénombre aux couches déprimées inégalement de l'*écorce pâteuse*. »

Un bulletin ultérieur intitulé : *Volcans solaires*, présente des faits et des réflexions dont j'extraits également les parties les plus saillantes :

« Les lignes de dislocations des chaînes volcaniques se présentent toutes formées de bouches éruptives situées les unes à la suite des autres et occupant les interstices d'immenses montagnes de facules dont elles semblent soulever la base pour se faire jour.

» Lorsqu'elles sont assez voisines les unes des autres, la tendance qu'ont les cratères solaires à se réunir forme des failles continues, qui s'agrandissent tant qu'il y a un centre éruptif voisin, tandis qu'elles ont une tendance à se former en ouvertures circulaires aussitôt qu'il n'y a plus de bouches volcaniques nouvelles, et que les irruptions continuent. Ceci dénonce des courants en tourbillons communs à tous les grands centres éruptifs, qu'indique aussi la structure rayonnée de la pénombre ou du cratère d'effondrement, en se disposant en spirale plus ou moins accentuée. La région des facules participe souvent à ce mouvement giratoire, et les ruisseaux lumineux qui entourent les volcans actifs se courbent dans le même sens que ceux du cratère d'effondrement, preuve que ces courants en tourbillons s'étendent jusque dans les couches supérieures de l'atmosphère lumineuse....

» Dans le cas général d'une sphère fluide, incandescente, en voie de refroidissement et douée d'un mouvement rapide de rotation autour d'un axe, les phénomènes de dissociation et par conséquent ceux volcaniques peuvent surtout s'effectuer dans le sens des parallèles sur une plus grande étendue que dans toute autre direction.

» Considérons, par exemple, le cas le plus simple du refroidissement de la masse liquide incandescente, refroidissement qui doit être supposé égal sur la totalité de la surface par suite du rayonnement uniforme vers les espaces célestes. En vertu de l'intensité prédominante de la pesanteur en ce point, les couches superficielles refroidies, augmentant de densité, tendront à se déplacer dans le sens qui les rapprochera du centre de gravité plus rapidement que les couches extérieures des zones voisines d'une moindre latitude, car, celles-ci étant moins pesantes par suite de la force centrifuge qui naît de la rotation de la masse, il en résultera des courants latéraux dont l'analogie avec les vents alizés peut être aperçue dès à présent, bien que la cause soit inverse de celle qui produit ces courants atmosphériques; mais il est visible que ces courants seront plus intenses dans les latitudes où la variation de la pesanteur sera plus grande pour une même différence de latitude. Or, suivant la loi du décroissement de la pesanteur à la surface d'un

sphéroïde comme la terre, on sait que c'est vers le
45e parallèle que cette différence est la plus considérable,
et que l'un des minima de variation est au pôle, tandis
que l'autre existe à l'équateur. Comme à la région du
pôle, il doit se produire des courants en remoux qui
mélangent les couches très-diversement et affluent de
toutes parts, il ne doit y exister aucune vaste surface de
calme, tandis qu'il n'en peut être ainsi vers l'autre
minima situé à l'équateur.

» En effet, dans cette région où la variation de la
pesanteur est très-faible d'une latitude à l'autre jusque
vers le 30e parallèle, ces courants doivent y avoir moins
d'énergie, et il doit se former une zone de calme où les
couches homogènes se présentent sur un large espace,
comme la zone équatoriale de Jupiter; les phénomènes
de cristallisation superficielle et ceux de dissociation
pouvant s'y produire, il en résultera l'apparition du
phénomène volcanique, lequel ne pourra se montrer
dans les zones où les courants se mélangent avec rapidité. Or, les groupes de volcans solaires apparaissent
seulement dans la région des calmes, et les lignes de
dislocations, comme les centres éruptifs, ne se disposent
en traînées dans le sens des parallèles, que sous l'influence des courants de différentes vitesses de rotation.
On a, en effet, tenté de déterminer les figures de dislocations de l'écorce solaire, et l'on a trouvé des angles
très-divers et variables par suite des formes ondulées
que ces lignes prennent rapidement. Ainsi ces chaînes
de soupiraux, de bouches volcaniques, ne conservent
pas assez longuement leur inclinaison relative pour saisir
sûrement les figures primitives de dislocations, des
failles d'effondrement; et, à moins de saisir l'instant
précis de leur apparition, on est sûr que les orientations

sont rapidement changées sous l'influence des courants
en tourbillons, ou par ceux des différentes vitesses de
rotation en fonction de latitude, ou encore par ceux qui
précipitent les centres volcaniques les uns dans les autres.....

» On sait que les centres volcaniques un peu importants ne se forment que par la réunion rapide des bouches
voisines qui s'y réunissent, et que les pénombres n'apparaissent qu'après que le centre principal d'éruption a
acquis une certaine grandeur, une certaine activité.....

» En recherchant quelles étaient les figures de dislocations qui donnaient lieu à la formation des pénombres, j'en ai trouvé de quadrangulaires, de pentagonales,
d'hexagonales, mais les mouvements giratoires communs à presque tous les grands centres volcaniques
déforment rapidement les configurations primitives....

» Les lignes de fractures qui donnent lieu aux pénombres se montrent à la suite d'une série d'éruptions intermittentes s'effectuant par une assez grande ouverture,
et ces lignes forment, par leur nombre et leur configurations, des séries de réseau d'effondrement se multipliant à mesure que les éruptions se renouvellent.

» Malgré l'apparence pâteuse du corps sous-jacent à
la photosphère, apparence qui ne rappelle pas celle
d'une masse métallique fondue et en voie de refroidissement, on peut comparer cette formation à celle des volcans terrestres. On sait que les phénomènes de cristallisations produisent au sein de la masse métallique ceux
de dissociations; que les gaz subitement chassés produisent des explosions, des volcans qui rejettent, à la
manière de ceux du globe lunaire, les matières soulevées
autour de l'orifice d'éruption sous formes d'enceinte;
puis, que la croûte encore fluide s'agite, éprouve des

mouvements de trépidation, se ride momentanément;
qu'enfin l'orifice de dégagement se referme complètement, que la pellicule reprend son équilibre stable et
que la masse incandescente rentre en repos. En cet état
le rayonnement de la pellicule s'effectuant de nouveau
plus rapidement sur certains points de sa surface, il se
produit de nouveau des cristallisations partielles, en
d'autres points; il en naît des phénomènes de réincandescence d'où résultent dissociation des gaz, phénomènes
éruptifs, tremblement de la pellicule, et ainsi de suite
*jusqu'à la consolidation de l'écorce de la masse incandes-
cente :* seulement, à mesure que la masse se refroidit
davantage, les phénomènes éruptifs sont plus violents,
parce qu'il faut une somme de force plus considérable
pour rompre la pellicule dont l'épaisseur s'accroît graduellement.

» Eh bien, cette suite de phénomènes paraît avoir lieu
suivant le même ordre de succession à la surface du
soleil. En effet, depuis le mois d'octobre dernier (1864),
on a remarqué que si les régions du disque où se montrent les tachent restent exemptes de tous orifices, de
toutes lignes de dislocations pendant quelques jours, on
doit s'attendre à l'apparition soudaine de quelques
groupes volcaniques importants dans la région des calmes. Ce sont d'abord des chaînes de soupiraux se ren-
contrant sous certains angles formant des poligones,
comme le groupe du 6 mars dernier. Puis le poligone
s'allonge, se modifie par suite des courants; l'un des centres éruptifs prédomine sur les autres et reste en avant;
il grandit rapidement par des éruptions qui se localisent
principalement dans ce centre. Des explosions ont lieu
par intermittence, des chaînes volcaniques se forment
aux environs des ouvertures principales. Bientôt l'écorce

est fendillée, des étoilements se montrent, des lignes de dislocations apparaissent reliant les bouches volcaniques aux grands centres éruptifs. Ceux-ci, en absorbant les soupiraux environnants, s'agrandissent. Aux éruptions suivantes, qui ont lieu ordinairement après une courte période de repos, les fendillements du sol sont plus considérables ; les chaînes éruptives qui donnent lieu aux failles d'effondrement, circonscrivant le foyer principal d'éruption situé en avant de tous les autres dans le sens de la rotation du corps central, apparaissent. Les éruptions suivantes disloquant l'espace circonscrit par ces failles, il en résulte un réseau de dislocation qui forme la pénombre ou le cratère d'effondrement du volcan.

» Jusque-là les éruptions intermittentes n'ont pas donné lieu à de grandes dislocations, mais voici que, par suite du phénomène d'absorption, d'engloutissement que subissent les régions voisines du grand centre éruptif (phénomène analogue à celui que présente le gouffre dit Maelstrôm), les principales bouches du groupe volcanique se sont rapprochées et circonscrivent un espace plus restreint ; alors les secousses qui ébranlent le sol ne se bornent plus aux circonscriptions de la pénombre ; à chaque éruption, des lignes nouvelles de ruptures se forment, partant, alternativement ou simultanément, des foyers éruptifs en activité, en sorte qu'il en résulte un plexus analogue à ce que présente l'écorce terrestre dans les terrains où les couches ont été les plus plissées..... Que l'on examine ces brisures de formes elliptiques, allongées comme des failles d'effondrement de cette écorce, et ressemblant, par rapport aux montagnes de facules, aux vallées étroites du Jura : on trouvera que leur configuration indique bien des ruptures d'une matière bitumeuse quelconque, brisures dérivant des grands centres volcaniques par bifurcation, trifurcation, offrant des points d'assemblage, des fissures enchevêtrées qui semblent n'être que des décompositions d'une ou plusieurs dislocations coordonnées plus ou moins directement aux centres éruptifs en correspondances, ou se présentant à la manière des composantes qui se subdivisent en résultantes.....

» D'après les divers groupes apparus à la surface du disque, il semble que c'est vers l'extrémité occidentale que les volcans solaires atteindraient la phase maximum de leur développement, tandis que les premières explosions auraient lieu vers la région centrale du disque.....

» Si l'on examine les figures de dislocations, qui paraissent être analogues aux dislocations d'un corps solide, on est embarrassé en face de pareils mouvements relatifs et de semblables apparences. Est-ce une masse gazeuse qui peut produire des failles en étoilement comparables, dans certains cas, à ceux d'un choc sur une plaque de verre? Est-ce au sein d'un liquide que de pareilles trombes circulent?

» D'autre part, il existe des groupes volcaniques qui conservent leurs formes relatives pendant un assez long espace de temps pour en conclure que ces courants n'existent qu'accidentellement; néanmoins quelle nature de phénomène occasionne des mouvements aussi rapides au sein d'une masse d'aspect gélatineux? »

L'auteur a observé dans le noyau d'une tache un treillage teinté en rouge. « On a observé fréquemment ce fait, dit-il, et c'est toujours sur des régions où la photosphère vient d'être en partie dispersée que ce phénomène apparaît. Nous nous sommes assuré que ce n'est point une illusion causée par des effets de contrastes, ou des colorations prismatiques provenant de l'interposition de l'atmosphère, car le fait a été observé alors que l'astre était très-élevé et au méridien. »

J'arrive à un autre écrit de l'honorable astronome, intitulé : *De la structure et de l'origine des volcans solaires.*

L'auteur appelle d'abord l'attention sur un fait qui lui paraît avoir une tendance marquée à se présenter plus spécialement à l'époque où l'activité volcanique entre dans sa période de repos, où l'évolution volcanique du globe solaire produit le minimum de taches : ce fait, c'est l'apparition fréquente de petites taches sombres qui sont entièrement privées de pénombres tant qu'elles n'excèdent pas, dans un sens quelconque, des dimensions supérieures à un angle de 5 à 6 secondes d'arc, mais qui en acquièrent quand elles s'agrandissent.

« En cherchant, dit-il, dans mes observations antérieures, dont je possède en partie les dessins, je trouve 740 taches isolées dont les dimensions ne dépassent pas 5 ou 6 secondes d'arc par leur plus grand diamètre. Aucune de ces taches n'offre de traces certaines de pénombre, tandis que celles qui se trouvent rapprochées les unes des autres, ou qui sont reliées par quelques fissures, présentent généralement une portion de pénombre qui, ordinairement, correspond à la région de la tache qui se montre la plus sombre, la plus excavée.

» Dans cette catégorie, il ne faut pas comprendre de simples fissures superficielles qui ne sont elles-mêmes que des *pénombres* isolées, apparaissant de toutes les teintes, depuis l'intensité de certains noyaux jusqu'à celle de la surface générale de l'astre, ou un soixantième environ inférieure, de telle sorte qu'il est des dénivellations de la photosphère qui semblent n'avoir lieu que dans les couches les plus extérieures de l'enveloppe lumineuse du soleil. »

Cela posé, l'auteur raisonne ainsi : « S'il se forme des affaissements superficiels, c'est que la cause réside dans les couches mêmes superficielles; or, il ne peut y avoir qu'un changement d'état de la matière dans les couches sous-jacentes à la photosphère qui puisse donner lieu à ce phénomène, et ce fait, joint à la rapidité des changements de formes de tout ce qu'on observe à la surface de l'astre, nous conduit à penser que nous avons affaire à une immense atmosphère qui enveloppe un noyau central. »

M. Chacornac signale la vitesse de précipitation des taches les unes dans les autres, ainsi que le mouvement d'ensemble d'un groupe par rapport à un autre de différente latitude, et les phénomènes d'effondrement qui lui paraissent caractériser l'apparition des taches. Il rappelle, d'une part, la régularité de forme de la grande tache qui est entrée dans l'hémisphère de visibilité la nuit du 7 au 8 juillet dernier, la persistance de cette forme à peu près rigoureusement circulaire pendant toute la durée de son apparition, c'est-à-dire jusqu'au 20 juillet, à 6 heures du soir, et, d'autre part, les irrégularités de forme, la rapidité des changements qui se sont présentés pendant toute la durée de l'apparition du groupe unique qui occupait le milieu du disque le même jour 20 juillet. « Les mouvements rapides, dit-il, les changements si prompts que nous avons observés sur ce groupe, comme sur tant d'autres, nous font abandonner l'idée que de pareilles évolutions puissent avoir lieu au sein même d'un liquide; ce n'est évidemment qu'une masse nuageuse, vaporeuse ou gazeuse qui puisse donner lieu à de pareilles condensations par une diminution

soudaine de volume, formation d'un vide relatif et précipitation de nouvelles couches atmosphériques sur la
photosphère, et par conséquent production de facules.
Un fait que l'on pourrait alléguer comme une preuve
suffisante de ce genre de phénomènes, consiste dans les
effondrements coïncidant avec la force spiraloïdale des
taches à mouvements giratoires, mais une série de phénomènes se présentent tous en faveur de cette hypothèse... »

Dans cet ordre d'idées, l'auteur remarque une tendance plus ou moins accusée de toutes les taches à se
disposer en forme de gouffre par lequel s'écoulent,
suivant lui, la matière photosphérique. « Toutes démon-
trent, dit-il, qu'il y a une chute des couches extérieures
vers le centre de l'astre, mais que cette chute est acciden-
telle et non pas une exagération des courants ascendants
ou descendants que l'hypothèse d'un corps entièrement
gazeux voudrait établir..... Pour qu'il y ait production de
courants superficiels dans une masse fluide sphérique, il
nous paraît nécessaire qu'il y ait discontinuité dans la
loi du décroissement de la densité des couches; qu'il y
ait un saut brusque, comme cela a lieu pour les atmosphères des planètes Jupiter, Saturne et la Terre, et qu'en
outre il existe une cause de variation dans la température de ces couches. Mais, s'il est vrai que la formule du
mouvement diurne soit exprimée par $862' - 186' \sin^2 1$,
il ne nous paraît pas probable qu'au sein d'un milieu
aussi résistant, qui n'offre des ouvertures que sous la
forme de cavernes allant en se rétrécissant rapidement
et dont l'axe est généralement incliné sur la verticale, il
existe des courants verticaux dont la vitesse ascendante
soit supérieure à celle d'un boulet de canon. Nous ne
voyons dans ces labyrinthes que des excavations inégales

produites par des affaissements, des dispersions du milieu vaporeux, et, nous le répétons, ces affaissements sont si rapides qu'ils ne peuvent tenir leur cause que d'un changement d'état de ce fluide qui nous apparaît comme une masse pâteuse à la distance de 38 millions de lieues.

» Les faits que l'observation permet, en effet, de constater sont péremptoires : le fluide, le corps d'aspect pâteux sous-jacent à la photosphère, paraît fondre, disparaître en laissant un vide, et les cristaux photosphériques participent à la même transformation. D'après ce que nous savons des lois de la matière, il n'y a que des vapeurs, des corps gazeux, en passant à l'état liquide, qui puissent diminuer de volume dans ces proportions. C'est donc bien à une atmosphère que nos observations se rapportent.

» Des noyaux dans lesquels on aperçoit des couches profondes faiblement lumineuses disparaissent comme par évaporation, se dissipent comme nos nuages atmosphériques. Le même phénomène a donc lieu dans les couches profondes comme dans celles superficielles. Or, qui n'aperçoit de suite, dans cet ordre de faits, l'explication de ces immenses entonnoirs dans lesquels je répète depuis si longtemps que j'observe les facules se précipiter par torrents.

» Rien de plus simple, en effet, que ces effondrements et ces mouvements rapides des petites taches se précipitant dans les grandes : dans la région où s'opère un vide, c'est-à-dire une tache, les couches nuageuses se précipitent sous la forme d'un liquide à la surface du corps central, je suppose, ou bien ces vapeurs à l'état vésiculaire sont vaporisées, dissoutes de telle sorte qu'il y a un vide que s'empressent de combler les couches supérieures et celles adjacentes. Cette transformation a lieu par les couches profondes, puisqu'il y a affaissement des strates, souvent tout d'une pièce, sur d'immenses étendues, ainsi que nous l'avons montré.

» Il faut que ces courants descendants aient une grande énergie, pour entraîner dans les parties circonvoisines un flux de matières aussi considérable que celui que j'ai observé s'établir en un courant horizontal de 550 mètres par seconde. Aussi faut-il recourir au phénomène de précipitation dans le vide pour concevoir de pareilles vitesses au sein d'un fluide quelconque.

» Lors donc que plusieurs taches sont voisines, ces courants de différents sens éclaircissent la couche nuageuse, et il en résulte des vides dans le sens où les courants agissent le plus efficacement pour diminuer son épaisseur. Je suppose qu'il y ait deux taches voisines d'égale grandeur ; les courants qui s'établiront dans l'intervalle qui sépare les taches, agissant en sens contraire suivant une même droite qui les sépare, cette région de l'atmosphère sera la plus amincie par la précipitation des vapeurs à la surface du corps central ; c'est donc suivant cette ligne que se produiront des éclaircies ou plus généralement le plus grand trouble dans l'équilibre des couches atmosphériques.....

» Il est improbable qu'au sein d'un milieu si mobile, il se passe des phénomènes autres que ceux chimiques joints aux transformations rapides du milieu vaporeux ; la mobilité des taches, la rapidité des changements s'opposent à la conception d'un milieu résistant et bien plus encore aux fendillements d'une écorce solide... Les phénomènes de changements d'état des corps peuvent produire des arrangements qui doivent être attribués à la cohésion moléculaire, laquelle ajoute son action à la compression exercée, pour diminuer la distance des molécules, et de là peuvent résulter des figures géométriques particulières de dislocations de la masse vaporeuse, mais nous pensons que ces masses floconneuses ont plutôt une propension marquée à se disloquer, comme nos nuages cumulus, suivant des lignes de moindre épaisseur des couches photosphériques.

» Il est, d'autre part, bien remarquable que ces lignes de dislocations ne soient formées que par des chaînes de petites cavités d'effondrement alignées les unes à la suite des autres, et qu'elles ne deviennent continues que par l'augmentation de leur nombre dans la même direction, c'est-à-dire par la naissance d'autres ouvertures dans l'intervalle qui les sépare.

» Cette remarque confirme l'existence de ces effondrements occasionnés par les courants descendants, car chacune de ces petites taches est un gouffre par lequel s'écoule la masse vaporeuse en changeant d'état dans les couches profondes.

» Quand ces phénomènes persistent, il y a éclaircie dans la masse vaporeuse et agrandissement de la faille, de telle sorte que c'est toujours la même classe de faits qui produit apparition des parties profondes.

» Quand une grande tache se forme, toutes les portions circonvoisines sont entraînées dans le gouffre, et les taches voisines sont elles-mêmes entraînées quand elles sont de petites dimensions. Dans le cas contraire, il y a perturbation des courants, déformation des taches et généralement naissance d'autres taches dans le voisinage de celle-ci.

» Si la tache est unique, elle prend la forme régulière d'un entonnoir et la matière floconneuse se dispose en ruisseaux également distribués au tour de l'orifice turbiné. On remarque alors sur les contours de ces orifices

une affluence incessante de matière floconneuse se précipitant par les flots intermittents dans le fond du gouffre, mais si les résorptions inférieures sont trop rapides,
si les courants latéraux ne peuvent pas suffire aux phénomènes de résorptions, il y a production de taches
dans les environs, lesquelles servent alors de points de
repaire pour la constatation de ces courants..... Toutes
les taches sont des cavités dont l'orifice étroit est toujours l'inférieur, et la forme des ruisseaux, des sillons
de matière floconneuse, indique toujours un plongement
des couches supérieures dans celles inférieures...

» Lorsqu'un premier entonnoir s'est formé, par affaissement des strates atmosphériques, il y a rupture dans
l'équilibre des masses floconneuses, précipitation des
couches voisines autour de l'orifice, et accumulation de
matières vaporeuses en ce point de l'atmosphère, ainsi
que l'atteste les facules amoncelées aux environs de la
cavité sombre. Il paraît résulter de cette affluence des
fluides vaporeux un bourrelet des masses atmosphériques
autour de la tache sombre ; probablement parce que,
dans la vitesse acquise, résultant du déplacement de ces
fluides, il se forme une exubérance de matière floconn-
neuse qui n'est pas assez rapidement *liquéfiée*, puisqu'elle
envahit la cavité plus ou moins complètement. Ce n'est
donc pas en ce point, où la masse vaporeuse est
accumulée sous forme de montagne annulaire, qu'aux
prochaines intermittences du phénomène d'effondrement,
se produiront les vides, les excavations, mais c'est à la
base de cette montagne où les enfractuosités laissent entrevoir déjà des parties sombres.

» Quand les changements sont rapides, on aperçoit
les lignes de dislocation circonscrire la montagne annulaire, et celle-ci s'effondrer, s'affaisser sous son poids

comme une masse surplombante ; alors la pénombre est formée.....

» Lorsque le phénomène de dispersion cesse , deux taches voisines s'éloignent l'une de l'autre par l'affluence en cette région de la matière vaporeuse , aussitôt que les courants descendants ne trouvent plus de vide à remplir.

» Voilà donc des faits qui s'observent régulièrement :

» D'un côté , persistance des formes régulières pour un orifice isolé, et mouvement uniforme ; tandis qu'il y a mouvements divers , changement rapide de formes , perturbations quand plusieurs taches sont rapprochées les unes des autres, et précipitation des petites taches dans les grandes avec une vitesse maxima de 600 mètres par seconde.

» D'autre part, toutes les cavités sont des orifices d'effondrements dans lesquels s'engouffrent *avec mouvement giratoire des masses floconneuses*. On ne peut donc y voir qu'un phénomène atmosphérique.

» On se rangerait immédiatement à l'hypothèse des trombes, si l'on n'observait le fluide changer d'état sur les bords des orifices et si nous ne voyions dans le vide qui en résulte les masses vaporeuses s'y précipiter. Et comment interpréter ces lignes sinueuses , ces étoilements dans l'hypothèse des trombes? Nous ne ferons pas de critique à cet égard, nous mentionnerons seulement que les ruisseaux rectilignes des pénombres rayonnées, comme celle de la tache circulaire des 12 et 13 juillet dernier, visible au centre du disque, s'opposent à toute configuration d'une trombe, et cependant la matière photosphérique ne cessait de couler des bords de la pénombre dans le fond du noyau.

» Un autre détail, que nulle autre hypothèse ne saurait expliquer, confirme ce changement d'état des couches transformées dans l'axe des taches. » Ici M. Chacornac rappelle qu'il a observé, le **13** mai, une petite tache qui s'est approchée d'une grande, s'est introduite dans la pénombre de cette dernière, sans que cette pénombre ait diminué de dimension, sans qu'elle ait été déformée autrement que l'insertion du nouvel orifice dans son périmètre ne l'a exigé. « Il y avait donc, ajoute-t-il, courant constant, par tous les ruisseaux, d'un flux incessant de matière photosphérique se déversant dans le fond de la tache, comme il y a courant constant, par les branches diverses de la cascade du Niagara, d'une énorme quantité d'eau à chaque minute, sans qu'il y ait changement dans la forme des grandes chutes.

» Depuis l'examen de ce fait, il n'est plus possible de considérer les taches comme un phénomène ayant lieu au sein d'une masse même liquide, car on se demande où se précipiterait cette masse liquide, comment ces fluides, occupant un si vaste espace, seraient engloutis, volatilisés, sans qu'il en résultât une immense conflagration, lorsqu'ils se convertiraient en gaz, tandis que nous voyons tous les vides se former par la dispersion de la matière gazeuse à la surface du soleil. Nous observons même fondre d'immenses nuages photosphériques dont le volume s'est dissipé en quelques heures, bien qu'il soit supérieur au diamètre de la terre. Nous ne savons pas ce qu'est le phénomène de dissociation dans un milieu entièrement gazeux, mais certainement il ne peut en résulter une diminution de volume aussi considérable que l'exigent ces courants absorbants qu'indiquent les taches solaires. Ce n'est donc pas un échange de courants ascendants et descendants, mais une simple condensation partielle de la masse vaporeuse qui nous apparaît comme une masse pâteuse de **38** millions de lieues

de distance. Sans doute une émanation générale alimente
incessamment les régions supérieures de cette atmosphère
de l'élément qui s'y précipite sous forme floconneuse,
comme la vapeur d'eau se précipite à l'état vésiculaire et
forme nos nuages; mais je nie que ces courants ascendants entr'ouvrent l'enveloppe nuageuse, la séparent en
refoulant les nuages autour de l'orifice et soient ainsi
cause des taches et des facules.

» Quand on examine scrupuleusement le bord des
noyaux qui s'agrandissent, constamment on observe que
l'agrandissement est dû, soit à l'adjonction d'autres taches, soit aux phénomènes d'effondrement. Il est exact
de dire que la forme en caverne de ces orifices suggère
involontairement l'idée de soupirail vaporeux, de bouche
volcanique s'ouvrant dans une matière pâteuse, et j'avoue que si la constance des courants ne se montrait pas
sur toutes les taches rapprochées les unes des autres, je
n'hésiterais pas à adopter l'hypothèse de volcans au sein
d'une masse liquide incandescente, mais l'ensemble des
phénomènes s'y oppose; cette chute des taches les unes
dans les autres dont le groupe D offre un spécimen,
ne trouve pas d'explication, et cependant les exemples analogues ne manquent pas. Ces cascades circulaires
que présentent les pénombres, ces gouffres hémisphériques où un flux constant de matière photosphérique
est dispersé, montre qu'il en est de même pour la
couche sous-jacente, et qu'alors un vide est nécessaire
pour concevoir cette rapidité de chute et l'enfouissement
de ces masses descendantes.

» Remarquons d'ailleurs qu'un corps central à l'état
liquide ne serait nullement en contradiction avec la généralité des phénomènes que présente le soleil. En effet,
ce serait le foyer d'où s'élancerait cette masse nuageuse

qui constitue l'immense atmosphère gazeuse et vaporeuse dont la couche limite est à l'état de vive incandescence. Suivant cette hypothèse, la température irait en décroissant de la circonférence au centre, ainsi que les lois des densités croissantes dans le même sens l'exigent.....

» Lorsqu'il m'a été possible d'examiner la partie obscure des taches solaires à l'aide de puissants instruments d'optique que j'employais avec toute leur ouverture, en diminuant celle du champ de vue, j'ai constaté que les corps aperçus dans ces profondeurs ont toujours des formes déterminées quand la tranquillité des images permet de voir même dans les régions les plus sombres, et, suivant toute probabilité, qu'ils sont illuminés par la photosphère. Nous disons suivant toute probabilité, parce que le spectre de la lumière de ces corps est en tout identique à celui des pénombres, à celui de la surface générale de l'astre. Or, comment concilier ces faits avec l'hypothèse de gaz dans un état complet de dissociation? Quel devrait être le spectre de ces gaz obscurs dont la flamme est comparée à celle d'un brûleur de Bunsen, si leur lumière était perceptible en présence de celle de la photosphère? Il nous paraît que le spectre, au moins discontinu dans certaine région, devrait présenter cette différence que l'observation n'indique pas.

» Notons, d'ailleurs, que la séparation de la photosphère est toujours nettement tranchée de ces masses d'aspect glutineux, et qu'il n'est pas possible de confondre la vive lumière de ces nuages incandescents avec les faibles lueurs ombrées, dessinant des formes mamelonnées, de ce milieu sous-jacent.....

L'auteur signale un fait qui, dit-il, n'a pas reçu d'explication : « Un centre éruptif se forme; il y a agrandissement de l'ouverture sombre par la voie ordinaire, for-

mation de la pénombre ; mais tout à coup les orifices
inférieurs se ferment, le corps sous-jacent se montre
comme une seconde enveloppe à peu près analogue à
celle de la photosphère ou un peu plus mamelonnée, et
cependant l'orifice de la tache ne se ferme pas ; il y a
donc persistance des ouvertures de la photosphère quand
celles du corps sous-jacent sont complètement closes,
quand celui-ci se présente comme une surface parfaitement unie, ou du moins percée de pores presque invisibles comme en présente la surface générale de l'astre. »

Pour arriver à l'explication de ce point, M. Chacornac,
après avoir résumé les principaux faits qu'il a reconnus,
continue ainsi :

« Avant de généraliser, insistons sur cette propriété
de ductibilité, de viscosité ou même de rigidité de la matière du corps sous-jacent à la photosphère. Bien que je
l'aie observé se former par condensation et tout d'une
pièce comme nos cirrus, il paraît qu'une fois la matière
agglutinée, l'affinité, la cohésion des molécules est considérable, puisque des filaments de cette matière, de
plus de cinq mille lieues de longueur, peuvent rester
exposés, sous l'influence des exhalaisons volcaniques du
corps central, pendant plusieurs jours, sans que ces
courants ascendants parviennent à les dissoudre ; ainsi,
le pont qui s'observe aujourd'hui dans le centre principal
du groupe unique, avait plus de 35″ d'étendue, tandis
qu'il n'offrait pas une seconde d'épaisseur dans les parties les plus apparentes ; cependant il y a plus de 36
heures qu'il est ainsi en travers de l'ouverture comme
un fil à peine visible. Son aspect est celui d'un filament
d'amiante calciné, rongé comme le serait un corps fondant sous les influences dissolvantes d'un courant d'air
chaud. Au milieu de son étendue, on a pu remarquer

un îlot de facule qui, tantôt dispersé, tantôt plus com-
pact, a présenté les alternatives que nous avons décrites
ailleurs. Mais en examinant ce filament, en scrutant sa
structure fibreuse, on se demande si ce sont bien des
gaz ou des vapeurs qui peuvent revêtir ces aspects fili-
formes, aussi la conviction que j'avais acquise en voyant
les mouvements rapides de la petite tache du 13 mai,
est-elle fortement ébranlée en voyant les formes persistantes des orifices de ce groupe gigantesque (visible à
l'œil nu aujourd'hui 3 août.

» Néanmoins, en récapitulant les diverses classes de
phénomènes offerts par les taches, voici comment on
peut concevoir leur production, et cette généralisation
sera l'histoire du groupe actuellement visible.

» Un corps central, liquide ou revêtu d'une pellicule
solide, est plongé au sein d'une épaisse atmosphère
formée de plusieurs enveloppes, qui, dans leur état normal, paraissent être en contact et n'en former qu'une
seule. Soit que cette atmosphère oppose de la résistance
à s'entr'ouvrir ou à fondre, soit qu'un liquide recouvre
la surface du globe, comme la mer recouvre celle de la
terre; lorsque le phénomène éruptif se montre, il n'apparaît d'abord que sous forme de chaîne volcanique dont
les bouches éruptives sont alignées les unes à la suite
des autres. Ces volcans éphémères dessinent évidemment
les fractures d'une écorce solide, car ces lignes forment
des étoilements qui rayonnent ordinairement d'un centre
éruptif principal. On remarque souvent des lignes de
dislocations décrivant un pentagone caractéristique et
comprenant dans son sein ou sur son périmètre toutes
les bouches volcaniques. Ce pentagone n'est ordinairement pas plus allongé dans le sens des parallèles que
dans toute autre direction; mais, après quelques heures,

on peut déjà remarquer l'inclinaison des grandes lignes
de dislocations varier dans le sens qui tend à les diriger
suivant les parallèles. C'est ainsi qu'on a pu observer,
dimanche 30 juillet, les deux grandes lignes de dislocations principales du groupe dont l'éruption a eu lieu
dans la nuit du samedi au dimanche, passer de la direction perpendiculaire à l'équateur solaire, à celle parallèle, en moins de 24 heures. Mais il est utile de men-
tionner ici que le mouvement n'était pas uniforme, et que,
du 31 juillet, 5 heures et demie du matin, à midi, l'angle
qu'elle formait a diminué de 30° dans l'espace de six
heures et demie.

» Quand le groupe s'est allongé parallèlement au
mouvement de rotation, si les éruptions continuent après
cette disposition, les lignes de ruptures, comme les centres éruptifs, éclatent de nouveau en formant des figures
liées au système pentagonal, et coupant celles primitives
sous tous les angles possibles.

» De là, on doit conclure que la projection des phénomènes volcaniques dans l'atmosphère solaire laisse
une trace qui se déforme sous l'impression de courants
atmosphériques, mais que le phénomène volcanique
garde son caractère indépendamment des formes subsé-
quentes que les groupes de taches solaires peuvent prendre sous l'influence de diverses causes.

» On peut se faire l'idée suivante que suggère l'observation des changements de forme qu'offrent les
groupes :

» Lorsque les éruptions éclatent, les déjections projetées avec force dans l'atmosphère lumineuse dessinent
nettement la forme des fissures dans l'atmosphère,
comme dans le corps sous-jacent ; mais, après cette
période, les émanations peuvent sortir par les ouvertures

pratiquées sans qu'il soit nécessaire que celles-ci correspondent avec les cratères du corps central. D'autre part,
le vide formé par ces ouvertures déterminent des pressions latérales qui tendent, avec les courants résultant
du mouvement de rotation, à étendre le groupe dans le
sens des parallèles, tandis que l'influence dispersive des
courants ascendants continue à agrandir les ouvertures.
Sous les antagonismes de ces actions, les taches se rapprochent ; les portions de la photosphère comprises entre
des fissures, étant constamment atteintes, sont dispersées, et ce concours de circonstance favorise le rapprochement des orifices, la longueur du groupe diminue.... »

L'auteur, de ce qui précède, conclut qu'il y a des
analogies bien marquées entres les volcans terrestres et
les volcans solaires, puis il continue ainsi : « Que ce soit
un phénomène d'affaissement ou une rupture réelle de
la pellicule consolidée du corps central à la manière,
par exemple, des cratères de soulèvements, il est vraisemblable que l'une ou l'autre hypothèse offre la véritable explication. Je me range surtout du côté de la
probabilité qu'il y a dans l'analogie des pénombres des
taches qui engloutissent les autres sans qu'elles éprouvent de déformation : je suppose donc qu'une petite
tache a laissé son trou dans l'atmosphère solaire, et que
la propriété gélatineuse qu'elle possède maintienne pendant quelque temps cette cavité ouverte, s'il se trouve
une tache active qui détermine un courant rapide d'effondrement, puisque l'on observe une même forme
dans la pénombre, c'est qu'il y a un moule inférieur, et
que la matière atmosphérique coule dans le gouffre où
elle se transforme, comme l'eau coule entre les rochers
de la cascade du Niagara, avec cette différence que les

interstices des pénombres sont des vides au lieu d'être des protubérances solides.

» Si je me trompe, il restera à examiner si le phénomène éruptif peut donner lieu au phénomène des cassures en étoilement, même au sein d'une masse liquide en fusion, dépourvue de pellicule ; car il me paraît nécessairement prouvé, par le changement d'état de l'atmosphère, dans les couches profondes, qu'il existe un corps central d'une densité plus grande que celle de la photosphère, ce qui est opposé aux vues de M. Faye... »

Se demandant comment il ne s'offre aucun cas d'éruption dans la zone solaire, M. Chacornac répond ceci : « Si nous admettons qu'il existe un corps central liquide, nous croyons à l'influence du mouvement de rotation pour entretenir une fluidité plus parfaite à l'équateur qu'au pôle, nous pensons qu'une expansion centrifuge doit exister en vertu de la diminution de la pesanteur à l'équateur et de la pression des masses solaires, conséquence qui peut donner lieu aux phénomènes volcaniques superficiels. Enfin, nous l'avons dit en commençant, il se peut aussi que les taches soient des phénomènes entièrement atmosphériques ; que ces condensations partielles de l'atmosphère soient déterminées par des frottements des couches atmosphériques de la zone équatoriale, par suite des courants de différente vitesse de rotation des diverses zones de l'immense atmosphère du soleil. On ignore quel genre de phénomène peut donner lieu à cette précipitation des vapeurs ou gaz atmosphérique dans les couches inférieures sous forme d'un fluide. Peut-être est-ce un phénomène d'électricité résultant du frottement des masses vaporeuses ; peut-être sont-ce d'immenses orages, des phénomènes électriques analogues à la foudre, qui donnent lieu à des condensations fortuites dans les couches inférieures de l'atmosphère. On comprendrait alors qu'aux régions polaires il ne se produirait aucun frottement assez considérable pour produire le phénomène de changement de la matière.... »

M. Chacornac termine cet écrit en signalant les faits suivants, comme les traits caractéristiques des phénomènes des taches solaires :

« Elles se montrent par groupe isolé et seulement dans la zone équatoriale de l'astre.

» Elles s'allongent en traînées parallèles au mouvement de rotation de l'astre , et la tache qui précède toutes les autres dans le sens du mouvement de rotation acquiert toujours des proportions supérieures à celles qui suivent.

» Les groupes se disposent en polygones allongés formant une pointe en avant et se terminant par une fissure perpendiculaire au grand axe du groupe.

» Les formes primitives des groupes sont tracées par des grandes lignes de dislocation qui forment des polygones plus souvent hexagonaux que pentagonaux, tandis que les formes primitives des bouches éruptives sont plutôt pentagonales qu'hexagonales. Ces formes se modifient sous l'influence de plusieurs causes, mais les principales sont les courants de différentes vitesses de rotation , qui allongent les groupes dans le sens des parallèles. D'autre part, une certaine propriété , soit gélatineuse, soit visqueuse, dans la matière photosphérique , donne aux taches, surtout dépourvues de pénombres, une forme de soupirail elliptique , comparable à des orifices bulleux comme ceux d'une pâte en fermentation.

» Les taches se forment toutes par un effondrement de l'enveloppe resplendissante du soleil. Ces effondre-

ments ont lieu, dans certains cas, avec une telle rapidité
que l'orifice qui en résulte prend la forme d'un gouffre
qui engloutit toute la matière photosphérique circonvoisine, laquelle s'y précipite avec une vitesse de 500 mètres
par seconde.

» Ces phénomènes ont lieu par intermittence. Les
plus grands changements dans la forme primitive ont lieu
peu de temps après l'apparition d'un groupe, et ils sont
toujours plus rapides dans cette période que dans toute
autre.

» Un groupe considérable détermine ordinairement
la formation d'autres groupes dans son voisinage. Une
grande tache donne lieu à l'apparition d'autres taches
plus petites dans ses environs.

» Les petites taches n'ont pas de pénombre. La réunion de plusieurs petites taches donne lieu à la naissance
de pénombres dans l'intervalle qui les sépare.

» Les pénombres se forment par des lignes de dislocations qui circonscrivent un espace annulaire autour et
concentrique à la tache ; cet anneau photosphérique
s'affaisse par les phénomènes d'effondrements, et la pénombre est formée.

» Les phénomènes d'effondrements sont suivis d'une
sorte de dispersions de la matière photosphérique et du
milieu sous-jacent. Ce phénomène passe avec une telle
rapidité que, dans des ouvertures d'une dixaine de secondes de diamètre, il s'engloutit, en moins de quelques
heures, des portions de la surface de la photosphère
près de cent fois plus grandes que celle de l'orifice du
gouffre.

» En vertu de ce phénomène, les taches voisines ont
une tendance marquée à se rejoindre quand elles s'a-
grandissent, et celles où se passe cette transformation

la plus active absorbent les autres. Ce sont ordinairement les plus grandes qui servent de gouffre aux plus
petites.

» Après s'être rapprochées par suite de ce genre de
phénomènes, souvent il arrive que deux taches s'éloignent parce qu'elles se forment subitement et que la
matière photosphérique afflue en cette région.

» Cette classe de faits révèle un changement d'état
de la matière photosphérique, et surtout du milieu sous-
jacent qui diminuerait considérablement de volume en
se précipitant sous forme d'un liquide à la surface du
corps central, ainsi que nos nuages se résolvent en pluies
à la surface terrestre. Ce phénomène paraît avoir lieu
dans l'épaisseur même de la photosphère.

» Lorsque plusieurs taches circonscrivent un espace
photosphérique, c'est l'intervalle circonscrit qui est sillonné par de véritables brisures qui semblent rayonner
dans tous les sens pour disperser cet espace photosphérique.

» Les cassures qui souvent en résultent indiqueraient
un corps solide plongé sous d'épaisses couches nuageuses,
car elles commencent par se montrer sous formes de
chaînes d'orifice bulleux situés sur une même droite et
rapprochées les uns des autres; ce n'est que par la multiplicité de leur nombre que ces cassures prennent une
forme continue où les angles rentrants correspondent
toujours aux angles aigus, etc., etc.... »

Je viens au plus important des écrits de M. Chacornac, celui où, après un compte-rendu de plus récentes
observations, il formule une conclusion précise sur la
constitution du soleil et les phénomènes de ses taches.
Voici ce qu'il y a de plus substantiel dans ce bulletin intitulé : *Des enveloppes de l'atmosphère solaire :*

« Lorsqu'un courant de matière lumineuse se précipite dans la cavité obscure d'une tache comme celle
actuellement visible au centre du disque, il n'est pas
immédiatement dissous, volatilisé, comme on pourrait le
croire; il persiste, il augmente même de volume; la
multiplicité des paillettes tronquées s'accroît; aussi
est-il visible que la matière photosphérique s'accumule
même dans ces profondeurs. Ce ne serait donc pas le
niveau occupé par les strates photosphériques qui serait
la seule cause de leur dispersion, ce ne serait donc pas
la haute température de ces régions inférieures à la photosphère qui déterminerait le phénomène de dissociation
des strates lumineuses, puisque, sans changer de forme,
sans que la courbure du courant, qui indique nettement
un plongement dans la cavité, varie, on observe la dispersion graduelle des paillettes photosphériques, comme
le montrent les figures ci-jointes (voir les figures de la
planche II à la fin de ce traité). Ainsi que je l'ai toujours annoncé, ces époques où les phénomènes de dissociations s'effectuent jusque dans la région de la photosphère, sont intermittentes, c'est-à-dire que les courants
ascendants ne sont pas constants, que ces courants
gazeux de haute température n'arrivent dans la région
photosphérique que par flux périodiques pour disperser
partiellement la photosphère. Si c'est un phénomène de
cette nature qui donne lieu aux taches solaires, on se
demande pourquoi les enveloppes inférieures à la photosphère, qui ne paraissent pas être lumineuses par elles-
mêmes, ne sont pas dispersées par la température prodigieuse des couches profondes; pourquoi elles persistent
quand celles lumineuses se dissolvent sous l'influence des
courants ascendants de haute température qui ont traversé les régions les plus profondes qu'elles occupent.....

» On a pu remarquer que la teinte que la portion (δ) du noyau offrait, le 24 septembre, à 7 heures du matin, était nettement rougeâtre. Ce fait était d'autant plus apparent, que l'autre portion (ζ) était noire et contiguë à la partie colorée. D'autre part, l'intensité lumineuse de ces strates était, à cette époque, à son maximum, c'est-à-dire qu'elle était comprise entre un dixième et un septième de l'éclat de la pénombre..... »

L'auteur mentionne que, indépendamment des nuages photosphériques, feuilles de saule, grains de riz, qui se déposent sur les strates des couches profondes et celles de la pénombre, et augmentent leur éclat pour une vision confuse, lorsqu'elles sont entièrement dépouillées de toutes paillettes de la photosphère, ces strates varient réellement d'intensité lumineuse, comme si elles se rapprochaient ou s'éloignaient rapidement de la photosphère.

M. Chacornac a cherché dans l'immense ouverture qui occupait alors le point central du disque s'il était un fait qui pût fournir la preuve que les strates profondes sous-jacentes à la photosphère ne brillent que d'une lumière d'emprunt. Par exemple, lorsque la tache était près du bord solaire, il a répété l'observation de l'analyse spectrale, et s'est assuré, dit-il, que le spectre de tout ce qui appartient au soleil est identique et qu'il est entièrement obscur pour les parties sombres. Quand ces corps se présentaient sous une illumination oblique, il espérait constater de la lumière polarisée en isolant du noyau, au moyen de diaphragmes, mais il n'a pu constater aucune trace de lumière polarisée sur ces strates sombres. D'un autre côté, ces objets ont une apparence indéfinissable, celle que lui paraissent avoir les objets illuminés et que n'auraient pas ceux qui sont lumineux

par leur incandescence. Cependant, comme ils lui offrent
les mêmes phénomènes que présente toute la série des
enveloppes solaires, c'est-à-dire qu'il se dispersent, se
délitent en fragments qui disparaissent, fondent, comme
le font les torrents de facules projetées sur la pénombre,
comme le font les ruisseaux de la pénombre qui pénètrent dans la cavité du noyau, M. Chacornac n'insiste
pas sur ce fait, et admet la possibilité que ces strates
inférieures soient incandescentes, comme celles de la
photosphère, et que l'atmosphère solaire en diminue l'é-
clat suivant une loi rapidement progressive dans les
couches profondes, par suite de l'augmentation de sa
densité et de son pouvoir absorbant.

Les ouvertures de la photosphère, de la pénombre et
des strates profondes de la tache observée, étaient circulaires, à peu près concentriques les unes aux autres, et
formaient un gouffre conique régulier indiquant, suivant
M. Chacornac, que le gaz générateur des taches produisait une ouverture de plus en plus large, dans les couches les plus extérieures de la photosphère. Or, il pense
que ce fait est en contradiction avec l'accroissement de
la température dans les couches profondes

« Le 25 septembre, à 7 heures 1/2 du matin, le noyau
de la tache (voir planche II, fig. 19) présentait une série
d'ouvertures sombres qui donnaient aux enveloppes une
structure lamellée fort curieuse. La figure 22 donne cet
aspect. La nervure centrale plongeait par son extrémité
dans le gouffre sombre (ζ) et semblait entraîner dans sa
chute les feuillets qui s'y trouvaient réunis. Il était évident
que cette extrémité se fondait, se résorbait, en pénétrant
dans la cavité noire, et qu'un mouvement de progression
dirigeait cette masse dans les couches profondes... Les
alternatives de résorption et d'affluence des facules se

reproduisent souvent. Ainsi, à **7** heures **1/2**, ces strates sous-jacentes à la photosphère des pénombres étaient entièrement dépourvues de tous fragments photosphériques, et visiblement leur structure était analogue à celles des pénombres; leurs accidents de lumière et de ténèbres montraient clairement qu'un milieu absorbant voilait leur éclat; mais, à **8** heures **1/2**, de nombreux fragments de facule se formèrent par agglomérations isolées qui augmentèrent rapidement de volume, comme nos nuages atmosphériques, par voie de condensation de la matière lumineuse sous forme de brouillard d'abord, puis en paillettes tronquées qui ressemblaient fort aux glaçons qui se forment au fond du lit des rivières.....

» Comme on le voit (voir les fig. **17 à 23**), les facules ont successivement envahi toutes les strates sous-jacentes, et le (α) est recouvert d'une bande brillante de matière photosphérique qui n'offre aucune division sensible avec le télescope. A **4** heures, le pont se divise en fragments de facule, mais les enveloppes inférieures persistent... A **5** heures **1/2** au soir, le pont ne présente plus que quelques flocons épars de fragments photosphériques répandus sur son étendue...; mais les strates de facules sont en voie de dispersion, et les strates sous-jacentes se découvrent (fig. **24**). La fonte graduelle de toutes les enveloppes vers l'orifice de dégagement détermine des courants convergents qui tendent à donner à la tache des formes de plus en plus circulaires... A **7** heures **1/2**, les facules envahissent les abords du noyau, et à **8** heures le pont apparaît avec un chapelet de paillettes photosphériques qui se soudent bientôt les unes aux autres et forment une bande continue, comme le montre la figure **26** qui est pour **8** heures **1/4**. A **9** heures, les paillettes du pont sont de nouveau fondues; elles se sont vaporisées en moins de vingt minutes sans qu'il ait été possible de saisir le plus faible changement dans les strates sous-jacentes.... La figure **27** montre les changements survenus dans la configuration du noyau à **10** heures 1/2. Les filaments des enveloppes sous-jacentes se soudent entre eux comme ceux de la pénombre, et alors elles n'offrent plus cette apparence striée, filamenteuse, mais celle du machefer; les fibres lamelliformes se soudent sur plusieurs points de leur étendue seulement, donnent lieu à la formation d'orifices circulaires nombreux qui accidentent ces strates de manière à changer rapidement la structure filamenteuse en celle du machefer. Dans cette transformation de structure, il y a évidemment le concours des phénomènes de condensation du corps qui se précipite, soit à l'état vésiculaire, soit à l'état de cristaux ou fragments; car chaque pont, chaque filament augmente de volume et forme bientôt un tissu serré où les mailles disparaissent pour ne laisser voir que des orifices et des parties mamelonnées. Cette variation de structure s'observe régulièrement sur la pénombre. Mais les figures **26** et **27** indiquent qu'elle a lieu également dans les strates sous-jacentes à la photosphère des pénombres. A **10** heures 1/2, le pont (α) était totalement dénudé de tout fragment photosphérique, c'est-à-dire que l'enveloppe des pénombres n'avait pu se reformer au-dessus de l'enveloppe sous-jacente, malgré que le pont persistât. A midi, le pont de facules s'est reformé, parce que, à 11 heures 1/2, il s'est produit des éruptions qui ont dispersé partiellement les strates inférieures. A midi, il y a donc réaction, c'està-dire envahissement de la cavité de la tache par la matière photosphérique. La figure **28** est pour midi. A **1** heure, le ruisseau de facules persiste, il est même très-écla-

tant, là matière photosphérique y est condensée et
se montre nettement d'un éclat supérieur aux bords de
la pénombre qui se projettent également sur le fond
sombre du noyau... Toutes les enveloppes sont en relation entre elles par des ponts, des filaments inclinés
dont l'intensité graduée d'une strate à l'autre par toutes
les teintes intermédiaires, annonce d'une manière irréfutable que le milieu gazeux absorbe seul la lumière de
toutes ces strates; les fig. 26 et 28 en sont des preuves....
Les parties inférieures sont celles d'un corps à l'état
pâteux. En effet, à 3 heures, le ruisseau de facules est
entièrement dispersé, mais le pont (α) des strates sous-
jacentes persiste comme le montre la figure 29 qui représente l'aspect du noyau pour cette époque. De plus, les
enveloppes des couches profondes se condensent de plus
en plus et semblent offrir des surfaces plus compactes,
apparaissant déjà comme un corps plus dense que les
enveloppes photosphériques, comme un corps d'aspect
pâteux et mamelonné. La figure 30 représente cette apparence pour le 26, à 4 heures 1/4. Le pont de facule ne
s'est pas reproduit, car, au coucher du soleil, il ne s'était
pas formé de paillettes photosphériques. Le pont obscur
paraissait au contraire plonger avec une inclinaison plus
grande dans des couches plus profondes, comme si les
points d'attache, du côté opposé à (α) où se déversent
les facules, ayant manqué, le pont se fût incliné avec
les portions de la strate auxquelles il adhérait. Le 27,
à 7 heures du matin, les enveloppes du fond du noyau
se présentent comme une masse compacte, analogue à
un corps pâteux mamelonné (fig. 31). Le pont (α) persiste,
tous les filaments se sont réunis en une strate qui se
montre sensiblement de niveau comparativement aux
filaments inclinés, enchevêtrés qu'on y remarquait, cor-

respondants d'une strate à l'autre, les jours précédents ;
la strate est compacte, mamelonnée surtout aux environs de l'orifice unique qui se montre au milieu du
noyau comme une bouche volcanique des mieux carac-
térisées. Ainsi se forme le corps d'aspect pâteux qui
semble être celui du noyau solaire, et qui n'est autre
qu'une masse de fragments photosphériques tassés et
vraisemblablement d'une intensité plus grande que ceux
des couches supérieures. Ainsi les gaz ascendants vola-
tilisent, dispersent les enveloppes photosphériques, et
les fragments des enveloppes sous-jacentes qui persistent
s'entassent plus ou moins profondément dans le noyau
où les phénomènes subséquents les confondent, les mélangent aux strates de ces régions profondes.... A midi,
l'ensemble du noyau n'a pas changé de configuration
générale; la facule (α) est un peu plus allongée et descend
un peu plus dans le fond du noyau qu'à 10 heures.
Toutes ces strates du fond du noyau sont également
sombres ; les quelques fissures qu'on y découvre accusent un mouvement giratoire et une disposition en hélice.
A 2 heures 1/2, cette apparence est mieux caractérisée
(fig. 32). Actuellement l'ouverture du noyau s'étant rétrécie, il ne descend plus de facules sur l'arête du ma-
melon prédominant qui n'est autre que l'ancien pont
(α) transformé en une chaîne circulaire de montagnes
offrant des contre-forts rayonnant dans toutes les directions ; car il ne s'est présenté aucune paillette de facule
sur cette proéminence depuis ce matin. A 3 heures 1/2,
rien de changé, si ce n'est quelques nuages ou fragments
photosphériques de la pénombre qui se sont détachés de
l'isthme contourné qui se trouve à l'orient de celui (α).
Ils sont vaporisés quelques minutes après. A voir ces
phénomènes, actuellement que la tache forme un cratère

conique à plusieurs étages, débarrassé de toutes ces charpentes de ponts enchevêtrés, croisés, on croirait que les émanations gazeuses qui s'échappent de l'orifice central, en se dilatant uniformément, ne permettent plus aux facules de persister sans l'abri d'un pont de strates sous-jacentes à la photosphère ; et cela est d'autant plus vraisemblable qu'à dater de cette époque, la tache ayant conservé son unique orifice circulaire du fond de la cavité du noyau, elle n'a plus offert de pont et s'est rétrécie régulièrement. La fig. 33 est pour le 27, à 4 heures 1/2. Le 30, à 7 heures 1/2 du matin, le fond du noyau, qui a persisté jusque-là à n'offrir qu'un orifice de dégagement percé sur un fond uniforme et sombre, se montrant de plus en plus stratiforme, c'est-à-dire de moins en moins mamelonné, s'effondre tout à coup, et trois orifices volcaniques se montrent ; la forme du noyau est immédiatement perturbée et s'allonge. A 10 heures, la strate du fond s'est reformée et il ne persiste qu'un seul orifice. A 3 heures, même aspect, mais, à 4 heures, il se reforme un effondrement dans la masse compacte du fond, et, peu de temps après, des cristaux de facules se condensent sur une proéminence rapidement formée sur la strate du fond du noyau ou au-dessus. Le 1er, le 2, le 3 octobre, un seul orifice persiste, mais il est arrivé latéralement quelque crevasse d'effondrement que la perspective masque, car le noyau est déformé. Le lendemain 4 octobre, le noyau a repris sa forme circulaire et la tache entière continue à se rétrécir. Finalement elle s'approche du bord de l'astre, présentant la forme régulière que reproduit la fig. 34, qui est pour le 4, à 4 heures 1/2.

« En résumé, les enveloppes sous-jacentes à la photosphère des pénombres résistent davantage aux éma-

nations volcaniques qui dissolvent les enveloppes photosphériques; elles paraissent acquérir, après un certain
temps d'expositions aux effluves délétères, une plus
grande densité qui les rapproche du centre de l'astre.
Ces faits, joints à ceux que nous connaissons déjà, condui-
sent à la conception irréfutable d'un corps central d'une
densité supérieure à celle des strates profondes. Remarquons, en effet, que le fond de la cavité sombre d'une
tache est toujours tapissé par une surface plus ou moins
continue, plus ou moins accidentée, mais qui rétrécit
toujours considérablement l'ouverture du noyau, quand
elle ne l'obstrue pas entièrement. D'autre part, si les
strates sont également lumineuses, à des températures
égales, dans toute l'étendue de l'atmosphère que nous
voyons, il est naturel d'en conclure que le corps central
est au moins à une température égale à celle des strates
que nous observons reliées entre elles, et, dès lors, leur
différence d'éclat ne provient que de l'interposition de
ce milieu ambiant, gazeux, qui forme réellemeut l'atmosphère du soleil, comme les strates lumineuses et
continues représentent les diverses couches nuageuses
de l'atmosphère terrestre. Ainsi, il est infiniment probable que le corps central est à l'état liquide et incandescent; qu'il s'y passe des phénomènes de dissociation qui
projettent dans son atmosphère des matières vaporeuses
qui dispersent, transforment les strates photosphériques; ces jets vaporeux se dilatent en gagnant les couches
supérieures où ils éprouvent une moins grande pression,
se rangent dans l'ordre des densités, ou se combinent
avec d'autres pour reproduire peut-être le phénomène
de l'incandescence qu'ils ont dispersé à l'état dissocié,
comme l'azote éteint la combustion. Si je conservais quelques doutes sur l'ordre de succession de ces phénomènes,

cette tache et celle qui est entrée dans l'hémisphère de visibilité le 7 octobre, les auraient tous levés. Il n'est plus douteux que toutes les enveloppes de l'atmosphère solaire sont en relation et par conséquent de nature analogue. »

Bien que ces études de M. Chacornac n'aient guère de suite, de lien, et soient même souvent inconciliables entre elles, j'ai cru devoir les reproduire. Cette reproduction m'a paru utile, à cause de la multiplicité des particularités observées et décrites par l'auteur, et parce qu'il est bon que le lecteur, autant que possible, connaisse, avec tous les faits, toutes les hypothèses qu'ils sont susceptibles de suggérer en vue de leur explication.

Au reste, M. Chacornac lui-même n'aura pas lieu de se plaindre de la reproduction de ces écrits qui ne sont généralement qu'une suite de notes où un voyageur a relaté ses impressions, les faits interressants qui l'ont successivement frappé dans sa longue et sublime pérégrination. On conçoit que, découvrant successivement de nouvelles particularités, de nouveaux horizons, cet observateur ait souvent modifié ses appréciations, ses jugements, et que, longtemps balloté, il ait souvent oscillé entre des hypothèses et des explications contraires.

Il est vrai qu'il a terminé ses notes par des conclusions formelles qui lui ont paru les seules capables de concilier entre eux tous les résultats de ses observations précédentes, et que cette solution est loin, selon moi, d'être la vraie; mais néanmoins, par les motifs que j'ai exprimés, je pense que les travaux de M. Chacornac ne peuvent manquer d'être utile à la science.

Je dois maintenant dire les motifs qui me font rejeter ses conclusions, mais avant de les juger, tâchons de bien les saisir. Je les rappelle dans l'ordre suivant :

1° Le corps central est à l'état liquide et incandescent ; 2° sa température est au moins égale à celle des strates qu'on observe ; 3° ces strates, étant également lumineuses à des températures égales, dans toute l'étendue de l'atmosphère solaire qu'elles occupent, leur différence d'éclat ne provient que de l'interposition de cette atmosphère, dont la densité croît de l'extérieur à la surface du corps central ; 4° un phénomène de dissociation qui se passe dans le corps central projette dans son atmosphère des matières vaporeuses qui dispersent, transforment les strates photosphériques ; 5° les enveloppes sous-jacentes à la photosphère des pénombres résistent davantage à l'action de ces matières vaporeuses, elles y acquièrent même, après un certain temps d'exposition à ces effluves délétères, une plus grande densité qui les rapproche du centre de l'astre ; 6° les jets de ces mêmes matières vaporeuses se dilatent en gagnant les couches supérieures, où ils éprouvent une moins grande pression, se rangent dans l'ordre des densités, ou se combinent avec d'autres pour reproduire peut-être le phénomène de l'incandescence qu'ils ont dispersé à l'état dissocié, *comme l'azote éteint la combustion.*

Contre cette théorie, j'élèverai les objections suivantes :

Premièrement. D'après ce que nous savons des corps terrestres au sujet de la chaleur et de la lumière, ceux qui absorbent le plus la lumière absorbent aussi le plus la chaleur. Ceci est conforme aux principes de l'*identité des radiations calorifiques et lumineuses*, admis d'abord par Ampère, plus tard par Melloni, MM. Masson et Jamin. Ces deux derniers ont expérimenté que la lumière est absorbée dans les mêmes points du spectre que la chaleur; que des lames incolores de sel gemme, cristal de roche, alun, verre, eau, laisse passer également et totalement tous les rayons calorifiques; que les verres colorés, qui arrêtent certains rayons lumineux, arrêtent aussi les rayons calorifiques de même réfrangibilité; que, dans ce cas, les pertes de chaleur et de lumière sont toujours les mêmes. Il y a des rayons calorifiques qui ne sont pas lumineux, et réciproquement, mais partout où les rayons produisent à la fois des effets lumineux et calorifiques, ces deux effets sont atténués à la fois par les milieux interposés.

On admet que, pour la chaleur, le pouvoir rayonnant est égal au pouvoir absorbant. Un pur gaz enflammé rayonne peu de chaleur, mais aussi il absorbe peu de la chaleur extérieure qui peut rayonner sur lui. Si un corps quelconque qui reçoit un rayonnement calorifique n'est sensiblement ni réfléchissant ni diathermane, il absorbe sensiblement aussi toute la chaleur de ce rayonnement, et doit lui-même successivement, peu à peu, en rayonner la totalité.

Ainsi, dans l'hypothèse où des matières vaporeuses que projetterait le corps central auraient, par leur nature, leur densité, à part la question d'épaisseur de leur couche, le pouvoir d'absorber une très-grande quantité de lumière; que, par suite, elles devraient rendre invisible à nos yeux le corps central supposé liquide et incandescent, elles absorberaient alors une fort grande quantité de chaleur. Or, absorbant tant de chaleur, elles devraient être par cela même incandescentes, nous paraître éclatantes. Il n'est pas croyable qu'elles pussent nous paraître noires à côté de la lumière photosphérique et constituer ainsi le noyau d'une tache.

Secondement. L'auteur veut-il que ces vapeurs éteignent la combustion des masses photosphériques qui descendent là où elles sont en dissociation, comme l'azote éteint les combustions terrestres? Quand elles auraient ce pouvoir, étant alors incandescentes, comme je viens de le montrer, il reste toujours qu'elles ne constitueraient pas le noyau. Et puis, si elles éteignaient la lumière, elles l'éteindraient dans les couches supérieures où elles seraient lancées. Il est vrai que l'auteur insinue que là elles peuvent se combiner avec d'autres substances et que cette combinaison les rend propres à la combustion; mais n'est-il pas à craindre que tout d'abord, avant cette prétendue combinaison, elles n'éteignent, n'atténuent considérablement la lumière photosphérique, loin de lui apporter un aliment?

Troisièmement. Il est plausible que l'atmosphère solaire s'étend beaucoup au-delà de la photosphère. On le voit, notamment, par la couronne ou auréole qu'on a observée autour du disque lunaire dans les éclipses totales de soleil. D'après cela, l'atmosphère solaire doit avoir une densité extrêmement faible, être fort diaphane. Il faut tenir compte de son absorption de la lumière dans l'explication des phénomènes relatifs aux taches; mais il n'est pas supposable que sa densité s'accroisse vers le corps central au point que, à travers elle et les vapeurs qu'elle peut contenir, ce corps supposé liquide et incandescent, au moins aussi incandescent que la photosphère, nous apparaisse noir relativement à l'éclat photosphérique.

Cette conclusion que l'atmosphère du soleil doit être extrêmement peu dense, fort diaphane, s'accorde bien avec l'énorme chaleur solaire, qui doit dilater considérablement l'atmosphère de cet astre. Il est vrai que la

pesanteur est fort grande près du soleil, mais sans doute
la pression qui en résulte ne contrebalance pas, à beaucoup près, l'effet de la chaleur. La densité moyenne de
l'astre est bien inférieure à celle de la terre, elle n'est
qu'à peu près le quart de celle-ci ; il est donc plausible
que c'est la chaleur qui prévaut ici pour déterminer non-
seulement la densité de l'atmosphère, mais encore celle
de la masse générale du soleil. Si, comme le pense
M. Chacornac, la chaleur du corps central incandescent
était au moins égale à celle de la photosphère, la couche
atmosphérique comprise entre ces deux ardents foyers
devrait être encore bien plus dilatée que les autres couches extérieures à la photosphère, et ainsi ne serait point
assez dense pour dérober complétement à nos observa-
vations l'incandescence du corps central, alors que toutes
les autres couches réunies de l'atmosphère nous laissent
arriver une si grande quantité de chaleur et de lumière
photosphériques, même des bords du disque solaire,
bien que, dans cette direction, l'épaisseur atmosphérique soit bien plus grande que celle qui existe dans la direction et à partir du fond d'une tache centrale.

Quatrièmement. L'explication, sous ces rapports,
inacceptable, ne le serait pas non plus au point de vue
des pénombres. Suivant M. Chacornac, la tache serait
déterminée par une cause ascendante qui produirait une
trouée conique, ayant son évasement en haut, dans l'u-
nique substance photosphérique, dont les couches seraient lumineuses par elles-mêmes, mais diminueraient
d'éclat graduellement de haut en bas. Puis, la pénombre
se formerait peu à peu au moyen d'effondrements de la
matière photosphérique. Or, quelle que fût la cause de
ces effondrements, ils auraient lieu soit verticalement,
soit obliquement. S'il n'y a alors qu'une enveloppe,

qu'une série de couches superposées diminuant de plus
en plus d'éclat en allant vers le corps central, et que
l'effondrement entraîne une portion de cette enveloppe
prise dans toute l'épaisseur qu'elle aura suivant la direction où l'effondrement s'effectuera, il ne pourra ainsi
se former une pénombre telle que celles qu'on observe
généralement. Si la chute est verticale, l'orifice inférieur
sera agrandi, ou il s'y fera une nouvelle trouée, une autre tache, et il ne se produira ainsi aucune espèce de
pénombre. Si elle est inclinée, on pourra voir, outre l'a-
grandissement de l'orifice inférieur, l'extension des
parois du cône plus inclinées qu'elles ne l'étaient d'a-
bord; mais ces parois n'offriront, dans l'hypothèse,
qu'une dégradation de lumière en raison de la succession des couches, et non pas une vraie pénombre, comme
on l'entend; car celle-ci se montre nettement déterminée,
tranchant par sa teinte sombre brusquement accusée,
avec la lumière photosphérique qui l'entoure, et, en
général, elle se maintient uniformément sombre, excepté
vers son bord intérieur entourant le noyau.

Même en supposant que, au lieu ou indépendamment
d'un effondrement total de l'enveloppe photosphérique
dans une direction quelconque, il s'y produise des chutes
partielles en ce sens qu'il se détache et tombe des parois de
la trouée conique des masses venant d'une ou plusieurs
couches de l'enveloppe, on n'expliquerait pas la formation de la pénombre. Il faudrait encore montrer que les
masses qui se détachent doivent ensuite se disposer de
manière à la constituer; ce que M. Chacornac n'a point
fait, et ce qu'il ne pouvait faire.

Je ne trouve pas l'explication de cette formation dans
les passages suivants que j'ai déjà cités :

« Lorsqu'un premier entonnoir, dit M. Chacornac,

est formé par affaissement des strates atmosphériques,
il y a rupture dans l'équilibre des masses floconneuses,
précipitation des couches voisines autour de l'orifice,
et accumulation de matières vaporeuses en ce point de
l'atmosphère, ainsi que l'attestent les facules amoncelées aux environs de la cavité sombre. Il paraît résulter
de cette affluence des fluides vaporeux un bourrelet des
masses atmosphériques autour de la tache sombre; probablement parce que, dans la vitesse acquise, résultant
du déplacement de ces fluides, il se forme une exubérance de matière floconneuse qui n'est pas assez rapidement *liquéfiée*, puisqu'elle envahit la cavité plus ou
moins complètement. Ce n'est donc pas en ce point, où
la masse vaporeuse est accumulée sous la forme de
montagne annulaire, qu'aux prochaines intermittences
du phénomène d'effondrement, se produiront les vides,
les excavations, mais c'est à la base de cette montagne,
où les anfractuosités laissent entrevoir déjà des parties
sombres.

» Quand les changements sont rapides, on aperçoit
les lignes de dislocations circonscrire la montagne annulaire, et celle-ci s'effondrer, s'affaisser sous son poids
comme une masse surplombante ; alors la pénombre est
formée. »

Comment admettre que des matière détachées des
parois de l'entonnoir photosphérique et allant vers
l'orifice inférieur s'arrêtent sur ses bords? Il est bien
plausible que, tant par l'effet de leur vitesse acquise
que par celui de la pente rapide des parois de la trouée
conique, elles se précipiteront dans cet orifice. Mais
supposons un instant qu'il en soit autrement, et que
par leur affluence sur ses bords il s'y établisse un bourrelet, un anneau de montagnes photosphériques. Pour-

quoi, ensuite, à la base de cette montagne, toujours sur la pente rapide de l'entonnoir, se produira-t-il des vides, des excavations, des dislocations telles que le bourrelet, l'anneau de montagnes *s'affaissera sur son poids comme une* masse surplombante, tout cela de manière à constituer définitivement la pénombre ? Si, comme il serait plus naturel de le supposer, c'est l'anneau de montagnes qui détermine un affaissement, un effondrement, ce sera apparemment par le surcroît de charge que cette masse occasionnera, et alors l'effondrement aura lieu dans l'anneau, sous l'anneau, non autour de lui.

Sous plusieurs rapports, l'explication des pénombres serait donc en défaut.

M. Chacornac, depuis, a produit un écrit intitulé : *Du soleil et de son atmosphère*. Il y insiste sur les cristaux qui, suivant lui, se forment dans la matière photosphérique.

Rappelant que, dans un mémoire publié dans les annales de la Société d'agriculture de Lyon, en 1843, M. Fournet a fait voir comment, les parties saillantes des cristaux émergents du liquide dans lequel ceux-ci sont plongés se refroidissant plus vite par le rayonnement que les parties pleines, les vapeurs ambiantes s'y précipitent et cristallisent seulement sur les arêtes, M. Chacornac pense que ce fait seul détermine une forme particulière aux solides qui résultent des phénomènes de cristallisation opérée dans un milieu ambiant exposé à un rayonnement inégal. Or, selon lui, ce cas se présente dans l'atmosphère solaire.

Il remarque d'abord que les parties les plus saillantes, les plus isolées des pénombres, telles que les ponts, les têtes de courants, les languettes ou isthmes de matière photosphérique sont toujours les points où se con-

densent les facules ; il a toujours été frappé du vif éclat
que conservent ces parties dans le cas où il n'y a pas
d'émissions fortuites, c'est-à-dire éruption des gaz du
corps central.

L'auteur signale la rapidité avec laquelle il croit avoir
vu se former des cristaux. En 15 minutes, le haut
d'un pont qui n'avait pas la structure des facules, ni
leur éclat, a pris la structure des têtes de courants, ce
qu'il interprète ainsi : « Une solution de continuité s'est
formée, et, sur l'extrémité du tronçon supérieur, s'est
effectuée aussitôt une condensation de cristaux photosphériques qui lui donnait cette apparence caractéristique des têtes de courants.... Le tronçon, composé de
paillettes photosphériques, fut aussi transformé par une
condensation subite des cristaux lumineux sur l'extrémité et les arêtes, et par une surfusion de ces cristaux,
qui se soudèrent ensemble pour former un corps plus
homogène, dont l'éclat était notablement plus vif que
celui des parties supérieures, bien que l'extrémité où se
fît la condensation se trouvât dans une région plus profonde que celles occupées par les portions adhérentes à
la pénombre. Ainsi les facules se condensent jusque
dans les parties sombres et profondes de la tache, et y
sont aussi lumineuses qu'à la partie extérieure de la photosphère. »

M. Chacornac regarde donc comme infiniment probable que les sommets des torrents incandescents de la
pénombre, que les arêtes saillantes, les filaments contournés comme des fils de platine incandescents, qu'il
a vus dans les cavités sombres des taches, ne sont plus
lumineux que le reste de la pénombre et les parties
pleines des bords extérieurs ou du centre, que par un
rayonnement plus actif auquel ils sont exposés par leur

isolement. Les masses de ces formations étant plus
facilement refroidies que les autres parties assemblées
des strates photosphériques, les cristaux incandescents
s'y condensent plus particulièrement que sur ces derniers. Ce phénomène s'effectue à peu près comme se
fait la condensation des cristaux du givre sur les extrémités des branches d'arbre, tandis qu'il ne s'en dépose
pas sur le tronc.

Quand des émissions centrales de gaz éruptifs se
produisent, elles déterminent des éclaircies dans l'atmosphère absorbante jusque dans les régions les plus extérieures; il en résulte un rayonnement plus actif, et par
conséquent une condensation plus considérable des cristaux photosphériques, c'est-à-dire une production de
facule dans la région correspondant aux éclaircies.
Ainsi des courants atmosphériques déterminent une activité incandescente dans la photosphère et la distribution des facules autour des orifices volcaniques.

L'auteur a remarqué que le bourrelet qui entoure les
taches est généralement plus mince en avant de l'orifice
que du côté opposé au sens du mouvement de rotation,
« comme si, dit-il, des vents alizés transportaient en
arrière les exhalaisons volcaniques, qui ont perdu, dans
leur course ascensionnelle, leur vitesse initiale, comme
si les effluves volcaniques, après avoir été vaincues par
la résistance de l'atmosphère absorbante, avaient une
tendance à se diriger à l'opposé du sens du mouvement
de rotation du soleil.... »

Suivant M. Chacornac, il est fort probable que, sous
une certaine pression, les éléments de l'atmosphère absorbante du soleil se séparent et cristallisent d'une
manière analogue à ce qui se passe dans l'appareil à
tube chaud et froid de M. H. Sainte-Claire-Deville, pour

l'acide sulfureux, qui se décompose, sous l'influence d'un rayonnement très-inégal, en cristaux de soufre et en oxygène. L'enveloppe photosphérique doit être considérée comme recevant à sa surface inférieure une énorme quantité de chaleur provenant du rayonnement du corps central, tandis que la surface tournée vers les espaces célestes rayonne au contraire une énorme quantité de chaleur et n'en reçoit aucune. D'après les expériences de M. Sainte-Claire-Deville, cette condition d'avoir une de ses faces tournée vers un foyer d'une énorme température et l'autre vers les espaces célestes, doit déterminer une dissociation au sein de l'atmosphère ambiante qui enveloppe le soleil, et causer cette précipitation cristalline qui forme la photosphère. D'après l'influence de la pression dans les phénomènes de cristallisation, l'existence des cristaux photosphériques, leur soudure par couples plus ou moins nombreux révèlent précisément cet ordre de faits. D'ailleurs, ces fragments photosphériques en forme de paillettes tronquées, *bien qu'ils n'aient pas une forme unique*, sont des condensations cristallisées et non pas nuageuses. Lorsqu'ils se sont réunis, soudés par le phénomène de surfusion, il est bien vrai que, assemblés ainsi par masse, ils *forment des nuages* qui ont beaucoup d'analogie *avec des cumulus ;* mais, dans ces conditions même, il est encore reconnaissable que ce sont des cristaux réunis par plusieurs points de leur périmètre.

L'auteur croit pouvoir tirer des faits et de ces hypothèses une explication simple et naturelle de ce que les taches solaires se reproduisent généralement dans la région équatoriale de l'astre. « En effet, dit-il, puisqu'il se forme des rayonnements inégaux dans la photosphère, il est donc possible qu'il en existe aussi à la surface de

la masse interne solaire, et la cause qui se présente aussitôt à l'esprit ne peut être que la variation de la gravité à la surface du corps central : en vertu de la force
centrifuge, la pesanteur étant diminuée dans la zone
équatoriale de l'astre plus que partout ailleurs, il doit
nécessairement en résulter une pression moins grande
dans toute l'épaisseur de la zone atmosphérique qui
correspond à cette région. Or, la puissance absorbante de
cette atmosphère étant diminuée avec sa densité, le
rayonnement de la chaleur solaire doit être plus actif
dans la zone équatoriale que dans celle polaire; ce qui
est en tout point conforme aux faits que nous avons
mentionnés et à ceux que révèle l'observation. »

« Si, ajoute-t-il, le corps central rayonne plus dans
la région équatoriale que dans toute autre région de sa
surface, celle-ci doit se refroidir davantage, et par conséquent il doit s'y passer des phénomènes de cristallisation, et ceux de réincandescence qui produisent enfin
ceux de dissociation d'où résulte le phénomène volcanique..... »

Pour moyenne de dix mesures de la cavité des pénombres, dans des taches différentes, M. Chacornac a trouvé
un millième du rayon solaire; il pense qu'en doublant
cette dépression de la photosphère, on aura très-approxi-
mativement l'épaisseur de cette enveloppe incandescente
qui ainsi n'excéderait pas deux millièmes du rayon.

Comme M. Brewster, il ne peut pas admettre que des
nuages lumineux, cédant aux plus légères impulsions
et se présentant dans un état de continuel changement,
soient le foyer de la flamme dévorante du soleil. « Plus
on réfléchit, dit-il, plus on est surpris que cette idée
d'un corps obscur, froid et même habitable, ait persisté
si longtemps en opposition avec les plus simples lois de

l'échauffement des corps placés dans une enceinte incandescente ; il a fallu ce concours de phénomènes extraordinaires et spécial à la constitution physique de ce corps pour favoriser cette conception *absurde* et la perpétuer durant notre époque… Il n'est pas vraisemblable que cette couche de matière lumineuse soit l'unique source de lumière et de chaleur répandue dans le système solaire ; le corps central est évidemment dans un état d'incandescence, d'ignition plus complète que celui de la photosphère, car l'atmosphère absorbante éteint l'éclat des portions de la photosphère que nous voyons descendre en se rapprochant du corps central….. »

A l'appui de ces considérations, il invoque un fait que l'observation lui a révélé : « Lorsque, dit-il, par suite des phénomènes volcaniques, il s'est produit subitement une large ouverture dans la photosphère, si les effluves cessent tout à coup de se produire par cet orifice, on voit apparaître un brouillard lumineux, dont l'intensité croissante voile graduellement le fond du noyau de la tache, absolument comme nos brouillards terrestres voilent graduellement le ciel, lorsqu'en hiver un ciel découvert succède à une atmosphère humide préservée contre le rayonnement par une couche continue de nuages. »

A ce sujet, il rapporte l'observation d'un groupe de taches qui s'est formé subitement dans la nuit du 29 au 30 juillet 1865, comme un exemple récent de ce phénomène :

« A 11 heures du 30 juillet, le noyau de la tache la plus boréale située à l'extrémité occidentale du groupe se montra voilé par un léger brouillard qui ne s'apercevait pas à 10 heures. A midi, ce brouillard devient plus intense, bien que le noyau de la tache australe de l'autre

extrémité du groupe n'en présente aucune trace ; à
2 heures, il est très-intense, son éclat s'approche d'être
un dixième ou un quinzième de celui de la pénombre,
mais on ne peut distinguer aucune forme définie, aucun
treillage de pont, aucun cristal photosphérique ; c'est
un brouillard des mieux caractérisés. Autant qu'on en
peut juger par les phénomènes de perspective qui montrent, dans le télescope, que les taches sont des cavités,
ce brouillard paraît exister dans la région des pénombres
ou dans une station peu inférieure à la photosphère. A
3 heures et demie, ce brouillard avait disparu et cette
tache s'agrandissait, tandis qu'à 5 heures 45 minutes,
il se formait un brouillard lumineux dans l'autre grande
ouverture située à l'extrémité orientale du groupe. Or,
ces apparitions de voiles lumineux ont précisément coïncidé avec la période de calme de ces orifices volcaniques ; c'est-à-dire que de 11 heures du matin à 2 heures
du soir, il ne s'est formé aucun agrandissement dans la
grande ouverture de l'extrémité occidentale du groupe,
et qu'à 5 heures et demie, les éruptions de la grande
tache orientale cessaient de se produire. J'ajouterai qu'à
neuf heures du matin, ces ouvertures étaient très-sombres, apparence qui se présente ordinairement quand de
grands noyaux se sont formés subitement ; et que, bien
qu'il se soit montré dans d'autres taches des brouillards
analogues, je n'avais pas encore remarqué ce caractère
d'analogie avec nos brouillards terrestres aussi frappant
qu'il s'est offert dans ce groupe de volcans solaires, de
11 heures à 2 heures.

» Ces circonstances ayant attiré mon attention spécialement sur ce sujet, j'observai, le 2 août, un brouillard
lumineux projeté sur le fond du noyau d'une autre tache
de ce groupe : à 9 heures du matin, l'orifice situé à l'ex-

trémité orientale du groupe est voilé par un brouillard lumineux qui masque légèrement les stractes photo- sphériques visibles au travers de cette ouverture ; l'ap- parence des cavités et des reliefs de tous ces objets permet de voir qu'il existe dans la région de la photo- sphère ; il augmente graduellement d'intensité et, à 10 heures, il donne lieu à la formation d'un pont composé de paillettes photosphériques ajoutées les unes à la suite des autres, qui traverse l'ouverture dans le sens des parallèles. Ce pont s'est montré tout d'une pièce comme un léger cirrus reliant les facules des extrémités de l'ou- verture ; puis, se dessinant de plus en plus, il a pris l'aspect général de ces formations où il fut possible de voir des divisions qui se prolongeaient même dans le brouillard lumineux. A midi, ce pont persiste quoique peu intense, peu lumineux ; mais le brouillard lumineux a disparu ; à 6 heures du soir, le pont s'était évanoui aussi sous l'influence des émanations centrales.... »

M. Chacornac rappelle un mémoire qu'il avait adressé à l'Académie des sciences, et où il avait en vue de dé- montrer l'existence de l'atmosphère absorbante du soleil. « Je m'étayais principalement, dit-il, sur les observa- tions photométriques que j'ai pratiquées dès le commen- cement de l'année 1855, et qui montrent l'extinction graduelle des bords du disque ; mais c'est surtout par leur coloration en teinte jaunâtre que je faisais ressor- tir que ce phénomène dénonce une absorption des rayons lumineux qui manquent à la lumière blanche. J'indiquais d'autre part, à l'aide d'un simple calcul ré- duit en tableau, que l'accroissement de densité doit né- cessairement exister dans les couches inférieures de l'at- mosphère, si sa hauteur dépasse la limite inférieure à une minute, c'est-à-dire un seixième du rayon ; et que le

rapport des intensités lumineuses des bords et du centre
exige une hauteur de l'atmosphère absorbante au moins
égale à cette limite inférieure dans l'hypothèse d'un milieu d'égale densité. Or, si l'on prend les mesures de la
largeur de la couronne solaire, qui est toujours centrée
sur le soleil durant les éclipses totales de cet astre, on
trouve par la moyenne des meilleures déterminations
qui ne s'appliquent qu'à la région continue et non à l'é-
tendue totale de la gloire, que, pour une hauteur d'atmosphère absorbante égale à 660″, il ne passe, sous
l'incidence rasante, c'est-à-dire à l'extrême bord du
disque, que les 0,214 de la lumière de la photosphère ;
les 0,786 sont absorbés par l'atmosphère extérieure.
Sous l'incidence de 9° 48′,2, il passe 0,341; les 0,659^{mes}
sont absorbés. Enfin, sous l'incidence de 62° 3′, il parvient au dehors de l'atmosphère absorbante les 790 millièmes de la lumière photosphérique ; les deux dixièmes
sont absorbés. Ces chiffres sont évidemment au-dessous
de la vérité, car les épreuves photographiques de cette
couronne accusent son étendue au moins égale à trois
fois le rayon de l'astre, et des rayons isolés s'étendent
jusqu'à deux degrés du bord du disque lunaire.... »

Dans ces spéculations encore l'honorable et infati-
gable chercheur ne me paraît pas toujours respecter les
principes de la physique. D'une part, il assure maintenant que le corps central, qu'il fait incandescent, est à
une température plus haute que celle de la photosphère,
ce qui n'est point peu dire. Ce corps central, il le reconnaît, rayonne une énorme quantité de chaleur,
qu'absorbent les couches inférieures de l'atmosphère. Il
s'ensuit que cette atmosphère si absorbante doit être à
une température extrême, et pourtant, suivant M. Chacornac, des cristaux peuvent y exister, peuvent du moins

se trouver, se maintenir assez longtemps dans la partie de la cavité qui est au niveau et même au-dessous de la pénombre. Il croit, en effet, que ces parties brillantes qu'il a observées sont formées ou couvertes de paillettes de cristaux, qui s'unissent, se soudent entre eux. Or, comment croire que cela soit possible dans l'hypothèse de l'extrême chaleur que le corps central devrait rayonner dans la cavité ? Est-il croyable que des cristaux se forment, se maintiennent, se soudent, dans un milieu aussi chaud ? Non vraiment.

L'explication des apparences que M. Chacornac regarde comme des cristaux est d'ailleurs forcée, hasardée. Qu'un liquide porté à une très-haute température *une fois donnée*, se refroidisse, et qu'il se forme des cristaux, cela se conçoit et n'a rien que de fort ordinaire. Que les parties saillantes des cristaux émergents du liquide dans lequel ceux-ci sont plongés se refroidissent plus vite par le rayonnement que les parties pleines, et que les vapeurs ambiantes s'y précipitent et se cristallisent seulement sur les arêtes ; soit encore. Mais, dans l'hypothèse de M. Chacornac, où la source de chaleur serait *énorme et constante*, ces phénomènes seraient impossibles dans le milieu qui en résulterait : le rayonnement n'amènerait pas un refroidissement sensible.

Il n'est pas non plus admissible que des cristaux se forment dans la photosphère, où la chaleur est incontestablement fort élevée.

Je ne goûte point cette comparaison que M. Chacornac établit entre ce qui se passe dans l'atmosphère et la photosphère solaire, et l'expérience de l'appareil à tube chaud et froid de M. Sainte-Claire-Deville, dans laquelle l'acide sulfureux se décompose, sous l'influence d'un rayonnement très-inégal, en cristaux de soufre et en oxigène. La surface photosphérique du soleil rayonne beaucoup de chaleur, mais continuellement elle en reçoit beaucoup de l'intérieur ; autrement, elle se refroidirait et s'éteindrait promptement ; ce qui n'est point : sa surface intérieure est sans doute très-chaude, plus chaude que la première, et je dirai ailleurs pourquoi ; mais toujours est-il que la photosphère ne se refroidit pas sensiblement, assez pour qu'on puisse supposer qu'elle entre en cristallisation. La photosphère ne résulte point, comme le dit M. Chacornac, d'une *précipitation cristalline.*

Ces hypothèses et ces explications étant insoutenables, il en est de même de celles que l'auteur présente de la localisation générale des taches dans la région équatoriale, et de la formation des facules, qu'il a fondées sur les premières.

En évaluant à environ deux millièmes de rayon solaire l'épaisseur de l'enveloppe solaire unique qu'il admet, il est loin de s'accorder sur ce point avec Wilson qui a calculé que cette épaisseur est d'un demi-diamètre de la terre, soit d'environ 1500 lieues. Or, il ne me paraît point invraisemblable que la source de la lumière solaire puisse résider même dans une moindre épaisseur de matières gazeuses. Je reviendrai sur ce point essentiel.

A l'égard de cette sorte de brouillard lumineux que l'auteur a vu apparaître et dont l'intensité croissante aurait voilé graduellement le fond du noyau de la tache, et qui, à en juger par les phénomènes de perspective, paraissait se trouver dans la région des pénombres ou dans une station peu inférieure à la photosphère, je dirai qu'il n'y a rien, dans ce fait, qui renverse l'hypo-

11*

thèse des deux enveloppes et d'un corps central non incandescent; car ce système n'exclut point la possibilité de la formation d'un brouillard s'élevant du corps central dans l'ouverture de la tache; brouillard qui, d'ailleurs, pourrait être de la même nature que l'enveloppe réfléchissante.

Que le brouillard ait augmenté graduellement d'intensité, et qu'après un certain temps, il ait donné lieu à la formation d'un pont composé de paillettes photosphériques, ajoutées les unes à la suite des autres, et traversant l'ouverture dans le sens des parallèles, cela encore n'infirme pas le système des deux enveloppes : on peut penser que de la matière photosphérique est venue se poser au-dessus de la couche qui constituait le brouillard, et de manière à produire l'apparence d'un pont de paillettes brillantes en même temps que le brouillard lumineux disparaissait. L'auteur dit lui-même que ce pont s'est dessiné de plus en plus, et qu'on voyait des divisions qui se prolongeaient même dans le brouillard lumineux : ceci peut très-bien se concilier avec ma supposition et ne montre point que la photosphère est une *couche cristalline* formée de ce brouillard lumineux qui absorberait la plus grande partie de la chaleur et de la lumière du corps central supposé liquide et incandescent, plus incandescent même que la photosphère.

Je crois, avec M. Chacornac, que le soleil a une atmosphère très-étendue. Je pense que sa densité s'accroît des couches supérieures aux couches inférieures ; mais, bien que je ne connaisse pas les calculs par lesquels il déterminerait, eu égard à l'étendue de la couronne solaire centrée sur le soleil pendant les éclipses totales de cet astre, les quantités relatives de lumière qui seraient

absorbées par son atmosphère aux différents points de
son disque, de son hémisphère, je crois pouvoir contester ces calculs qui ne me paraissent pas de nature à
donner des résultats bien exacts. Il est vrai que le soleil
nous envoie notablement moins de chaleur et de lumière
vers ses bords qu'à son centre; mais il est visible qu'il
y a une grande différence entre l'épaisseur d'atmosphère
traversée par les rayons solaires qui nous arrivent de
l'extrême bord du soleil, et l'épaisseur traversée par les
rayons partis du centre du disque (1). Or, en supposant
que l'atmosphère de cet astre ait une très-faible densité
diminuant de plus en plus à mesure qu'elle s'éloigne
du corps solaire; qu'elle n'absorbe pas notablement la
lumière au-delà d'une distance relativement peu grande
de la photosphère, parce que la densité atmosphérique
est par trop faible au-delà de cette distance pour que
l'absorption s'y produise avec intensité, on concevra que
l'absorption totale doive être beaucoup plus considérable
dans la direction du bord que dans celle du centre.
Cela est d'autant plus concevable que la lumière du bord
s'éloignant moins de la photosphère, la cotoyant long-

(1) Cette considération que plus sera grande l'épaisseur d'atmosphère recevant la chaleur solaire, moins sera considérable la chaleur rayonnée, trans-
mise par cette épaisseur, n'est point en contradiction avec le principe général de l'égalité du pouvoir rayonnant et du pouvoir absorbant. En effet, la
couche atmosphérique qui sera le plus près de la source calorifique, devra
s'échauffer avant de rayonner vers la seconde; la seconde ne rayonnera qu'a-
près s'être échauffée par le rayonnement de la première, et ainsi de proche
en proche. Or, un corps chaud rayonne la chaleur qu'il a absorbée, mais
successivement, par petites portions, non instantanément et à la fois. La
source de chaleur étant permanente, il est donc visible que la première
couche atmosphérique, à un moment quelconque, sera plus chaude que la
seconde, celle-ci plus chaude que la troisième, et ainsi de suite.

temps, trouve longtemps aussi des couches plus denses que celles rencontrées par la lumière qui nous arrive du centre. Suivant M. Chacornac, la hauteur de la photosphère au-dessus du corps central ne serait que de deux millièmes du diamètre de l'astre, soit de 6 à 700 lieues; mais admettons même qu'elle soit d'un rayon terrestre, d'environ 1500 lieues : l'atmosphère solaire, qu'elle que soit son épaisseur et son pouvoir absorbant, laisse passer la grande quantité de lumière éclatante qui nous arrive de la photosphère; il n'est donc pas soutenable que la lumière du corps central, supposé *plus incandescent que la photosphère*, soit absorbée par l'atmosphère du soleil au point que, au lieu d'une éclatante lumière, nous n'apercevions, par les ouvertures de l'enveloppe photosphérique, que de l'obscurité, que des espaces relativement noirs. L'énorme chaleur qui régnerait entre le corps central et la photosphère dilaterait démesurément l'atmosphère dans cet espace; elle devrait donc y être peu dense, fort diaphane.

Remarquons même que plus on supposerait d'étendue à l'atmosphère du soleil, moins les **600** et quelques lieues que M. Chacornac attribue à la hauteur photosphérique serait importante relativement; moins, par conséquent, à ce point de vue, il serait admissible que dans cet espace, la densité atmosphérique pût s'accroître assez rapidement, avec assez d'intensité, pour que l'absorption fût aussi grande qu'il le suppose.

J'allais clore ce chapitre et cette critique quand m'est arrivée une page du même auteur, qui contient, principalement, ce qui suit :

« Dans une note, dit-il, que je fais imprimer actuellement, j'examine les phénomènes qui peuvent résulter

de la vaporisation d'une masse en fusion à une très-
haute température et s'élevant au sein d'une immense
atmosphère qui se termine finalement aux espaces célestes, conditions qui se présentent à la surface du soleil.
Comme conséquences de ces conditions, il paraît que,
sous l'influence d'une haute pression, la masse vaporeuse
à saturation, en se refroidissant, acquerrait subitement
une opacité nébuleuse, suivant les expériences récentes
de M. Drion, qui formerait une sorte d'écran entre la
masse en fusion et les espaces célestes. De cet isolement
naîtrait un accroissement très-rapide du refroidissement
de la masse vaporeuse dans ses couches les plus extérieures, de telle sorte qu'à une certaine distance de la
masse en fusion et sous l'influence d'une certaine pression, il en résulterait un phénomène analogue à la surfusion produite par la cristallisation qui séparerait la
masse vaporeuse de l'atmosphère gazeuse. Dans ce phénomène, toute la chaleur latente abandonnée par les
gaz et la masse vaporeuse se reportant sur un élément
visqueux qui paraît résulter de cette sorte de dissociation, il se formerait, dans les couches extérieures de
l'atmosphère solaire, ces cristaux lumineux qui résulte-
teraient d'un phénomène de réincandescence. Ainsi, la
considération nouvelle du degré d'opacité qu'acquiert
subitement une masse vaporeuse en se refroidissant suivant certaines circonstances de pression et de température, expliquerait *peut-être* l'apparence de ce corps que
l'on observe dans la partie profonde des taches solaires
et sur lequel les astronomes n'ont encore rien prononcé. »

L'auteur signale le groupe de taches solaires situé au
centre du disque le 15 janvier 1866. Il remarque que
les langues effilées de la photosphère aboutissant à la
strate inférieure dite corps sous-jacent, correspondent

aux sommets élevés de cette strate, en sorte que la réunion de ces enveloppes s'effectue, selon lui, par des extrémités aiguës. Ce phénomène, qu'il a remarqué, dès le 12 avril 1852, lui paraît trop général pour ne pas dériver d'une cause aussi générale, que l'on doit rechercher dans les lois des divers agents qui entrent en jeu : selon M. Chacornac, il existerait un concours de phénomènes qui permettrait aux enveloppes supérieure et inférieure de se relier entre elles seulement par des points de contacts, comme si le minimum du phénomène lumineux touchait au maximum de celui vaporeux.

Il a observé, dans le même groupe, que des phénomènes d'effondrement étant survenus, des réseaux de matières photosphériques s'engloutirent dans la tache sans changer sensiblement de forme; et il voit dans ce fait une preuve que la photosphère n'est pas une enveloppe gazeuse. A ses yeux, les pénombres ne se forment que par des conditions de pressions atmosphériques qui ne permettent au phénomène lumineux de s'établir que dans une altitude inférieure à la surface générale de l'astre ; quand donc la photosphère se précipiterait dans la cavité des pénombres, ce ne serait d'abord que par des isthmes aigus.

Je ne sais si le lecteur a bien saisi le sens des passages que je viens de reproduire ou de résumer. Pour moi, je crains qu'ils ne soient pas tous suffisamment intelligibles, et surtout qu'ils sonnent mal aux oreilles des physiciens.

Ce que j'y vois assez clairement, c'est que l'auteur recule devant son hypothèse d'une couche atmosphérique *absorbant* l'énorme chaleur rayonnée par un corps central extrêmement incandescent, et qui cependant non-seulement ne serait point incandescente, mais nous appa-

raîtrait *noire*, constituerait le noyau d'une tache. Je
comprends ce recul de sa part, mais il s'agit de savoir
si l'hypothèse à laquelle il recourt maintenant est plus
plausible. Je ne le crois point. Je ne saurais m'expliquer
que le refroidissement et la pression qu'éprouveraient
les vapeurs voisines du corps solaire supposé en fusion,
émanées de ce corps à une température énorme, soient
tels qu'ils aient l'effet de rendre subitement opaques ces
vapeurs. La pression n'ayant pas empêché ces vapeurs
de se former, de s'élever, si elle ne s'accroît pas, pourquoi les condenserait-elle? Or, je ne vois pas pourquoi
il se produirait ici une augmentation considérable de
pression. Précédemment, l'auteur a supposé qu'*un phénomène de dissociation qui se passe dans le corps central,
projette dans son atmosphère des matières vaporeuses qui
dispersent, transforment les strates photosphériques.* Si elles
dispersent les strates photosphériques, elles ont donc
une grande tension, une grande force de projection ;
comment donc sont-elles ensuite tout d'un coup condensées au point d'être opaques et de former le noyau
au-dessus de l'ardent rayonnement du corps central et
non loin de ce corps? Admettons un instant que, par
une cause quelconque, cette condensation puisse subitement s'opérer, *malgré la chaleur énorme du corps solaire*, et coïncide avec l'ouverture d'une tache : comment
M. Chacornac conçoit-il qu'elle puisse se maintenir tout
le temps que dure la tache, lui qui trouve absurde l'hypothèse des deux enveloppes, d'une enveloppe qui réflé-
chisse assez les rayons de la photosphère, pour que le
corps central ne soit pas incandescent et paraisse noir,
par l'ouverture des deux enveloppes? N'est-ce pas là
une inconséquence? Mais ce qu'il y a de plus singulier,
c'est qu'après avoir nié l'enveloppe réfléchissante, l'au-

teur, en réalité, y revient par ces vapeurs condensées qui seraient comme un *écran* arrêtant le rayonnement calorifique et lumineux du corps central. Seulement, il improvise cette enveloppe pour le besoin de la cause ; elle n'est pas permanente, elle vient tout juste pour faire le noyau, en parant ces rayons importuns émanés de la source centrale. Mais, si elle arrête ces rayons, elle doit bien aussi arrêter ceux qui peuvent lui arriver de la photosphère, et, en cela, nous retombons dans l'hypothèse herschélienne. Il est vrai que, comme M. Chacornac conçoit la photosphère, il est douteux qu'elle puisse être incandescente, rayonner par elle-même de la chaleur et de la lumière. C'est encore un côté étrange de la théorie. M. Chacornac répète ici que la photosphère n'est pas gazeuse, mais à l'état de cristallisation, c'est-à-dire plus ou moins solide. Comment se soutient-elle dans l'atmosphère solaire qui pourtant, dans cette haute région, doit être d'une faible densité ? C'est ce donc M. Chacornac ne paraît pas se préoccuper. Comprend-on mieux que la matière photosphérique, supposée à l'état cristallin, soit néanmoins incandescente ; que la chaleur latente abandonnée par les gaz et la masse vaporeuse se reporte *sur un élément visqueux résultant d'une sorte de dissociation qui sépare la masse vaporeuse de l'atmosphère gazeuse*, et que, de cette manière, il se forme, *dans les couches extérieures de l'atmosphère solaire, ces cristaux lumineux résultant d'un phénomène de réincandescence.* Tout cela est bien obscur et bien difficile à concilier.

Pour moi, je persiste à dire qu'il n'est pas admissible que des cristaux rayonnent par eux-mêmes la chaleur et la lumière si vives que nous envoie le soleil. Si l'auteur maintient que la photosphère est cristalline, il ne le

pourra qu'en supposant, ce qu'il n'a pas encore fait, que
la photosphère est diathermane et diaphane, et que c'est
à travers ce corps que passent, pour nous arriver, ces
flots de chaleur et de lumière qui réchauffent et éclai-
rent notre globe. Il est vrai que cette hypothèse ne
serait pas heureuse : une formidable objection viendrait
la repousser : je dirais que, parfois, des masses photosphériques descendent dans le noyau même, et continuent à briller d'un vif éclat ; ce que M. Chacornac a
constaté. Or, leur lumière ne leur vient point du noyau,
qui est noir, ni d'ailleurs ; elles sont donc lumineuses
par elles-mêmes.

En résumé, la théorie formulée par M. Chacornac,
avec ou sans ses variantes, n'est pas acceptable. Les
hypothèses et les explications qu'il a successivement
émises, dans ses divers écrits, se heurtent, s'excluent
trop souvent.

Mais il n'en est pas ainsi des faits bien nombreux qu'il
a observés : ils ne me paraissent pas inconciliables entre
eux, et je tâcherai de le montrer par les interprétations
que je leur donnerai, les causes que je leur attribuerai.
Les discussions que j'établirai à ce sujet achèveront de
montrer ce qu'il y a de vrai ou de faux dans les diverses
interprétations que l'auteur a répandues dans ses écrits,
même dans celles qui n'auront pas fait l'objet spécial
de ma critique.

Sous le rapport des observations, la science lui doit
beaucoup, et je lui sais gré, pour ma part, d'avoir mis
tant d'ardeur dans ses explorations, tant d'empresse-
ments à porter les résultats de ses travaux à la connaissance des hommes qui s'occupent de cette intéressante
matière.

CHAPITRE VII.

**Jugement de la théorie d'Herschel. — Insuffisance et com·
plément de cette théorie. — Discussions et explications
diverses.**

Plusieurs astronomes sont portés à repousser la théorie
d'Herschel, notamment les deux couches, l'une opaque,
l'autre lumineuse, dont cette théorie entoure le corps du
soleil, par cette considération que notre terre et même
les autres planètes ne paraissent pas avoir ces deux
sortes de nuages. Pensant que le soleil et les planètes
ont une commune origine, soit qu'ils les fassent naître
d'une même nébuleuse, soit qu'ils supposent que tous
ces corps sont des fragments plus ou moins considérables
d'une même masse, d'un globe énorme qui, par l'effet
de quelque choc, s'est divisé et a constitué ensuite notre
système planétaire, ils répugnent à croire qu'il y ait
autant de différence entre le soleil et les planètes ; ils
inclinent fortement à n'admettre, dans tout l'univers,
qu'un même mode essentiel de formation des mondes,
à penser que les soleils, comme les planètes, n'ont autour de leur masse, solide ou liquide, qu'une sorte de
nuages, opaques ou transparents, qui, pour notre soleil,
seraient ces protubérances roses qu'on aperçoit lors des
éclipses.

Tel est l'opinion de M. Leverrier.

Dans un rapport sur les observations relatives à l'é-
clipse de 1860, après avoir conclu que les protubérances
ou nuages roses appartiennent au soleil, et annoncé
qu'il donnera désormais à ces appendices le nom de
nuages solaires, le savant astronome émet les réflexions
suivantes :

« On nous assurait que le soleil était composé d'un
» globe central et obscur; qu'au-dessus de ce globe
» se trouvait une immense atmosphère de nuages som-
» bres; plus haut encore, on plaçait la photosphère,
» enveloppe gazeuse, lumineuse par elle-même, source
» de l'éclat et de la chaleur du soleil. Lorsque les nuages
» de la photosphère se déchirent, disait-on, on peut
» apercevoir le noyau obscur du soleil ; de là les taches
» qui se présentent fréquemment. A cette constitution
» si complexe on eût dû ajouter une troisième enve-
» loppe formée de l'ensemble des nuages roses. Or, je
» crains que la plupart de ces enveloppes ne soient de
» pures fictions ; que le soleil ne soit simplement un
» corps lumineux en raison de sa haute température,
» et recouvert par une couche continue de la matière
» rose dont on connaît aujourd'hui l'existence. L'astre,
» ainsi formé d'un corps central, liquide ou solide, re-
» couvert d'une atmosphère, rentre dans la loi com-
» mune de la constitution des corps célestes.

» L'existence d'une couche de matière rose, et en
» partie transparente, recouvrant toute la surface du
» soleil, est un fait constaté par les observations.

» L'observation prouve encore que cette matière rose
» s'accumule quelquefois en quantités plus considéra-
» bles sur certains points, et comme la lumière de la
» partie correspondante du soleil peut se trouver plus
» ou moins éteinte, on arrive à une explication naturelle

» de l'existence des taches à la surface de l'astre. Ces
» taches offriront les contours et les aspects les plus
» variés, et leurs formes changeront rapidement ainsi
» que l'observation le constate et comme cela doit être
» dès qu'elles sont produites par des nuages. Elles se
» déplaceront à la surface du soleil de même que les
» nuages à la surface de la terre, et lorsqu'on voudra
» conclure de leur mouvement la durée de la révolution
» du soleil, on devra trouver, comme il arrive encore,
» des nombres fort divergents.

» Les facules, traînées lumineuses qui parsèment la
» surface du soleil, en changeant de forme et d'éclat,
» en disparaissant de certaine région pour se reporter
» sur d'autres, seraient expliquées par les inégalités de
» l'atmosphère, par sa moindre épaisseur en diverses
» parties, et surtout par l'illumination des faces incli-
» nées. On a remarqué que, dans les environs des taches,
» les facules sont fréquemment plus abondantes ; il ne
» serait nullement étonnant que si les nuages d'une
» contrée ont été agglomérés en un seul point, le reste
» par cela même devînt plus clair... »

A quel point de vue serait-il vraiment plus plausible
que tous les mondes sont analogues sous le rapport dont
il s'agit? Est-ce que la nature ne nous offre pas une
immense variété? Pour ne parler que des planètes, que
nous connaissons un peu mieux que les soleils, n'aperce-
vons-nous pas de bien notables différences dans leurs
cours, dans leurs formes et dans l'aspect de leurs
atmosphères? Songez à l'anneau, ou plutôt aux anneaux
de Saturne, aux bandes de Jupiter, et dites si cela ne
nous invite pas à supposer de bien grandes diversités
dans ce que nous ne pouvons apercevoir.

On ne dira pas que les soleils et les planètes doivent être

formés des mêmes éléments pris dans les mêmes proportions, et qu'ils ne peuvent différer que dans leur masse
et leur volume. Cette opinion serait fort gratuite, et
même elle serait contraire à l'observation et l'expérience.
Je reviendrai sur ce point.

Mais supposons un instant que les mondes, soleils ou
planètes, aient une origine analogue et doivent passer
exactement par les mêmes phases de développement ;
que, par exemple, la terre et les planètes soient des soleils éteints qui se soient comportés comme notre soleil,
mais qui aient dû s'éteindre plus tôt, à cause de leur
faible masse, ou parce que leur formation daterait d'une
époque plus ancienne : dans cette hypothèse, ne pourrait-on penser que la terre, par exemple, à certaine époque, avait les deux enveloppes nuageuses, l'une obscure, l'autre lumineuse, que la théorie d'Herschel attribue
au soleil ? pourquoi non ? Il suffirait d'admettre que des
éruptions gazeuses qui alimentaient sa photosphère ont
peu à peu diminué, puis enfin ont cessé ; que, par suite,
sa photosphère s'est éteinte, et que dès lors il n'a pu se
former autour d'elle que des nuages opaques, qui d'ailleurs ont pu se modifier, n'être plus exactement ce qu'ils
étaient quand ils se trouvaient sous l'influence de la
photosphère.

Les changements si considérables qui se manifestent
dans la forme, la direction, la position relative des taches solaires ne sauraient se produire dans une matière
solide : tout annonce qu'ils ont lieu dans un milieu gazeux ou vaporeux.

La discussion à laquelle j'ai soumis la théorie de
M. Kirchhoff a montré que la lumière photosphérique
ne peut provenir d'un corps central solide ou liquide,

mais qu'elle réside dans une matière gazeuse ou vaporeuse incandescente.

Par mon examen critique de la théorie de M. Faye,
je crois avoir bien établi que le soleil ne peut être un
corps exclusivement formé de gaz ou de vapeurs.

J'ai ruiné les conclusions de M. Chacornac, qui admettent, dans le soleil, un corps central liquide et *incandescent*.

Il me paraît que toute autre théorie qui rentrerait dans
l'une ou l'autre de celles-ci serait de même inadmissible, et je crois pouvoir, d'après les discussions précédentes, pouvoir conclure que le soleil est un corps solide ou liquide relativement sombre, non lumineux par
lui-même, entouré d'une atmosphère dans laquelle sont
certainement suspendues des matières gazeuses ou vaporeuses à l'état d'incandescence qui constituent la photosphère.

Dans l'atmosphère solaire, n'y a-t-il que l'enveloppe
photosphérique? Ne faut-il pas admettre une enveloppe
inférieure non lumineuse par elle-même, mais réfléchissant la lumière photosphérique et concourant avec la
photosphère et le corps central à produire tous les phénomènes, tous les changements d'aspects que les observations ont signalés, principalement les phénomènes relatifs aux taches du soleil?

Après Wilson, quelques astronomes, récemment le R.
P. Secchi et M. Chacornac, ont admis l'hypothèse d'une
seule enveloppe, lumineuse par elle-même; mais ils ont
échoué dans les tentatives qu'ils ont faites pour la justifier, et il en serait ainsi de tous ceux qui s'y attacheraient :
tous leurs efforts viendraient se briser contre ce fait que
les noyaux des taches sont ou du moins paraissent noirs,

et contre l'impossibilité de l'expliquer si l'on ne supposait, au-dessous de la photosphère, quelque enveloppe
réfléchissant en grande partie l'énorme chaleur, l'éblouis·
sante lumière de celle-ci, et faisant ainsi que le corps
central ne soit pas incandescent ni sensiblement lumineux aux regards des observateurs, lorsque les deux
enveloppes se déchirent, s'ouvrent dans une même direction.

Dès maintenant, je reconnais que la théorie d'Herschel est vraie dans ses points fondamentaux ; mais elle est
inexacte, incomplète à divers égards. Elle est inexacte
quant à la cause qu'elle indique pour expliquer la formation des taches, des cavités opérées dans les deux enveloppes : il n'est pas admissible qu'un fluide qui se
formerait *à la surface du corps central* eût la puissance
d'opérer de semblables trouées à de telles hauteurs. Ce
fluide devrait s'élever à mesure qu'il se formerait, il
n'acquerrait pas, par l'accumulation, une tension suffisante, une énergie d'ascension proportionnée à l'énorme
effet qu'Herschel lui attribuait. La théorie est muette sur
les péripéties, les particularités du développement des taches ; elle ne dit pas comment, par quelle cause les taches
arrivent à décroître et finalement à se fermer ; elle n'explique pas pourquoi les taches se localisent presque exclusivement dans certaines zones ; elle n'explique pas
ce fait, qui n'était pas reconnu du temps d'Herschel, que
la vitesse angulaire de rotation du soleil paraît croître en
allant des pôles à l'équateur ; elle laisse encore d'autres
questions à résoudre. J'espère la compléter par les explications et les discussions qui vont suivre.

On va voir que l'on peut rationnellement expliquer
la formation des pénombres et facules, en un mot, toutes
les particularités des taches du soleil, dans l'hypothèse

des deux enveloppes, et que l'on ne saurait rendre suffisamment compte de ces phénomènes si l'on n'admettait qu'une seule enveloppe solaire.

Considérons une tache bien développée, présentant les caractères ordinaires, c'est-à-dire offrant un noyau noir, une pénombre plus lumineuse, moins sombre près du noyau que dans ses autres parties, et des facules autour de la pénombre et contrastant avec elle.

On s'accorde généralement à admettre que les facules sont plus élevées que la surface générale de la photosphère, et que la partie plus lumineuse de la pénombre forme élévation, une sorte de bourrelet au-dessus de ses autres parties, et nous avons vu que ces suppositions sont confirmées par une observation que le R. P. Secchi à pu faire sur une tache parvenue au bord du disque solaire.

D'après cela, cette tache n'a pu se former par une force descendante. Il a fallu une action ascendante qui, s'élevant du corps central vers les couches gazeuses ou vaporeuses, ait pratiqué dans celles-ci une ouverture en rejetant autour de l'orifice une grande partie des matières qui les composaient. Mais, s'il n'y avait qu'une seule enveloppe, celle lumineuse ou photosphérique, la tache serait sans pénombre; elle offrirait un noyau et des facules, mais non point une pénombre telle qu'on la voit, c'est-à-dire tranchant nettement par son obscurité avec l'éclat photosphérique sur son bord extérieur, et présentant un bourrelet lumineux sur son bord intérieur. Si, au contraire, on suppose une première enveloppe non lumineuse en soi, mais réfléchissante et suffisamment distante de l'enveloppe supérieure, les faits s'expliquent : la force ascendante a produit d'abord une ouverture dans la première enveloppe, en rejetant sur

les bords de cette ouverture une portion considérable
de cette même enveloppe, et de plus cette force, en continuant d'agir ascensionnellement, a fait une ouverture dans
l'enveloppe supérieure avec des facules autour, comme je
l'ai dit plus haut. Or, si la force ascendante a opéré en
étendant de plus en plus le champ de son action, l'ouverture photosphérique est plus large que celle pratiquée
dans l'enveloppe réfléchissante, et par conséquent la tache peut alors montrer une pénombre.

Quelle est la force ascendante qui peut occasionner cette trouée conique dans les deux enveloppes du
soleil ?

Je pense, quant à moi, que la force ascendante en
question consiste principalement dans des éruptions volcaniques solaires. Je dis principalement, parce que je
ferai concourir une autre force avec celle-ci.

Est-il admissible que des matières vomies par des
volcans solaires puissent être en quantité assez considérable et être animées d'une vitesse assez intense pour
s'élancer jusqu'à la photosphère, et dissiper dans une
vaste étendue et l'enveloppe inférieure et la photosphère ?

Arago, dans son *Astronomie populaire* (t. IV, p. 217),
assure que les volcans terrestres peuvent projeter les
matières éruptives avec une vitesse de **2500** mètres environ par seconde. Il cite, comme exemple, le Cotopaxy,
en Amérique, qui parfois a lancé des roches ardentes
avec une force plus grande que celle-ci. Cela aiderait à
faire concevoir la possibilité que les éruptions volcaniques
du soleil aient la force de projection qu'implique le phénomène de la rupture des deux enveloppes. Si, d'ailleurs,
les volcans sont nombreux dans les régions des taches,
les projections des matières volcaniques détermineraient,

dans les couches, des ouvertures d'une fort grande
étendue.

Les matières gazéiformes que projettent ces volcans,
par leur tendance à s'écarter les unes des autres, doivent, à mesure qu'elles s'élèvent, occuper de plus en
plus de place, de manière à former comme une sorte de
gerbe, et ainsi généralement l'ouverture de la photosphère, dans l'hypothèse, serait plus grande, plus évasée
que l'ouverture de l'enveloppe réfléchissante. De là généralement aussi la vue primitive de la pénombre.

Toutefois, si l'on considère combien, selon les proba-
bilités et les calculs, la surface supérieure de la photosphère doit s'élever au-dessus du corps central, on aura
quelque peine à croire que cette enveloppe puisse être
dissipée, écartée, dans une si grande étendue par les
matières que lancent les volcans solaires. Et puis, en remarquant les formes spiroïdales qu'affectent souvent les
masses gazeuses ou vaporeuses, autour de la tache, sur
la pénombre, et même parfois sur le noyau, on sera porté
à supposer que, dans ces phénomènes, il se joint l'action
de courants atmosphériques ascendants qui souvent
s'élèvent en tourbillonnant, en décrivant des courbes,
des spirales qui se communiquent plus ou moins aux
couches gazeuses ou vaporeuses qu'elles rencontrent sur
leur chemin. On pourrait, il est vrai, supposer que les
matières lancées par les cratères solaires tourbillonnent
par l'effet d'impulsions que leur imprimeraient les causes
mêmes des éruptions ; mais ces impulsions se continue-
raient-elles bien jusqu'à la hauteur de la surface photosphérique ? Cela n'est pas présumable, et il est d'ailleurs
plus facile d'admettre des tourbillons atmosphériques que
des tourbillons de courants sous-jacents à la croûte solaire.

Voici comment je concevrais la formation des courants
et tourbillons atmosphériques ascendants dont il s'agit,
et comment j'expliquerais qu'ils concourent, avec les volcans solaires, à la formation des taches.

Quand la première enveloppe a été ouverte par des
éruptions volcaniques, la couche d'atmosphère ou d'air
solaire placé immédiatement au-dessous doit se précipiter dans le vide relatif de cette ouverture brusquement formée. Cette couche a bien plus de tendance à s'y
porter que l'air compris entre les deux enveloppes, en
ce qu'elle est plus dense que cet air supérieur. Les couches d'air inférieures et latérales suivent la première, et
ainsi s'établit un courant d'air fort énergique qui, joignant son action à celle résultant de la projection des
matières volcaniques, les porte jusque dans les plus
hautes régions photosphériques, en pratiquant une ouverture dans l'enveloppe supérieure, entraînant et rejetant à la surface de celle-ci, autour de l'ouverture, une
énorme quantité de matières gazeuses ou vaporeuses
faisant partie de cette même enveloppe ou provenant des
éruptions, et produit ainsi des facules. Ces montagnes
de matières, étant plus compactes, offrant moins de vides
entre elles que les masses de la surface générale, émettent une plus vive lumière. Rien n'empêche de supposer
que les masses d'air qui se précipitent dans la première
ouverture, affluant de diverses directions avec des vitesses
inégales, se rencontrent, se heurtent, de telle sorte que
leur choc imprime au courant un mouvement giratoire
qui se continue jusque dans les hautes régions photosphériques. Il est naturel de supposer que ces courants
atmosphériques et les matières qu'ils entraînent avec eux
vont en divergeant à mesure qu'ils se propagent et s'élèvent, car les masses d'air et les matières qu'elles char-

rient tendent à se repousser les unes et les autres, et par
suite à s'écarter de manière à former une sorte de gerbe
ou d'entonnoir dont l'évasement est en haut.

Mais l'observation des taches a révélé des faits, des
particularités qui ne sauraient s'expliquer par des forces
ascendantes. On ne peut douter, après les observations
de maint astronome, et principalement de M. Chacornac
et du R. P. Secchi, que des quantités considérables de
matière photosphérique font souvent invasion sur les
pénombres et les noyaux, traversent ceux-ci ou y pénètrent, s'enfoncent dans les couches profondes, s'y stra-
tifient, ou disparaissent, en passant par diverses formes
et divers degrés de lumière. D'ailleurs, les pénombres
présentent ordinairement une apparence rayonnée, des
bandes lumineuses convergeant vers le centre du noyau,
qui ne peuvent être le seul effet des forces ascendantes
que j'admets. Je conçois que les courants ascendants et
les matières éruptives puissent, jusqu'à un certain point,
produire ces échancrures, ces déchiquetures que présentent les bords extérieur et intérieur de la pénombre;
car sans doute ces courants ou matières ne sont pas
régulièrement disposés ni également intenses dans le
circuit qu'ils forment par leur ensemble. Ils sont probablement disposés en rayons qui s'écartent inégalement
du centre de la tache; mais ils ne suffisent pas pour
expliquer ces sortes de rayonnements lumineux allant
des bords extérieurs de la pénombre jusqu'au noyau, ou
du moins jusqu'au bourrelet lumineux de la pénombre,
et il paraît bien plausible que la matière photosphérique, celle de la seconde enveloppe, concourt puissam-
ment à la formation de ces rayons.

Il y a donc nécessité d'admettre quelque force descendante, des actions tendant à entraîner les matières

photosphériques dans les régions inférieures de la tache.
lorsque celle-ci est arrivée à un certain développement,
à une certaine phase de sa formation. Quelle est cette
force? Quelles sont ces actions? C'est ce que je vais
examiner.

D'abord des masses extérieures et inclinées peuvent,
en raison de leur pente, glisser des facules dans la cavité, et y descendre plus ou moins profondément. De
plus, il est visible que l'énorme quantité de matières
photosphériques amassées autour de la tache et constituant les facules, doit exercer sur les couches inférieures
de la photosphère une pression fort considérable. Or,
la photosphère n'est pas une masse continue, elle se
compose de masses distinctes, mobiles : on le voit par
les innombrables points ou lignes noirs ou sombres qui
apparaissent entre les objets lumineux de la surface
photosphérique observée avec le télescope ; car ces
points, ces lignes indiquent sans doute des vides à travers lesquels on aperçoit le corps central ou l'enveloppe
inférieure. L'air contenu dans les espaces intermédiaires
des masses photosphériques et ces masses elles-mêmes
sont fortement comprimés, condensés par la surcharge
des montagnes faculaires. Par suite de cette compression, de cette condensation, ils doivent se précipiter
presque horizontalement vers la cavité de la tache où l'air
est moins dense. Là, les masses de matière photosphérique
se condensent encore par le refroidissement qu'elles éprouvent dans ce milieu moins chaud que celui qu'elles ont
quitté ; elles tendent ainsi à descendre verticalement,
mais, comme elles ont déjà une impulsion à peu près horizontale, la résultante peut les faire descendre dans une direction très-oblique. Ainsi, je conçois que des quantités
considérables de matière lumineuse se portent vers la pé-

nombre et le noyau , se distribuent sur la pénombre en rayons convergents vers le centre de la tache, envahissent le noyau , le traversent parfois de bandes ressemblant à un pont sur un abîme , s'y engouffrent , pour aller subir , dans des couches plus profondes, plus froides , des condensations , des transformations , auxquelles peuvent contribuer des éruptions volcaniques et des courants atmosphériques , de sorte que les strates qui se forment dans ces basses régions peuvent être tournées en spirale, offrir des excavations, ces sortes de bouches, de soupiraux que **M. Chacornac** a observés.

Quant à la direction inclinée à l'est ou à l'ouest , que ce dernier attribue généralement aux cavités des taches , à ces soupiraux notamment qui se forment dans les couches inférieures , elle pourrait provenir, soit de l'action de vents réguliers, soit de ce que les couches profondes des vapeurs ou gaz qui enveloppent le corps central auraient une vitesse angulaire moindre que celles de leurs couches supérieures; hypothèse qui sera rendue plausible par ce que je dirai des actions exercées sur le soleil.

Des causes analogues à celles qui déterminent l'invasion de masses photosphériques dans la cavité , et les portent sur la pénombre, sur le noyau ou dans le noyau, agissent sans doute sur l'enveloppe inférieure. L'amas de matière vaporeuse ou gazeuse qui pèse sur les bords intérieurs de la pénombre et y forme comme un bourrelet , ou anneau de montagnes , constitue une surcharge qui comprime, condense les couches inférieures , fait passer des quantités notables des matières de la seconde enveloppe dans la cavité, où, condensées encore, elles descendent et peuvent se mêler avec les matières photosphériques , s'y superposer , en affectant des formes analogues à celles de ces dernières , étant soumises les unes et les autres à l'influence de courants ou éruptions qui peuvent s'élever alors. Remarquons, d'ailleurs, que généralement, au même point de vue, les directions des plus fortes descentes de matière photosphérique devront coïncider avec celles des plus fortes descentes de matière réfléchissante, car les causes qui ont déterminé les plus hautes facules et par suite amené les plus grandes chutes de matière photosphérique ont aussi contribué le plus à la production des parties culminantes du bourrelet de la pénombre.

Il arrive un temps où, par le retrait des masses sous-jacentes aux surcharges des facules et de la pénombre, des parties supérieures se trouvent être en surplomb, sans appui, et croulent, s'effondrent, se précipitent dans les bas-fonds de la cavité. De cette manière, la tache se trouve alors agrandie par effondrement, dans son noyau, son orifice supérieur, et même sa pénombre, si, ce qui est bien supposable, l'effondrement de la matière photosphérique a été plus considérable que celui de l'enveloppe inférieure.

Les taches ont généralement une forme à peu près circulaire, mais il y a beaucoup d'exceptions. Il en est de fort irrégulières, de notablement polygonales et anguleuses; il en est dont la pénombre n'entoure pas le noyau, n'existe que d'un côté. Tout cela se conçoit dans le système que je viens de présenter ; car les ouvertures pratiquées dans l'enveloppe inférieure par les éruptions volcaniques auront une forme variable suivant la forme et la disposition des cratères solaires dont les éruptions occasionneront ces ouvertures. S'il n'y avait qu'un seul cratère de forme arrondie produisant l'éruption, l'ouverture serait aussi de cette forme. S'il y avait plusieurs bouches éruptives assez voisines les unes des autres pour

que leurs éruptions déterminent une seule ouverture.
cette ouverture dépendrait, quant à sa forme, de la disposition respective de ces bouches volcaniques. Supposons que celles-ci, très-près les unes des autres, soient
disposées en cercles concentriques, alors encore la tache
serait ronde. Si les foyers d'éruptions, notablement distants les uns des autres, sont rangés sur la périphérie
d'un cercle, de telle sorte que l'espace compris entre eux
et le centre soit dénué d'éruptions, il pourra bien se
produire alors autant d'ouvertures que de bouches éruptives, et ces ouvertures seront rangées circulairement.
Une disposition irrégulière de volcans donne un résultat
irrégulier, et, rigoureusement parlant, c'est ce qui a lieu
toujours, car les formes absolument régulières ne paraissent pas se trouver dans la nature.

Faut-il, avec M. Chacornac, penser que la matière photosphérique arrive à prendre, dans ses condensations,
un état floconneux, pâteux, et même cristallin ? Croira-
t-on, avec lui, à la réalité de ses cristaux ou paillettes
photosphériques ? J'ai, je pense, suffisamment ruiné
l'hypothèse de la cristallisation si amplement admise
par cet astronome. Rien n'oblige à admettre ce phénomène dans l'atmosphère solaire, et il n'est pas vraisemblable que le refroidissement de la matière lumineuse
suspendue dans cette atmosphère aille jusqu'à la rendre
possible. J'en dirai autant de l'agglomération pâteuse de
cette matière : il n'est pas nécessaire de la supposer ;
et, si elle s'opérait, il est plausible que la matière, en cet
état, ne resterait pas en suspension, mais tomberait sur
le corps central, comme la neige, la grêle, le givre tombent sur le globe terrestre. Ce qui me paraît présumable,
c'est que les strates profondes, celles qui se refroidissent
le plus, arrivent à se liquéfier et à tomber sur le corps

central de l'astre ; et encore cela ne me paraît pas nécessaire, car si elles disparaissent aux regards de l'observateur, il ne s'ensuit pas qu'elles sont tombées , qu'elles se sont complètement dissipées; il est supposable que,
par l'effet de leur refroidissement, les matières photosphériques s'éteignent, et, quant aux matières de l'enveloppe inférieure qui se trouvent dans ces bas–fonds ,
n'étant plus éclairées par la lumière photosphérique ,
elles peuvent aussi cesser alors d'être visibles.

Ces masses, qui semblent suspendues comme des ponts
sur le noyau, n'impliquent pas qu'elles sont rigides. Quelque longues et minces qu'elles apparaissent, et en réalité
elles sont loin d'être minces, elles peuvent être et sont à
l'état gazeux ou vaporeux. Si elles présentent parfois
des parties éclatantes qui se distribuent avec une certaine régularité, ces apparences ne nous obligent point à
y voir des cristaux. M. Chacornac, d'ailleurs, qui fait
souvent miroiter les *paillettes photosphériques*, convient
lui-même que leur forme varie. « D'ailleurs , dit-il
(dans un des derniers écrits résumés plus haut), il est
incontestable que ces fragments photosphériques en forme
de paillettes tronquées, *bien qu'ils n'aient pas une forme
unique*, sont des condensations cristallisées, et non pas
nuageuses. Lorsqu'ils se sont réunis, soudés par le phénomène de surfusion, il est bien vrai que, assemblés
ainsi par masse, *ils forment des nuages* qui ont beaucoup
d'analogie avec des cumulus ; mais dans ces conditions
même, il est encore reconnaissable que ce sont des cristaux réunis par plusieurs points de leur périmètre. »
Pour moi, je ne vois pas bien comment cela peut être
certainement reconnaissable , et je persiste à penser
que des cristaux ne resteraient pas suspendus dans
l'atmosphère solaire, que les rapides changements qui

se produisent dans l'aspect de l'astre, notamment dans les phénomènes visibles de ses taches, et l'énorme chaleur de sa photosphère, excluent la possibilité de s'arrêter à l'idée de M. Chacornac.

Je suis d'ailleurs convaincu que, par l'application des données et des considérations que j'ai présentées, il est possible de se rendre compte de toutes les particularités constatées par l'observation.

D'abord, il est aisé de concevoir qu'une petite tache voisine d'une grande aille se précipiter dans le noyau de celle-ci, ou pénétrer et rester dans sa pénombre, comme l'a observé M. Chacornac. En effet, les masses sous-jacentes aux facules, a différentes hauteurs, et qui, par ce surcroît de charge, se portent vivement vers la cavité de la grande tache, comme je l'ai expliqué, sont suivies dans ces mouvements par d'autres placées dans les mêmes directions, et ainsi de suite. Il s'établit des courants qui entraînent successivement les matières photosphériques placées aux mêmes niveaux. Si donc il y a une petite tache voisine dont la plus grande hauteur photosphérique soit au niveau de la surface générale de la photosphère (ce qui est admissible, car les petites taches ont peu ou point de facules), les masses entourant la petite tache suivront les courants, qui la porteront ainsi dans la grande.

Si deux taches voisines sont considérables l'une et l'autre, étant séparées par d'énormes montagnes faculaires qui uniront leur action sur les couches inférieures, il s'établira évidemment des courants de directions contraires portant les masses sous-jacentes dans la cavité vers laquelle ils se dirigeront respectivement. Il pourra arriver alors un temps où les montagnes faculaires, manquant d'appui, par suite du retrait des masses qui ont suivi les courants, s'affaisseront, s'effondreront, de telle sorte que les deux taches soient réunies, en forment une beaucoup plus grande.

Ce que je dis de deux taches pourrait s'appliquer à un plus grand nombre.

Si des taches très-voisines ne se trouvent pas sur une même ligne, si, par exemple, elles se trouvent circulairement disposées, il pourra se faire que l'effondrement les réunisse toutes en une seule de forme arrondie et d'une fort grande étendue.

Il est facile de comprendre comment ces masses de facule qui semblent s'établir comme des ponts sur les noyaux, passent successivement de l'éclatante lumière à l'état sombre ; car les matières photosphériques qui constituent ces ponts, ou les couvrent, doivent peu à peu se refroidir et se condenser, s'obscurcir, s'affaisser et s'enfoncer dans les noyaux, ou se déverser sur les pénombres. Pareille observation s'applique aux strates profondes qui aussi passent par des alternatives d'obscurité et de lumière.

Quant à cette particularité où M. Chacornac a vu une preuve de cristallisation photosphérique, et qui consiste en ce qu'un fragment de pont de facule est devenu plus lumineux sur ses bords et à son extrémité libre dans le noyau, que dans son milieu, je me l'explique de plusieurs manières.

Je me l'explique en supposant que les vapeurs provenant des éruptions volcaniques qui peuvent s'être produites alors, ont facilité, entretenu la combustion des matières formant le fragment faculaire, et que, par la direction qu'elles ont prise alors, elles ne parvenaient guère au milieu du pont, mais beaucoup plus à ses côtés et son extrémité.

Si, au contraire, les éruptions volcaniques attaquent surtout le milieu du pont, il pourra se faire que leur action le creuse dans cette partie en rejetant sur ses bords extérieurs la matière soulevée. De cette manière encore on aurait une explication de l'apparence dont il s'agit.

Il faudrait aussi tenir compte des affaissements ou éffondrements plus ou moins considérables qui se produiraient au milieu du pont par suite de surcharge en cette partie, ou autrement; phénomènes qui auraient l'effet d'atténuer aussi plus ou moins l'éclat de la lumière là où ils auraient lieu.

Un pont faculaire est ordinairemeut d'inégale épaisseur dans ses diverses parties, et formé de masses inégalement denses ; ce qui a lieu surtout quand des masses sont venues de différentes hauteurs. Le pont n'est donc point toujours horizontal; il arrive souvent qu'il penche, qu'il est même incliné dans deux sens différents ; que, par suite, les matières qui le composent se déversent par une extrémité, ou par un de ses côtés. Si donc il se trouve plus haut que la pénombre, ce qui est possible, puisqu'il peut être formé de matières venues de plus haut et moins denses que celles de la pénombre, ses masses pourront se déverser sur celle-ci. On pourra de même s'expliquer un fait assez singulier, consistant en ce que le pont parfois présente à la vue une surface divisée transversalement en parties alternativement lumineuses et sombres, parallèles entre elles et obliques aux côtés de cette surface, offrant ainsi l'apparence d'une sorte de cannelure torse. Cette disposition vient sans doute de ce que le pont était incliné en deux sens, dans sa longueur et dans sa largeur. Il est visible que, dans ce cas, les déversements seront obliques, et, ayant lieu plus particulièrement de distance en distance à cause des inégalités d'épaisseur et de densités, on verra des bandes obliques alternativement sombres et lumineuses. Il peut se faire aussi qu'il y ait deux ponts superposés, contigus, ou à distance, formés l'un de matière réfléchissante, l'autre de matière photosphérique, et que celle-ci se déversant, s'écoulant rapidement par l'effet de la pente ou des pentes du pont, soit à l'état gazeux ou vaporeux, soit à l'état liquide, laisse apercevoir le pont inférieur d'aspect relativement sombre. Si, dans ce cas, l'on suppose que la matière photosphérique ne s'est pas dissipée également dans toutes les parties, mais surtout de distance en distance, on concevra encore qu'il y ait cette apparence de cannelure transversale dont je viens de parler, et alors les parties sombres seront principalement celles du pont inférieur qu'on apercevra entre les parties plus lumineuses.

Inutile de dire que, d'après ce qui précède, il pourra se former plusieurs ponts parallèles ou non parallèles, superposés ou non superposés. Que la matière qui les constitue vienne du bourrelet lumineux de la pénombre ou directement des hauteurs photosphériques, ou même de l'enveloppe réfléchissante, rien ne s'oppose à ce qu'elle suive plusieurs routes.

L'apparence étirée, filamenteuse, chanvreuse, qu'on remarque parfois dans les langues ou ponts proviendra généralement de l'action des éruptions ou courants photosphériques ascendants, qui auront divisé à ce point des matières gazeuses ou vaporeuses.

Que sont ces rubans couleur de feu, ces bandes rougeâtres qu'on aperçoit parfois sur le noyau d'une tache, qui ont été signalés notamment par le R. P. Secchi et par M. Chacornac?

Ce phénomène est-il causé par quelque substance enflammée sortie d'un volcan solaire, par une lave incandescente coulant sur ses bords? Est-il produit par quelque vapeur d'une nature particulière qui, parvenue dans
une région plus élevée, s'enflammerait au contact de la
matière photosphérique, ou bien voilerait une masse de
celle-ci et en atténuerait et modifierait l'éclat? — Je ne
saurais me prononcer entre ces diverses hypothèses,
car il me semble que toutes sont susceptibles de se
réaliser.

En général, paraît-il, les taches d'un groupe d'abord
à peu près circulaire, se disposent bientôt en deux rangées à peu près parallèles. Je pense qu'on peut l'expliquer
par l'application de ce principe, reconnu maintenant,
que les vitesses angulaires de la rotation solaire vont
en diminuant de l'équateur aux pôles. Il est visible, en
effet, que de deux taches, qui occupent d'abord le même
méridien à des latitudes différentes, la plus voisine de
l'équateur, marchant plus vite, laissera en arrière la
première, et de cette manière, en tenant compte des
positions respectives et des vitesses diverses, des taches
placées d'abord à peu près en cercle tendront à s'espacer
sur deux lignes irrégulières qui, en certain cas du moins,
pourront bien se rapprocher de la forme d'un S. Il faut
aussi avoir égard au mouvement variable en latitude
dirigé de l'équateur vers les pôles, que paraissent avoir
généralement les taches et dont je parlerai ultérieurement.

On a observé aussi que le plus souvent les taches
tendent à s'allonger dans le sens des parallèles, et que la
tache placée en tête, dans le sens du mouvement rotatoire, est ordinairement la plus régulière. Or, ceci ne me paraît pouvoir s'expliquer que dans l'hypothèse où les taches

ont pour cause principale des éruptions volcaniques, des forces ascendantes dont le siége est dans un corps central de l'astre et se meut avec lui avec une vitesse différente de celle qui anime les deux enveloppes où s'opèrent les ouvertures des taches. Dans cette supposition, une bouche volcanique qui causera une ouverture dans les enveloppes, ajoutera continuellement à cette ouverture par son action sans cesse déplacée, et il en sera ainsi d'un groupe de volcans par rapport à un groupe de taches. Si l'on suppose que les enveloppes marchent plus vite que le corps central, ce qui est admissible, nous le verront bientôt, on concevra que la tache placée en tête s'allonge moins que les précédentes, qu'elle soit ainsi plus régulière.

L'hypothèse d'un corps central liquide, admise par M. Chacornac, ne permettrait guère de supposer des éruptions volcaniques solaires, et conséquemment d'admettre cette explication.

La théorie de M. Kirchhoff et celle de M. Faye ne sauraient s'y prêter.

Jetons maintenant les yeux sur les figures des taches solaires jointes à ce traité, et cherchons à interpréter, d'après ces principes et ces explications, les apparences qu'elles présentent.

Considérons d'abord les dessins de la tache observée par le R. P. Secchi le 29 mai 1865 et les jours suivants (fig. 9 à 14). Dans ce dessin qui représente la tache du 29 mai, qu'est-ce que cette espèce d'étoile blanche qui en occupe le centre? Je n'hésite point à dire que c'est un amas de matière photosphérique, une sorte de facule, et je me l'explique en supposant que les parties noires qui se trouvent entre les rayons de cette étoile, sont des noyaux d'autant de petites taches produites par autant

de bouches éruptives et de courants atmosphériques
ascendants qui ont laissé subsister entre eux la matière
photosphérique et l'ont même exhaussée en rejetant à
la surface une partie considérable des couches de la photosphère.

Le reste de la figure nous montre la pénombre générale, des facules autour d'elle, et aussi des masses photosphériques sur divers points de la pénombre.

La figure 10 nous montre un changement notable dans
l'étoile, qui s'est restreinte, et dont la matière paraît
s'être déversée en partie sur la pénombre. Les autres
figures n'offrent rien de bien particulier. L'étoile s'évanouit peu à peu, ne laissant que de minces bandes qui ont
perdu de leur éclat. La photosphère tend à envahir la
pénombre : cela se voit surtout dans les figures du 2 et
3 juin, où un large pont de facule couvre d'abord les
deux tiers environ, puis la totalité de la largeur de la
tache. L'on voit, dans la dernière tache, que la matière
photosphérique, pour former cet immense pont, a fait
invasion de deux côtés opposés de la tache, mais surtout
d'un côté. Tout cela rentre fort bien dans l'ordre des explications que j'ai données.

Les dessins de la tache des 30 et 31 juillet (fig. 15
et 16) offrent plus de complication, plus de confusion ;
mais leur explication ne présente non plus aucune difficulté sérieuse. La pénombre générale est visiblement
parsemée de masses photosphériques dont les unes, par
les courbes qu'elles décrivent, révèlent une action giratoire ; ce qui s'explique par des tourbillons atmosphériques, tels que ceux dont j'ai indiqué les causes. On voit
qu'il y a, en réalité, plusieurs taches, plusieurs noyaux
disposés sur une ligne à peu près circulaire, mais à des
distances inégales les unes des autres. Indépendamment

de la pénombre générale qui n'est certainement pas
formée seulement de masses dépendant de l'enveloppe
réfléchissante, mais l'est aussi de masses lumineuses
provenant de l'enveloppe supérieure, on peut voir très-
distinctement autour du noyau 1 une pénombre beaucoup plus sombre que la pénombre générale et d'une
teinte uniforme, excepté sur son bord qui offre une
bande moins sombre que le reste de cette pénombre
particulière : celle-ci est, je pense, formée de l'enveloppe inférieure, et sa bande blanchâtre serait le bourrelet projeté par la force ascendante qui a opéré l'ouverture. Cette particularité du dessin et l'explication que
j'en donne sont importantes, en ce qu'on aurait là un
spécimen, assez rare sans doute, de pénombre vraiment
formée uniquement de l'enveloppe réfléchissante, dont
plusieurs, notamment M. Chacornac et le R. P. Secchi,
contestent l'existence. On admettra d'autant plus aisément cette interprétation, si l'on considère que la tache
n'existait pas la veille, 29 juillet, qu'elle est, pour ainsi
dire, prise à sa naissance, et qu'ainsi cette pénombre
ne saurait sans doute s'être formée aux dépens de l'enveloppe photosphérique par voie d'effondrement ou de
chute de ses parties dans les régions inférieures. Je pré-
sume qu'on peut aussi regarder les petites bandes demi-
sombres qui entourent les noyaux 2, 3, 4, comme des
bourrelets de pénombres analogues à celle nº 1. Le
milieu du groupe est un amas confus de facules, de
masses photosphériques sur un fond sombre qui,
probablement, est généralement la seconde enveloppe
aperçue par les interstices que ces masses laissent entre
elles. Il y a aussi çà et là de très-petits points noirs
qu'on peut considérer comme des noyaux de très-petites
taches.

La figure 16 nous représente l'énorme changement qui s'est produit dans la disposition des taches du groupe du 30 au 31 juillet. Dans cette double série de taches rangées à peu près parallèlement en S, les pénombres sont encore fortement parsemées de masses photosphériques ; des noyaux sont envahis par des bandes faculaires, des ponts plus ou moins lumineux. Rien, dans tout cela, qui ne s'explique par mes hypothèses. L'intervalle qui sépare les deux rangées parallèles est très-lumineux, presqu'entièrement couvert de facules ; mais, dans plusieurs contrées, surtout celles qui avoisinent la rangée supérieure, on aperçoit des masses grisâtres nombreuses, qui semblent attester la présence de l'enveloppe réfléchissante inférieure. La disposition que le groupe présente le 31 juillet s'accorde assez bien avec les règles que j'ai émises et expliquées au sujet des transformations qu'éprouve généralement un groupe de taches disposées circulairement ou à peu près.

Maintenant, si nous examinons les figures faites d'après les dessins de M. Chacornac, nous n'y trouverons non plus rien qui ne puisse s'accorder avec mes explications. Ce qu'il y a de plus remarquable, ce sont ces strates, ces excavations des couches profondes qui se forment peu à peu par la descente de matières photosphériques ou autres, dans les profondeurs du noyau, plus bas que la pénombre. Les fig. **22** et **25** offrent, sous ce rapport, les dispositions les plus remarquables, et je maintiens que mes explications fondées sur l'hypothèse des deux enveloppes différentes, et d'un corps central obscur, peuvent en rendre fort bien compte. Il en est de même des variations de formes, et des alternatives de lumière et d'obscurité des bandes ou ponts (α) des figures **23**, **24**, **25**, **26**, **27**, **28**, **29**. Plusieurs de ces ponts paraissent cannelés transversalement et obliquement, phénomène que j'ai expliqué ; on remarquera notamment les cannelures des ponts faisant partie des figures **24** et **26**.

Notons ici que les strates profondes représentées dans toutes ces figures l'ont été avec des teintes moins sombres qu'elles n'ont paru à M. Chacornac, qui en a prévenu le lecteur dans les écrits où il renvoie à ces dessins. Il les a représentées ainsi, dit-il, afin de les rendre plus sensibles. Notons aussi qu'il a négligé complètement dans les figures **27**, **28**, **29**, **30**, **32** et **33**, de représenter la pénombre de la tache, ne s'attachant qu'au noyau et aux strates profondes.

La principale, la plus formidable objection qu'on ait adressée à la théorie d'Herschel, repose sur l'extrême chaleur attribuée au soleil. On a allégué que la température de l'astre est trop élevée pour qu'il puisse comporter un globe solide, solidifié du moins jusqu'à une certaine profondeur, et non incandescent.

Cette opinion se trouve accentuée dans maint écrit, notamment dans le *Cosmos*, n° du **24** octobre **1862**, alors que cette revue était rédigée par M. l'abbé Moigno. Là on s'élève contre *la vieille hypothèse des trois enveloppes gazeuses, qu'il serait temps*, dit-on, *d'abandonner, car elle est aussi bizarre comme conception que contraire aux faits qu'on observe tous les jours. En effet*, ajoute-t-on, *comment admettre qu'au sein d'une photosphère embrasée un noyau métallique puisse se conserver à l'état solide et obscur ? S'il n'était pas incandescent dès l'origine, il le deviendrait en peu de temps par l'effet du rayonnement interne de son atmosphère de feu.....*

Ici, toutefois, l'objection restait dans le vague ; mais depuis elle a pris la forme d'une démonstration. Dans son mémoire précité, M. Kirchhoff raisonne ainsi contre l'existence de la photosphère nuageuse admise par Herschel :

« Cette photosphère, dit-il (page 29) , si elle existe,
» doit aussi bien envoyer des rayons calorifiques au de-
» dans qu'au dehors d'elle. Chaque particule de la cou-
» che la plus élevée de l'atmosphère située au-dessous de
» la photosphère doit s'échauffer, comme cela arriverait
» sur la terre pour cette particule située au foyer d'un
» miroir concave dirigé vers le soleil, et dont la surface
» vue extérieurement au foyer paraît plus grande qu'une
» demi-sphère. Plus l'opacité de l'atmosphère est grande,
» plus rapide doit être cet échauffement, et moins au
» contraire le rayonnement direct doit envoyer de cha-
» leur dans la profondeur de la photosphère. Mais quel
» que soit le degré d'opacité de cette atmosphère, la
» chaleur se propagera avec le temps dans toute l'at-
» mosphère, en partie par rayonnement, en partie par
» conductibilité et sous l'influence des courants, et si
» cette atmosphère a réellement été froide un jour, elle
» doit, dans les milliers d'années qui se sont écoulés,
» être arrivée à la température du rouge. Cette atmo-
» sphère, à son tour, a dû réagir sur le noyau central,
» comme la photosphère avait agi sur elle, par consé-
» quent le noyau doit avoir aussi atteint la température
» du rouge. Il doit en réalité être incandescent, car tous
» les corps commencent à le devenir à la même tempé-
» rature. Draper a constaté le fait expérimentalement
» pour les corps solides, et je l'ai moi-même démontré,
» par des considérations théoriques, pour tous les corps
» qui ne sont pas complètement diaphanes. Cela résulte
» immédiatement du théorème précédemment cité sur
» le rapport qui existe entre les pouvoirs émissifs et ab-
» sorbants de tous les corps. »

Il me paraît que cette argumentation est fort contestable. En physique, on admet les principes suivants :

1° La conductibilité est généralement très-faible dans les gaz ;

2° Les gaz émettent ou rayonnent fort peu de chaleur. Si des flammes, telles que celles du gaz d'éclairage, en rayonnent beaucoup, cela tient aux parcelles solides qu'elles renferment et qui rayonnent considérablement ;

3° Généralement dans les corps, le pouvoir émissif ou rayonnant est en raison du pouvoir absorbant ; on a expérimenté qu'ils sont égaux jusqu'à 300 degrés, et tout semble annoncer qu'ils sont égaux ou à peu près égaux aux températures plus élevées.

Tout ceci admis, rien évidemment n'empêche de supposer entre la photosphère et le corps du soleil, une enveloppe nuageuse très-réfléchissante qui absorbe et rayonne relativement peu de chaleur, qui n'atteigne pas la chaleur rouge qui, selon M. Kirchhoff, devrait nécessairement s'y être produite.

Quand même l'enveloppe intermédiaire entre la photosphère et le corps du soleil serait à la chaleur rouge, il ne s'ensuivrait pas que le corps du soleil dût être à cette température ; car il y aurait encore à savoir quelle quantité de chaleur rayonne cette enveloppe et quels sont les pouvoirs réfléchissant, absorbant et rayonnant du corps solaire. Il faut considérer que ce corps doit perdre incessamment de sa chaleur par le rayonnement. Il est vrai qu'une portion de la chaleur qu'il rayonne ou réfléchit va se réfléchir sur les premiers nuages qui l'environnent et lui revient ensuite, mais aussi une notable portion se dissipe à travers les innombrables intervalles qui sans doute existent entre les nuages.

On peut d'ailleurs contester à M. Kirchhoff cette assertion, que tous les corps commencent à être incandescents à la même température. Quoi qu'il en dise, cela
ne résulte pas des considérations qu'il a précédemment
émises et qu'il invoque ici. Dans le passage auquel il
fait allusion, il a admis que chaque gaz incandescent
affaiblit, par absorption, exclusivement les rayons doués
de même réfrangibilité que ceux qu'il émet ; que, pour
chaque espèce de rayons calorifiques, le pouvoir émissif
de tous les corps portés à la même température est égal
au pouvoir absorbant ; que si des corps émettent des
rayons dus uniquement à la température à laquelle ils
sont portés, les rayons absorbés par ces corps sont transformés intégralement en chaleur. Or, en supposant tout
cela, il ne s'ensuivra pas que tous les corps entrent en
incandescence à la même température ; car on pourra
contester que l'incandescence naissante d'un corps quelconque soit toujours et seulement en raison de la chaleur qu'il absorbe et qu'il émet. Quant aux expériences
de M. Draper sur les corps solides, je pourrais, ce me
semble, alléguer que si les expériences sont concluantes
pour tous les corps sur lesquels elles ont porté, elles ne
prouvent pas qu'il ne saurait exister des substances
solides, dans le soleil, par exemple, qui exigent, pour
entrer en incandescence, des températures plus élevées
que celle qui suffit aux corps terrestres.

De plus, je montrerai qu'il est admissible que la photosphère rayonne bien moins de chaleur à sa surface
intérieure qu'à sa surface extérieure, et qu'ainsi l'objection que je combats peut être complètement écartée.

Enfin, veut-on que le corps solaire soit à notre chaleur
rouge ? — Cette hypothèse permettra encore de supposer
qu'une tache solaire est le corps même du soleil aperçu

à travers un vide produit dans les couches nuageuses qui l'entourent, car il sera supposable que la lumière de la photosphère est tellement éclatante que, par contraste, le corps solaire doit paraître sombre, plus sombre même que l'enveloppe réfléchissant la lumière photosphérique.

J'ai refusé à M. Chacornac d'admettre que les couches inférieures de l'atmosphère solaire pussent ne pas être incandescentes et nous paraître sombres, si elles absorbaient une énorme quantité de chaleur, la presque totalité de celle qu'il attribue au corps central, supposé liquide et incandescent, plus chaud que la photosphère même; mais, dans l'hypothèse des deux enveloppes entourant un corps solide moins chaud que la photosphère, on pourrait penser que sa chaleur s'élève au rouge seulement, et que c'est ce corps qu'on aperçoit à travers les ouvertures des enveloppes.

Je persiste, quant à moi, à croire que c'est le corps central qui se montre et forme le noyau des taches, et que, sans être *froid,* relativement aux températures qui nous paraissent très-élevées, il peut n'être pas à ce que nous appelons la *chaleur rouge.* Je n'en vois pas l'impossibilité.

En considérant l'énorme différence de température qui se manifeste sur notre terre, dans notre atmosphère, selon que le soleil est caché par un nuage, par certains nuages surtout, ou que ses rayons arrivent à notre globe en traversant librement l'espace, toutes autres circonstances égales, comment affirmer qu'il ne peut exister entre la masse du soleil et sa photosphère quelque matière gazeuse qui préserve le globe solaire de la plus grande partie de la chaleur émanée de celle-ci?

M. Gautier, de Genève, n'est point partisan de la théorie d'Herschel. Il regarde les taches solaires comme des solidifications partielles formées à la surface d'un métal en fusion. Le noyau serait constitué par la plus grande épaisseur centrale de la solidification ; la pénombre serait la pellicule qu'on observe autour de la scorie opérée dans un métal en fusion.

D'une lettre de l'auteur, insérée dans le *Cosmos* du 14 juin 1865, j'extrais les passages suivants relatifs aux dernières observations faites par M. Gautier et aux conséquences qu'il en tire :

« L'apparence des taches solaires change d'une manière très-notable lorsqu'on les considère avec de forts grossissements. La conception des deux, voire même des trois enveloppes du prétendu noyau obscur du Soleil ne se serait probablement jamais produite, si les astronomes avaient eu, dès l'origine, les moyens d'observation modernes. L'existence des taches soi-disant régulières ou symétriques, n'aurait pas joué dans la science le rôle qu'on lui a attribué. Je n'aurais pas non plus invoqué en faveur de la théorie, que j'ai émise, sur la solidité des taches, l'argument tiré de la netteté de leurs contours.

» Tout est nuageux dans les taches solaires, non-seulement leur théorie, en employant cette épithète au figuré, mais aussi en réalité, leur bords, leurs différentes parties, leur pénombre, leur noyau, les points lumineux qui le traversent. Je n'en ai pas aperçu une seule cet hiver, où l'on pût discerner les circonstances censées normales des taches : noyau uniformément obscur, régulièrement rond ou à peu près, avec pénombre symétrique et donnant naissance à cette hypothèse de cavités en forme d'entonnoirs qui, encore aujourd'hui, est pour plusieurs, inséparable de la notion des taches solaires.

» J'ignore si la période de mes études a coïncidé avec une phase exceptionnelle des taches ; j'ai lieu de croire

que non, mais toutes celles que j'ai observées étaient irrégulières, tourmentées, changeant rapidement de formes
et présentant dans le plus grand désordre toutes les intensités de lumière et d'obscurité. C'est-à-dire qu'au
milieu d'un noyau foncé se montraient des points lumineux du plus vif éclat et de toutes les formes. Un jour,
entre autres, une étoile de matière brillante lançait
des rayons inégaux jusque vers les bords de la pénombre voisine. La pénombre aussi offre les apparences les
plus diverses. Elle ressemble parfois à une surface parsemée de flocons de neige ; d'autres fois à une toison ta-
chetée de trous inégalement foncés et inégalement profonds. Certaines stries lumineuses, d'intensité variable,
la traversent, faisant souvent saillie sur le noyau. Sa
teinte générale peut se fondre d'une manière dégradante,
pour arriver à la couleur foncée du noyau. En revanche,
j'ai vu une large bande lumineuse, aussi brillante qu'une
facule, bordant un noyau sur une portion de son contour
et le séparant de sa pénombre.

» Sur tous les contours, l'apparence brumeuse coton-
neuse se produit. Elle donne l'impression d'émanations
gazeuses, impossibles à pressentir avec un instrument
de petites dimensions et pouvant s'accorder avec la
théorie du Soleil liquide incandescent et susceptible de
solidifications partielles à sa surface.

» Parmi ses composants, il en est en effet de plus ou
moins fusibles et de plus ou moins volatilisables. Les vapeurs produites par ces derniers peuvent être opaques
ou brillantes, et, dans ce dernier cas, semblables à celle
du zinc, qui, dégagées dans la préparation du laiton,
empêchent, par leur éclat, de voir la surface de l'alliage
liquide. On peut très-bien supposer que certaines causes,
à nous inconnues, venant à produire sur cette sur-

face, soit un épaississement de la matière solide (épaississement correspondant à la pénombre), soit un éclair-
cissement (correspondant au noyau d'une tache), les gaz
émanants de la fournaise sous-jacente, puissent se frayer
un passage au travers de cette croûte ou de cette écume.
Ils produiront alors les apparences des ponts et des stries
lumineux, qui coupent si fréquemment les noyaux et les
pénombres des taches. Ces émanations brillantes pourront être d'autant plus intenses et plus vives, que leur
émission sera plus gênée par le voisinage d'obstacles.
On aurait ainsi l'explication de l'abondance des facules
aux alentours des taches et dans leur proximité immédiate. »

Ma réponse sera facile. La théorie d'Herschel n'implique pas ces conditions de normalité que M. Gautier
résume ainsi : *Noyau uniformément obscur, régulièrement
rond ou à peu près, avec pénombre symétrique.* Les observations ont montré, en effet, de grandes irrégularités, des variétés notables, sous ces rapports, mais
cela ne renverse point l'hypothèse d'un corps opaque
entouré d'enveloppes lumineuse et réfléchissante. Ce
qu'il faut considérer, c'est que généralement le noyau
tranche avec la pénombre, quand il y a pénombre proprement dite. Si le noyau offre diverses nuances, des
parties de contextures diverses, comme dans les dessins que j'ai reproduits, il y a encore une ligne de démarcation distincte entre les noyaux de cette sorte et la
pénombre, cette pénombre qui parfois s'est montrée
à M. Gautier sous l'aspect d'une surface parsemée de
flocons de neige.

Il y a des pénombres dont la teinte se fond graduellement jusqu'à la couleur foncée du noyau, mais c'est
là une exception qu'on peut expliquer. On le peut no-

tamment par la supposition d'effondrements d'une grande partie des masses formant le bourrelet de la pénombre autour du noyau.

Les changements rapides de forme, de teinte, d'éclat, que subissent beaucoup de taches, les points lumineux qu'offrent parfois le noyau au centre ou ailleurs, toutes les particularités, en un mot, que signale M. Gautier, peuvent trouver leur explication dans la théorie que je défends. Je pense avoir contribué à le mettre en lumière.

Il est même singulier que M. Gautier invoque la variabilité des taches en faveur de sa théorie. Ne pourrait-on pas plutôt lui opposer que si les taches n'étaient autre chose qu'une solidification partielle d'une masse liquide formant le corps solaire, il ne saurait se produire ces changements, ces variations de forme, de lumière, de contexture apparente, qu'il a lui-même observés. Comment donc, dans son système, une tache, une fois produite, peut-elle diminuer et s'évanouir ? Pourquoi ce métal solidifié revient-il ensuite en fusion, pour apparaître comme le reste de la surface solaire ? Le système qui, au contraire, fait résulter les taches d'ouvertures pratiquées dans des nuages enveloppant un corps opaque, se prête merveilleusement à l'explication de cette mobilité, de ces variations parfois si grandes et si rapides de la déformation, de la décroissance et de la disparition des taches.

Est-il vrai que généralement les pénombres, en s'approchant des bords, grandissent graduellement du côté tourné vers le bord du disque, tandis qu'elles diminuent du côté de son centre ? Est-il vrai que les noyaux et les pénombres sont très-profondément au-dessous de la surface photosphérique ? Est-il vrai que généralement les pénombres tranchent nettement avec les noyaux ? Or, comment accorder ces faits avec l'hypothèse de M. Gautier ? Comment admettre cette hypothèse en présence des dessins obtenus de certaines taches ? Ceux que je joins à cette œuvre, donnent-ils donc vraiment l'idée d'une *solidification partielle* d'un métal en fusion ?

Quoi qu'en dise l'auteur, au milieu de cette immense variété de forme, d'aspect, il y a des faits généraux qui excluent son hypothèse. Les exceptions d'ailleurs peuvent aussi s'expliquer sans y recourir. Ainsi, d'après une table dressée par MM. de la Rue, Stewart et Lœvy,, sur 100 cas, il y en a 86 en faveur de l'hypothèse que, vers les bords du disque, l'ombre d'une tache est plus proche du centre que la pénombre, et 14 seulement contre cette hypothèse. D'une autre table, où figurent les taches observées à de hautes latitudes, il résulte que sur 100 cas, 80,9 sont pour la première hypothèse, et 19,1 seulement contre elle. Certes, il y a là les éléments d'une généralité, d'une règle suffisamment établie ; mais il est aisé de concevoir que les exceptions aient pu se produire ; il suffit de supposer quelque vent qui ait soufflé dans tel ou tel sens, suivant les cas, sur les nuages solaires, de manière à modifier la disposition des pénombres, qui, sans cette cause particulière, eussent suivi la règle générale.

On a vu par les passages précités que M. Gautier tourne des difficultés sérieuses en supposant des *causes inconnues* dont il ne donne aucune idée. Je doute que cela satisfasse beaucoup de lecteurs.

Il est mainte question dont la solution ne saurait être utilement cherchée dans l'hypothèse que je rejette. Pourquoi, par exemple, les taches se montrent-elles presque exclusivement dans telles zones ? Pourquoi les régions polaires en sont-elles à très-peu près déshérifées? Elles sont moins chaudes que les régions équatoriales : comment se fait-il que ce soient celles-ci qui se solidifient partiellement, tandis que les premières gardent leur fluidité?

Ici encore M. Gautier invoquera-t-il des causes inconnues?

Cassini avait cru reconnaître que les taches des mois de mai et juin 1768 occupaient exactement sur le soleil les places dans lesquelles des taches plus anciennes s'étaient montrées. D'après Lalande, qui reprit cette recherche en 1778, « il y a des taches fort considérables qui reparaissent aux mêmes points physiques du disque solaire, tandis que d'autres, également remarquables, paraissent en des points différents. » Rien de plus simple, dans l'hypothèse où les taches sont dues à des éruptions volcaniques, car, de même que sur notre globe, il y a sans doute sur le soleil des volcans stables, permanents, dont les éruptions non continues, ou d'une intensité variable, se reproduisent aux mêmes lieux.

Si, comme quelques-uns l'ont pensé, l'un des hémisphères solaires a généralement plus de taches que l'autre, on s'en rendra aisément raison en supposant que les éruptions volcaniques sont plus nombreuses, plus considérables, sur l'un des hémisphères.

Arago explique-t-il bien les facules et les lucules de la photosphère en se fondant sur ces données qu'*une flamme verse une égale quantité de lumière quand elle éclaire par la tranche et lorsqu'elle se présente à lui par sa plus large surface; que, par suite, une surface gazeuse incandescente et d'une étendue déterminée, est plus lumineuse, si on la voit obliquement, que sous l'incidence perpendiculaire?* Une lucule est-elle généralement une cavité conoïde?

Tout considéré, je ne pense pas que l'explication d'Arago soit suffisante ; elle n'indique pas, je crois, les causes principales des inégalités d'éclat qu'offre la surface générale de l'astre. Par les innombrables intervalles existant entre les nuages photosphériques, on voit le corps central ou les nuages de l'enveloppe refléchissante. De plus, les nuages photosphériques ne sont pas également lumineux, ils ne rayonnent pas une égale quantité de lumière, et cela non pas seulement à cause d'une différence d'épaisseur, mais principalement sans doute parce que la combustion y est inégalement active. Parfois ils s'amassent; ils s'accumulent autour des taches par les causes que j'ai indiquées, et alors ils donnent plus de lumière, une lumière plus vive, non-seulement parce que la masse éclairante offre plus d'épaisseur, mais encore parce que les nuages y sont plus rapprochés les uns des autres. De plus, la combustion peut y avoir une plus grande activité. Ainsi s'expliquent suffisamment les pores, les rides obscures, les lucules ou rides lumineuses et les facules.

Une tache, ordinairement, alors même qu'elle est isolée, ne se produit pas tout à coup, mais par degrés. Supposons que les matières lancées par une éruption volcanique traversent les deux enveloppes, en entraînant une portion des matières gazeuses qui les composent. On pourra d'abord n'apercevoir qu'une facule peu étendue, déterminée par l'accumulation et le mélange des matières de la photosphère et de celles provenant de l'éruption. Puis l'éruption continuant, la facule s'accroîtra de plus en plus jusqu'à ce qu'une tache commence à paraître vers son centre. Cette tache s'agrandira promptement et deviendra fort étendue. Ce que je dis là s'ac-

corde avec des observations nombreuses. Suivant Herschel notamment, avant l'apparition d'un grand noyau, on aperçoit ordinairement, à la place où il va se former, un très-petit point noir (un pore), qui s'élargit peu à peu, et non pas plusieurs points à la fois. « On dirait, ajoute
» l'éminent astronome, que la matière lumineuse solaire
» est graduellement écartée dans tous les sens, par un
» courant ascendant dirigé vers ce premier point noir,
» germe de la tache. » — D'après cela, on conçoit bien que des taches, les petites surtout, ne présentent pas de pénombre.

Mais parfois, paraît-il, les taches solaires se forment avec une rapidité étonnante. C'est que l'éruption avec ou sans l'aide des courants atmosphériques ascendants, est alors assez puissante pour dissiper immédiatement une grande portion des enveloppes gazeuses inférieures et su-périeures. Alors, généralement du moins, la tache a une pénombre.

Précédemment j'ai cité des observations de M. Ste-wart, desquelles il résulte que sur 185 taches 6 seule-ment avaient leurs facules à droite (à l'ouest), 158 les avaient à gauche, et pour 21 les facules se trouvaient des deux côtés. Ultérieurement MM. de la Rue, Stewart et Lœvy ont déduit un résultat un peu différent des nom-breuses observations de M. Carrington : ils ont trouvé que sur 1137 taches accompagnées de facules, 584 avaient leurs facules à gauche, tandis que 45 seulement avaient leurs facules à droite ; pour le reste des taches, les facules étaient réparties des deux côtés. Ces divers résultats concordent assez bien et autorisent à conclure que les facules tendent surtout à se produire à gauche des taches, qu'elles ont moins de tendance à se former des deux côtés, et bien moins encore à se former à droite.

Comment l'expliquer ? Voici , je pense , l'explication la plus naturelle.

Supposons qu'une éruption volcanique soit assez forte pour pénétrer et dissiper une portion des deux enveloppes ; alors les gaz de la photosphère seront chassés en partie dans plusieurs directions divergentes , et comme les gaz qui se porteront vers la gauche rencontreront ceux venant en sens contraire par suite du mouvement rotatoire du soleil de l'est à l'ouest, il se produira un amas condensé de vapeurs au point de ce conflit, ce qui déterminera une facule à gauche de la tache qui s'ensuivra, en ce cas.

Quant aux matières gazeuses qui seront lancées et divergeront dans les autres directions, elles tendront plus ou moins à suivre le mouvement rotatoire du soleil, c'est-à-dire à aller de gauche à droite ; il pourra donc aussi se produire aussi une facule à droite, mais il est concevable que généralement, emportées avec force vers la droite où elles trouveront peu ou point d'obstacles , ces matières ne tendront pas autant à s'amasser de ce côté que du côté gauche, et qu'ainsi les facules se montreront plus souvent à gauche qu'à droite.

De la même manière , on conçoit que le bourrelet de la pénombre sera généralement plus considérable du côté oriental que du côté opposé; ce qui s'accorde avec des observations de M. Chacornac.

On a signalé plusieurs sortes d'irrégularités dans le mouvement des taches solaires :

1° Le mouvement d'une tache paraît varier de vitesse. Sa vitesse angulaire semble se ralentir à mesure que la tache s'approche du limbe. Cela résulte d'observations de plusieurs astronomes, notamment de M. Carrington et du docteur Spœrer.

2° Le mouvement apparent d'une tache ne suit pas exactement le même parallèle ; mais on ne s'accorde pas bien sur la question de savoir si l'écart a lieu généralement du côté des pôles ou du côté de l'équateur. Suivant M. Carrington, les taches, dans leur mouvement général en latitude, tendraient faiblement vers les pôles. M. Peters, de Naples, au contraire leur attribue un mouvement vers l'équateur, tandis que M. Bœhm n'a trouvé aucune tendance prononcée ni vers l'équateur ni vers les pôles.

3° La vitesse angulaire des taches se montre inégale aux différentes latitudes ; elle paraît décroître de l'équateur aux pôles. Cette particularité, précédemment aperçue par Hévélius et le P. Scheiner, est maintenant bien établie par les résultats de nombreuses observations de M. Carrington. De ses remarquables travaux, il a cru pouvoir conclure que la vitesse angulaire de rotation varie d'une tache à l'autre avec la latitude d'une manière régulièrement continue, qu'elle diminue continûment en allant de l'équateur aux pôles, et il a pensé que les mouvements angulaires des taches aux divers parallèles pouvaient se calculer au moyen de la formule empirique,

$$\text{Mouvement diurne} = 865' \mp 165' \sin^{\frac{7}{4}} l.$$

Le R. P. Secchi croit que la première inégalité peut provenir d'un effet de réfraction de l'atmosphère solaire qui « dilaterait les arcs diurnes près du centre, et les rétrécirait près des bords. »

Nous avons vu (page 30) que M. Faye trouve la raison de cette même inégalité en ce que les taches sont vraiment situées à une certaine profondeur au-dessous de la surface photosphérique où elles nous semblent être. D'après cette explication, l'inégalité en question n'est qu'un effet de perspective analogue aux parallaxes ; aussi propose-t-il de l'appeler *parallaxe de profondeur*.

La réfraction invoquée par le R. P. Secchi a sans doute une part d'influence dans cette sorte d'illusion optique, mais je pense que sa principale cause est celle proposée par M. Faye.

Quant aux deux autres inégalités, elles sont réelles, M. Faye le reconnaît, et il a fait à l'Académie des sciences (séances des 15 janvier, 5 et 19 février 1866) plusieurs communications intéressantes à ce sujet.

D'après ses idées théoriques, les taches doivent prendre à chaque instant la vitesse angulaire du parallèle sur lequel elles se trouvent. « Le changement en latitude devrait donc, dit-il, introduire dans le mouvement de la tache en longitude une inégalité dont on aura la formule si l'on parvient à exprimer les variations de la latitude en fonctions du temps. »

A ce point de vue, l'auteur se livre ici à des calculs qu'il applique à des taches observées en 1860, et dont les positions moyennes en latitude sont réduites en tableaux qu'il présente ; il trouve que la courbe en ce sens est une sinusoïde, et il conclut que *les taches n'ont pas de mouvements progressifs en latitude, mais des mouvements oscillatoires dont l'amplitude est de plusieurs degrés et dont la durée dépasse de beaucoup celle de la rotation du soleil.* « Ce dernier point, dit-il, est essentiel, autrement
» il y aurait lieu de se demander si des oscillations de ce
» genre ne proviendraient pas tout simplement d'une
» erreur dans les nombres adoptés pour l'inclinaison de
» l'équateur solaire et la longitude de son nœud ascen-

» dant. La correction qui en résulterait pour les latitudes
» pourrait être mise sous la forme

$$\alpha \cos \frac{360^\circ}{T} \left(t - \theta \right)$$

» où T désigne la durée de la rotation, α et θ des constantes
» dépendant des erreurs des deux éléments susdits. Mais
» T serait compris, dans ce cas, entre 25 et 26 jours à
» peu près, tandis que les périodes de notre phénomène
» sont de 120 à 140 jours. »

M. Faye, à l'appui de ces données, présente une épure
(voir fig. 3) qui lui paraît exprimer le phénomène général qu'il signale, *en montrant que les taches se succèdent
d'un bout à l'autre de l'année 1860 en traçant sur le soleil
des ondulations régulières qui semblent se continuer.*

Puis il passe à la seconde inégalité réelle, celle relative
à la variation du mouvement angulaire de rotation.

« Nous avons vu, dit–il, que les taches présentent
en latitude une oscillation bien marquée de la forme

$$\lambda = \text{const.} + \alpha \cos \beta \left(t - \theta \right).$$

» Si l'on désigne par Δ la variation du mouvement angulaire de rotation de 1 degré dans la latitude (celle-ci
étant prise en valeur absolue), le mouvement angulaire, estimé par rapport au méridien mobile pris pour
origine, sera non plus m, mais

$$m + \alpha \, \Delta \cos \beta \left(t - \theta \right),$$

α devenant ici un nombre abstrait. Multipliant par dt et
intégrant, il vient

$$\text{long. vraie} = \text{const.} + \left(t - \theta \right) + \frac{\alpha \Delta}{\beta} \left(t - \theta \right),$$

formule où le diviseur β doit être exprimé en parties du rayon et où la constante doit être déterminée pour l'époque θ. Nous aurons donc ainsi l'inégalité en longitude, sans rien emprunter aux observations. Tout dépend de cette quantité Δ....

» Si nous connaissions, ne fût-ce que d'une manière empirique, la loi que suit le mouvement angulaire de rotation d'un parallèle à l'autre, il serait aisé d'en déduire Δ pour une latitude quelconque. Voici les formules qui ont été publiées à ce sujet (1) :

$$m = 14' - 165' \sin \tfrac{1}{4} (\lambda - 1) \qquad (\text{M. Carrington}),$$
$$m = -320' + 355' \cos \lambda \qquad (\text{D}^r \text{ C. Peters}),$$
$$m = 160' - 203' \sin (\lambda + 41°,2) \qquad (\text{D}^r \text{ Spœrer}).$$

Pour la tache dont nous allons nous occuper en premier lieu ($\lambda = -11°,6$), les différentielles de ces trois formules assignent à Δ les valeurs suivantes :

$$\Delta = -1',47, -1',25, -1',95;$$

pour la tache suivante , $\lambda = -25,8$, on trouve

$$\Delta = -2',31, -2',69, -1',39. »$$

L'auteur remarque ici la discordance qui existe entre les résultats de M. Spœrer et de M. Carrington, et il l'attribue à ce qu'ils n'ont pas tenu compte de la parallaxe de profondeur.

Pour lui, qui en tient compte, il a trouvé que la quantité m croît, de degré en degré, un peu plus vite que la simple distance angulaire à l'équateur, à peu près comme cette même distance multipliée par la sécante de la lati-

---

(1) Il faudrait ajouter 14° 11' à ces valeurs de m pour avoir la vitesse angulaire totale. (Note de M. Faye)

tude. S'arrêtant provisoirement à cette forme, il écrit

$$m = - 1',6 \, (\lambda - 11^o) \sec \lambda,$$

formule où il faut faire abstraction du signe de λ. Appliquée à 1860, il trouve, pour la détermination de quatre mouvements propres, les chiffres suivants :

Latitude.	valeur de m	valeur calculée.
— 6°,6	+ 6',6	+ 7', 1 (**2** apparitions),
— 11,6	— 0,8	— 1, 0 (**8** apparitions),
— 25,8	— 25,8	— 26, 5 (**5** apparitions),
+ 27,5	— 30,2	— 29, 8 (**4** apparitions).

De là il tire les valeurs de Δ pour les taches à longue durée dont il a étudié le mouvement en latitude.

Voici ses conclusions au sujet de la première tache qu'il a étudiée :

« Il existe bien réellement dans les longitudes de cette tache une inégalité périodique correspondante à celle des latitudes, et si l'on en tient compte, le même mouvement propre, la même longitude initiale suffisent à représenter parfaitement le mouvement de la tache pendant la plus longue série d'observations que l'on ait encore recueillie..... La combinaison des deux inégalités concordantes en latitude et en longitude a pour résultat de faire décrire à la tache (rapportée à un méridien ayant même vitesse moyenne) une ellipse dont le grand axe (2°,30) est orienté dans le sens de ce méridien, et dont le petit axe (2°,04) est placé sur le parallèle de — 11°,6. Elle est d'ailleurs décrite par la tache dans le sens des aiguilles d'une montre, sens ici identique à celui du mouvement de rotation du soleil vu de la même station extérieure, puisqu'il s'agit de l'hémisphère austral. Pour s'en assurer, il suffit de transporter cette ellipse au pôle austral en la faisant glisser sur la sphère le long de son méridien central.... »

M. Faye, après divers calculs et discussions relatifs aux autres taches de 1860, a finalement formulé les conclusions générales suivantes :

« Lorsque les taches persistent pendant plusieurs rotations successives, elles ne présentent en latitude qu'une simple oscillation périodique de la forme

$$\alpha \cos \beta \, (t - \theta).$$

Les longitudes présentent une oscillation périodique de même durée, de la forme

$$- \frac{\alpha\Delta}{\beta} \sin \beta \, (t - \theta),$$

Δ étant la variation du mouvement angulaire de rotation pour une augmentation de 1 degré dans la latitude.

» La combinaison de ces deux mouvements fait décrire à la tache autour de sa position *moyenne*, et dans le sens de la rotation solaire, une ellipse dont le grand axe est dirigé vers le pôle.

» Quand on tient compte de cette inégalité, la même longitude de l'époque et le même mouvement propre représente exactement les positions *moyennes* des taches pendant leur plus longue durée, fût-elle de quatre ou même de six mois.

» Ce phénomène rappelle à l'esprit quelques analogies. D'abord on a déjà remarqué (M. Dawes) sur quelques taches un mouvement de rotation très-marqué dans le sens indiqué ci-dessus, mais dont la durée n'a pu être déterminée ; et on a comparé cette rotation à celle des cyclones de notre atmosphère. Je ne pense pas que le caractère géométrique de notre inégalité se prête aisément à une pareille assimilation. On ne peut l'attribuer davantage à une sorte de nutation commune aux couches superficielles, parce que les deux périodes que nous connaissons sont par trop éloignées de l'égalité.

» D'ailleurs, si une portion de la photosphère changeait de latitude, la vitesse angulaire varierait considérablement d'un point à l'autre. Soit λ la latitude d'un de ses points : la vitesse diurne linéaire de rotation

$$\text{sera } \frac{2\,\pi}{T} \, R \cos \lambda, \text{ et sa variation par } d\lambda \text{ sera } - \frac{2\,\pi}{T} \, R$$

$\sin \lambda d\lambda$; ce point, en le supposant transporté immédiatement à $\lambda + d\lambda$, aura donc un excès de vitesse angu-

$$\text{laire de } + \frac{360^\circ}{T}. \text{ D'après cela, si nous faisons}$$

$$d\lambda = 0{,}0175, \ \lambda = 25^\circ, \ \frac{360^\circ}{T} = 14^\circ \ 11',$$

nous aurons, pour cette variation de vitesse angulaire, 7 minutes. Ainsi, quand le point s'éloignera de l'équateur d'une quantité égale à 1 degré, ce que nous avons appelé son mouvement diurne serait augmenté de $+$ 7 minutes, *ou d'une fraction de cette quantité*, tandis que les observations s'accordent avec la théorie précédente, qui suppose au contraire, dans ces cas, un accroissement de $- 2',0$. Même impossibilité, ce me semble, pour l'hypothèse des cyclones. Le phénomène me paraît intimement lié avec la constitution interne du soleil, et avec son singulier mode de rotation ; mais, pour aller plus loin, sans se livrer à de simples conjectures, *nous aurions besoin de nouvelles séries d'observations plus complètes, moins souvent interrompues par un ciel brumeux, plus précises même*, s'il est possible, que la belle collection de l'observatoire de Redhill et de son savant directeur (M. Carrington) à qui l'Académie a si justement décerné l'an dernier le prix d'astronomie.... »

M. Faye a trouvé des différences très-notables entre les profondeurs des diverses taches, ou, en d'autres termes, entre les parallaxes de profondeur. Il produit le tableau suivant des parallaxes qu'il a déterminées (1) :

λ	Const.	Profondeur.	N⁰ˢ des taches.
— 1°,6	0°,41	0,0070	911 – 925
— 6,6	0,48	0,0083	653 – 677
— 11,5	0,31	0,0055	579 – 595 – 613
— 11,6	0,35	0,0061	616 – 664 – 710 – 730 – 753 – 777
+ 14,8	0,47	0,0082	792 – 815 – 839
+ 22,0	0,53	0,0093	786 – 813
— 25,7	0,70	0,0122	785 – 809 – 835 – 853
+ 30,0	0,55	0,0096	453 – 478

où les profondeurs sont rapportées au rayon solaire.

Et il ajoute :

« De l'équateur au 12ᵉ degré, la moyenne est 0,0067; du 22ᵉ au 30ᵉ, la moyenne est 0,0104. Si ce résultat remarquable se trouvait confirmé par les déterminations ultérieures, nous serions parvenus ainsi à une vérification

(1) Depuis, M. Faye a signalé une cause d'erreur dans sa détermination de ces parallaxes qui, par suite, devraient subir une légère diminution, évaluée par l'auteur à 0,0019 R. (Séance de l'Académie des sciences du 26 mars 1866.)

bien inattendue d'un point fondamental de la théorie
que j'ai essayé de donner pour la constitution physique
du soleil, à savoir : la profondeur croissante vers les
pôles de la couche intérieure d'où partent les courants
ascendants qui vont entretenir la photosphère. Mais je
reconnais que ces résultats ne sont pas encore assez
nombreux pour établir un fait aussi important : ces variations de p pourraient tenir, en effet, soit à des erreurs systématiques dans les observations, soit à une
erreur sur le mouvement propre admis dans les calculs;
enfin p pourrait varier avec le temps. »

Les travaux dont je viens de présenter un résumé
succinct sont certainement dignes d'une sérieuse attention; mais je pense qu'ils n'offrent pas ce caractère
d'exactitude qu'il faudrait avoir pour proclamer, comme
vérités acquises, comme lois scientifiques, les conclusions
de leur savant auteur.

Je ne puis être complétement édifié au sujet de ces
ellipses qui résulteraient invariablement et continuellement de la combinaison des deux dernières inégalités
du mouvement des taches, et dont le grand axe, toujours dirigé vers les pôles, aurait été, pour une tache,
de 2°,30, et le petit axe, parallèle à l'équateur, de 2°,04;
je ne puis me défendre d'un doute, surtout quand je vois
comment l'auteur est arrivé à cette conclusion, quand je
considère que c'est en se fondant sur des moyennes des
résultats d'observations dont beaucoup, sans doute, ont
manqué de régularité et en écartant des observations qui
auraient pu infirmer la théorie.

Toutefois, supposons que ces spéculations soient suffisamment exactes; adoptons les ellipses qui seraient
décrites par les taches, selon M. Faye, et voyons si nous
pourrons leur trouver une explication acceptable.

Sur le soleil, il y a probablement des vents qui agitent les nuages, les gaz ou vapeurs des enveloppes de l'astre, les portent plus ou moins tantôt vers les pôles, tantôt vers l'équateur ou dans d'autres directions ; il doit en résulter des oscillations plus ou moins grandes dans le mouvement des taches solaires ; mais probablement aussi les vents n'y ont pas une marche assez régulière, un changement périodique de direction assez constant, pour qu'il en résulte cette courbe qui, selon l'auteur, serait parcourue exactement et périodiquement par les taches.

Après longue et mûre réflexion, voici comment il me semble qu'on pourrait le mieux rendre compte des oscillations elliptiques en question.

Supposons que le soleil soit une sorte d'aimant, ou que, du moins, il y ait en lui des courants électriques dirigés de telle manière que ce corps doive se comporter comme un aimant à l'égard des substances magnétiques : hypothèse qu'on a faite pour le globe terrestre, afin d'expliquer son action sur l'aiguille aimantée. Supposons aussi que les enveloppes solaires soient formées, principalement composées de vapeurs métalliques. Ces vapeurs tendront à se porter surtout vers les pôles magnétiques de l'astre, pôles qui sans doute seront peu éloignés des pôles de rotation, si même ils ne se confondent avec eux. Or, le magnétisme du soleil sera probablement sujet à des variations de direction et même d'intensité ; ses pôles magnétiques oscilleront, et il en résultera des oscillations correspondantes dans les masses nuageuses des enveloppes et conséquemment dans les taches, qui s'éloigneront ou se rapprocheront de l'équateur, selon le sens de la variation. Or, on peut penser que ces oscillations en latitude détermineront une courbe analogue à celle représentée dans la figure **3** ; et, en admettant de plus la seconde inégalité réelle, celle qui consiste dans la variation de la vitesse angulaire de l'équateur aux pôles , rien n'empêche de supposer que cette inégalité est telle que, combinée avec la courbe des oscillations en latitude, il résulte de leur combinaison que les taches décrivent généralement des ellipses telles que celles résultant des calculs de M. Faye. Il me paraît admissible que la diminution graduelle de la vitesse angulaire de l'équateur aux pôles soit assez grande pour persister, jusqu'à un certain point, conformément aux observations, malgré l'accroissement de vitesse que les couches des latitudes plus hautes peuvent recevoir des mouvements des parties qui leur viennent des latitudes inférieures , et réciproquement malgré la diminution de vitesse qui peut résulter pour les couches des basses latitudes de l'invasion des parties provenant de latitudes supérieures.

De même que des variations du magnétisme terrestre ont été attribuées à l'influence de l'action solaire sur notre globe, on pourrait penser aussi que celles du soleil sont causées par l'action de quelque autre astre qui l'entraîne, le fait graviter autour de lui. Les planètes elles-mêmes pourraient avoir quelque part dans les effets que je suppose. Ce n'est pas trop sacrifier à l'hypothèse que de penser qu'elles sont, à peu près comme la terre, des sortes d'aimants dont les pôles sont variables, et que ces variations influent plus ou moins sur la situation des pôles magnétiques solaires. Il est vrai que la position respective des planètes autour du soleil varie continuellement, et, à ce point de vue, il n'est pas vraisemblable que de leur action magnétique proviennent directement ces résultats réguliers et périodiques qu'il faudrait expliquer ; mais peut-être y contribuent-elles par compensation d'inégalités qui, sans elles, se produiraient, seraient plus considérables.

Je prévois une objection : on dira que les hautes températures enlèvent aux métaux leur magnétisme ; que le fer, par exemple, n'est plus magnétique quand on le porte au rouge blanc, que le nikel a sa limite magnétique à 350° ; que, par conséquent, les vapeurs de la photosphère, supposées métalliques, ne pourraient être attirées par les courants du corps solaire. — Mais je puis répondre que le cobalt est resté magnétique aux plus hautes températures qu'on ait pu produire. Je pense que la chaleur, même très-intense, peut ne pas détruire absolument la propriété que possède un métal d'être attirable par un aimant ; que la perte de cette propriété n'est pas absolue et dépend aussi de la force de l'aimant qui opère sur le métal. Il est même présumable que toute substance, quelle que fût son état, pourrait être magnétique, si elle était soumise à l'action d'aimants assez puissants. Cela semble résulter d'expériences faites avec des aimants obtenus au moyen de courants électriques très-énergiques. Mariani a montré que la chaleur diminue relativement davantage l'aimantation quand celle-ci est faible, que lorsqu'elle est forte, et il paraît démontré aujourd'hui que la plupart des corps, *même des gaz*, sont sensibles à l'action du magnétisme porté à un degré suffisant d'intensité. Or, les courants que nous savons produire sont peut-être extrêmement faibles en comparaison de ceux qui existeraient dans le soleil et exerceraient l'action magnétique que j'y ai supposée. Ce qu'il y a de certain, c'est que la chaleur développe de l'électricité et que la chaleur doit être bien vive dans cet astre.

Si, comme il y a lieu de le penser, il se confirme que la

profondeur où se trouvent les taches solaires croît de l'équateur aux pôles, mon hypothèse en apporterait une explication toute naturelle. Les enveloppes du soleil seraient plus épaisses vers les pôles par l'effet de l'action magnétique du corps solaire, qui tendrait à porter et retenir autour de ces points les vapeurs métalliques de ces enveloppes, à peu près comme la limaille de fer est portée et s'amasse principalement autour des pôles d'un aimant ; mais ici la rotation, la force centrifuge atténuerait cet effet, et rendrait moins tranchée, moins rapide la transition de l'équateur aux pôles.

Cet accroissement graduel de l'épaisseur des enveloppes permettrait de supposer que le corps central de l'astre est, au contraire, plus ou moins aplati aux pôles, renflé à l'équateur, et que c'est l'inégale épaisseur des enveloppes qui fait que le disque solaire paraît exactement rond. Ainsi serait résolue une question à laquelle on attache une assez grande importance.

On voit que mon hypothèse serait bien féconde.

Elle concourrait encore à rendre compte de l'inégalité de vitesse angulaire selon les latitudes. Cette inégalité pourrait, je crois, résulter à la fois de l'action de la force magnétique du soleil et de l'action des forces qui ont pu ou peuvent encore s'exercer sur cet astre, de manière à produire ou entretenir sa rotation sur lui-même ; forces qui doivent consister dans l'attraction d'autres astres, ainsi que je l'expliquerai dans la note 1, à la suite de ce traité.

Les marées nous montrent que l'attraction de la lune et celle du soleil ont, sous ce rapport, plus d'action motrice sur les eaux que sur la partie solide du globe. On peut donc supposer que les astres qui opèrent sur le soleil par leur attraction ont aussi plus d'action de ce genre sur ses enveloppes vaporeuses ou gazeuses que sur son corps central, et que, par suite, d'après la manière dont s'est établi et se maintient le mouvement rotatoire, les vapeurs ou gaz de ces enveloppes ont une vitesse angulaire plus grande que celle du corps même de l'astre. Il est même supposable que les couches extérieures des enveloppes solaires sont plus mobiles, tournent un peu plus vite que celles inférieures. Ces inégalités, on l'a vu, permettraient d'expliquer certains changements qui s'opèrent dans la forme et la distribution des taches, et l'obliquité qui a paru affecter leurs cavités.

Mais si le soleil est une sorte d'aimant, et si les enveloppes solaires sont composées de substances magnétiques, les parties vaporeuses ou gazeuses amassées en plus grande quantité autour des pôles y sont aussi plus retenues vers ces points, elles sont moins mobiles que les parties occupant les contrées équatoriales et celles intermédiaires. A partir des pôles, les vapeurs ou gaz résistant de moins en moins aux forces attractives extérieures, leur vitesse angulaire a dû aller en augmentant de plus en plus vers l'équateur.

Il y a lieu aussi de tenir compte de la variabilité d'intensité des actions que les planètes peuvent exercer sur les enveloppes solaires aux diverses latitudes du soleil. Il peut en résulter une variation dans la vitesse angulaire des nuages de ces enveloppes, une diminution de cette vitesse, principalement dans les hautes latitudes, où ces actions sont moins intenses, de même que celles du soleil et de la lune sur les eaux de la mer dans les hautes latitudes terrestres.

Je m'attends à une objection. On me dira que si les gaz ou vapeurs qui entourent le soleil ont une vitesse rotatoire plus grande que celle du corps même de cet astre, il devrait en être ainsi de nos nuages , de notre atmosphère, de l'atmosphère et des vapeurs ou gaz enveloppant une planète, un astre quelconque, et que cependant nous savons bien que l'atmosphère terrestre ne tourne pas plus vite que notre globe.

Premièrement, répondrai-je, il faut distinguer ici l'atmosphère du soleil et les vapeurs ou gaz formant les deux enveloppes réfléchissante et lumineuse de l'astre. Ces vapeurs ou gaz, étant suspendus loin du globe central, sont plus légers que l'air solaire qui les supporte, et, d'ailleurs à cause de leur éloignement du corps sous–jacent, ils sont moins retenus par l'attraction centrale que ne l'est la partie inférieure de ce fluide. Ils peuvent donc être plus mobiles que cette partie de l'air solaire ; et il se peut aussi que les hautes couches atmosphériques de l'astre , plus mobiles que les couches inférieures , aient une plus grande vitesse angulaire, ainsi que les vapeurs ou gaz formant les deux enveloppes du soleil.

De même il est plausible que les nuages terrestres, par leur légèreté et leur éloignement du globe, soient plus susceptibles d'obéir à l'attraction des astres, des planètes , qui tend à faire tourner la terre , que ne le sont le corps central et les couches inférieures de l'atmosphère. Et puis l'atmosphère peut n'avoir pas la même vitesse angulaire à ses diverses hauteurs? Que ces couches inférieures aient sensiblement la même vitesse rotatoire que le globe, cela, tout considéré, est possible ; mais il est admissible que ses hautes couches tournent plus vite que celles qui sont voisines du corps central.

Je présenterai des explications à ce sujet dans la note 1.

Au reste, il est remarquable que les planètes les moins denses sont celles qui tournent avec une vitesse plus grande. Ainsi la rotation de Jupiter, dont la densité est bien moindre que celle de la Terre, s'accomplit en moins de 10 heures. Saturne et Uranus ont une rotation à peu près aussi rapide avec une densité plus faible encore. Je n'invoque pas ces faits comme une preuve en faveur de mon hypothèse, mais il me paraît qu'ils viennent bien la corroborer.

Je sais que, suivant M. Delaunay, l'action attractive de la lune et du soleil sur les eaux terrestres, auraient l'effet de ralentir la rotation de notre planète (1), mais je montrerai dans la note 1 que la théorie de M. Delaunay n'est pas fondée.

Laplace, dans sa *Mécanique céleste*, a conclu de ses calculs et de ses considérations à ce sujet, que les marées n'ont pas d'influence sur le mouvement de la terre. On verra, dans la même note, que cette opinion du célèbre géomètre ne peut être juste. Cette influence est réelle, elle tend par elle-même à accélérer un peu la rotation de la terre, et si cette rotation ne s'accélère pas, et même se rallentit, cela tient à d'autres causes. Ces points seront mis en lumière dans la même note.

M. Spœrer a cherché une solution de l'inégalité de vitesse angulaire des taches, dans l'action de vents solaires. Il suppose des vents réguliers dirigés dans le sens même de la rotation et régnant dans une zone équatoriale; des vents de sens indifférents soufflant en deux zones moyennes d'environ six degrés, et enfin des vents contraires à la rotation en deux zones polaires.

Ces zones de vents ne suffiraient pas pour rendre raison de variations qui semblent se continuer à peu près

____

(1) Comptes rendus de l'Académie des sciences (séance du 11 décembre 1865).

à toutes les latitudes. De plus, rien n'annonce qu'il y ait dans le soleil des causes de vents réguliers, comme ceux que l'explication suppose. Les vents alizés de notre globe se rattachent à des causes qui sans doute n'existent pas avec fréquence et intensité pour le soleil : des courants venant du nord-est et du sud-est et qui résultent principalement de la différence de température existant entre les contrées polaires et les régions équatoriales. La différence que le soleil offre sous ce rapport n'est pas assez forte pour qu'il se produise bien considérablement un effet analogue. D'ailleurs, les vents alizés sont dirigés dans le sens contraire à la rotation de la terre, c'est-à-dire de l'est à l'ouest. Si donc il y a, sur le soleil, des vents équatoriaux produits dans les mêmes circonstances , par les mêmes causes que nos vents alizés, il s'ensuit qu'ils sont dirigés en sens contraire à celui de la rotation solaire. A plusieurs points de vue donc, l'explication n'est pas plausible, et ce n'est pas aux vents qu'il faut en demander une.

D'après des expériences du R. P. Secchi, le disque du soleil nous envoie moins de chaleur par son bord que par son centre. En outre le même observateur a reconnu que vers les pôles du soleil la chaleur est moins élevée que vers l'équateur , même sur les bords du disque. D'où proviennent ces différences ?

On peut expliquer celle qui se manifeste entre le centre du disque et ses bords, en admettant que l'atmosphère solaire arrète par réflexion ou absorption une certaine partie de la chaleur de l'astre, et que cette atmosphère nous présente plus d'épaisseur vers les bords qu'au centre du soleil.

Quant à la différence entre la chaleur polaire et celle des régions équatoriales du soleil, je pense que son explication se trouve principalement dans l'inégalité des vitesses de la rotation de l'astre. Ces vitesses diminuant de l'équateur aux pôles, il doit s'ensuivre plus de frottements, plus de chocs moléculaires, conséquemment plus de chaleur produite, sous ce rapport, dans les couches équatoriales de la photosphère, que dans ses couches polaires. Je reviendrai sur cette question.

Pour l'explication des phénomènes, et tout considéré, il faut admettre et j'ai admis que les deux enveloppes solaires sont séparées, sont à une certaine distance l'une de l'autre; que l'enveloppe réfléchissante est éloignée de la surface solide du soleil, et que l'une et l'autre enveloppes ne sont pas continues, mais formées de nuages de masses gazéïformes séparées plus ou moins les unes des autres.

Or, ces enveloppes, ces masses gazéïformes ne sont pas suspendues dans le vide. Il y a quelque fluide qui les supporte, les entoure, qui joue, sous ce rapport, un rôle analogue à celui de l'air terrestre, relativement aux vapeurs, aux nuages qui y planent. Nous avons vu aussi que cette atmosphère solaire a une part importante dans les phénomènes des taches, dans leurs formations et les changements qui s'y produisent.

Je crois bien que les volcans solaires sont la cause générale et capitale des taches; mais je ne saurais assurer qu'il ne peut s'en former sans l'action volcanique. En dehors de cette action, on peut imaginer diverses causes qui opèrent des failles correspondantes dans les deux enveloppes de l'astre. La température n'est pas égale sur le soleil : non-seulement elle est moindre vers les pôles que vers l'équateur, mais elle diffère aux diverses contrées d'une même latitude. En effet, la photosphère sans doute n'est pas également incandescente sur un même parallèle; la combustion n'y est pas également active. A part les taches proprement dites, il y a des lacunes, des vides entre les masses qui la constituent, et ces vides sont plus ou moins grands en divers lieux. Parfois, sous une partie de la photosphère, se trouve une lacune dans l'enveloppe réfléchissante; parfois, au contraire, c'est la photosphère seule qui offre une lacune en un lieu. De là peuvent bien résulter des dilatations ou des condensations considérables dans de plus ou moins grandes étendues de l'atmosphère solaire, des vents, peut-être des orages, des pluies, des tourbillons, qui peuvent avoir pour effet de dissiper, d'écarter de grandes portions des deux enveloppes solaires et de produire ainsi des taches.

De cette manière, on s'expliquerait bien pourquoi la photosphère paraît si souvent agitée, et pourquoi, généralement du moins, elle n'est pas continue, mais formée de masses distantes les unes des autres, qui affectent des formes diverses et qui sont le plus souvent un peu allongées. Quant à cette forme, elle ne doit pas surprendre : il serait, au contraire, inexplicable que tous ces corps fussent ronds, fussent réguliers et semblables; car bien des causes doivent tendre à exclure cette régularité, cette parité qu'on leur a attribuées. Je dirai même qu'ils sont moins réguliers qu'ils ne le semblent, ce qui provient de leur grand éloignement de l'observateur.

Je suis loin, comme on voit, de regarder ces masses comme des *entités*, comme des corps résultant d'une certaine loi de constitution organique ou même cristalline. Sans doute, elles sont généralement moins irrégulières, moins dissemblables que les nuages terrestres; mais ceci peut s'expliquer, en supposant que les causes qui déterminent leurs formes sont moins variables que celles qui influent sur la configuration de nos nuages. Supposez que, sur le soleil, les courants atmosphériques dominants soient des courants ascendants, verticaux, et vous concevrez que les trouées qu'ils opèrent soient à peu près régulières, et que, joint aux autres causes, il s'ensuive un morcellement général de la photosphère en corps gazeux dont les formes sont souvent peu différentes, et plus ou moins allongées suivant leur proximité ou leur éloignement des taches, en raison des influences diverses qui agissent sur eux. Au bord des taches, en effet, les masses se tordent, s'allongent, soit par l'action des tourbillons plus considérables en ces lieux, soit parce que ces masses, ainsi que je l'ai expliqué, tendent à s'écouler dans les cavités des taches. Or, il est plausible que ce sont effectivement des courants ascendants qui se produisent le plus fréquemment sur le soleil. Du moins, il n'y a pas lieu de penser que les vents y sont aussi irréguliers que sur notre globe où la température diffère si énormément suivant les latitudes et les circonstances climatériques.

Comment, par quelles causes les taches peuvent-elles cesser, disparaître? C'est une question qui est loin d'avoir attiré aussi vivement l'attention que celle de savoir comment les taches naissent, se forment, se développent; pourtant elle a une importance visible. Quelle que soit en elle-même une tache et de quelque manière qu'on explique sa production, il faut, pour que la théorie soit acceptable, qu'elle se prête, ne s'oppose nullement à l'explication du phènomène de disparition des taches produites. Sous ce rapport, il y a jusqu'ici une lacune à remplir, un complément à donner.

Dans le système de M. Faye, la tache pourrait s'éva-

nouir quand le flux de gaz parti des couches profondes
et élevé dans les régions photosphériques, ayant perdu
de sa chaleur assez pour prendre part à la combustion,
prendrait aussi le grand éclat de la photosphère ; mais
cette hypothèse, nous l'avons vu, n'est pas soutenable.

Dans le système de M. Kirchhoff, où les taches ne
seraient que des nuages extérieures condensés et tranchant par leur plus ou moins d'opacité avec l'éclat du
corps incandescent de l'astre, la tache disparaîtrait
quand se dissiperait la condensation nuageuse ; mais il
est impossible d'accepter cette hypothèse.

Dans le système d'Herschel, d'un corps opaque entouré de deux enveloppes nuageuses ou vaporeuses, l'une
réfléchissante, l'autre lumineuse en soi, la tache n'étant
que le corps central aperçu à travers une ouverture des
deux enveloppes, l'évanouissement de la tache implique
la cessation de cette ouverture, du moins de l'une d'elles.
Voyons comment ce phénomène peut s'opérer.

Quand l'activité des éruptions et des courants atmosphériques ascendants a cessé de s'exercer dans la cavité
de la tache, les bouches ou excavations qu'ils avaient
formées et maintenaient tendent à se combler avec les
masses qui y descendent et qui proviennent soit de l'enveloppe inférieure, soit des couches photosphériques,
par les causes que j'ai plus haut indiquées. Ces matières
pénétrant dans les interstices des strates profondes, il
pourra se produire cette apparence mamelonnée qu'on
a signalée, et il arrivera un temps où, par l'affluence
des matières, la tache s'évanouira. On voit que le phénomène commencera, se manifestera d'abord par les
couches inférieures à la pénombre, et par l'extension
de la pénombre, qui paraîtra avoir envahi le noyau, ainsi
qu'on l'a observé.

Naturellement la matière photosphérique se trouvera alors en dessus, et l'on conçoit qu'à l'exception des matières des deux enveloppes qui se seraient liquéfiées et précipitées sur le corps central, celles des deux enveloppes pourront reprendre leur niveau normal et respectif. Il se peut d'ailleurs que les masses provenant des deux enveloppes qui, dans leur descente, se seraient le plus rapprochées du corps central, sans se liquéfier, sans y tomber, rencontrent là des couches atmosphériques assez chaudes pour les dilater et les déterminer à s'élever vers les hautes régions, de manière à rendre les unes à l'enveloppe réfléchissante, les autres à la photosphère.

Des vents peuvent aussi contribuer à faire disparaître les taches en poussant les nuages dans les ouvertures.

J'indiquerai bientôt une autre cause de ce phénomène.

Comment se forme ce qu'on appelle une tache sans noyau, consistant seulement en une pénombre? Je pense qu'elle peut être produite par quelque tourbillon supérieur qui fasse une trouée dans la photosphère sans en faire une dans l'enveloppe réfléchissante, ou par quelque vent qui pousse les nuages de la pénombre sur le noyau précédemment formé, de manière à la couvrir complètement. Souvent les pénombres s'étendent, et le noyau disparaît avant que l'ouverture photosphérique soit fermée; cela peut provenir de l'action des vents et aussi de ce que la matière de l'enveloppe réfléchissante étant plus dense, plus pesante que celle de l'enveloppe supérieure, le bourrelet de la pénombre s'affaise plus vite que les facules de la photosphère.

Pourquoi les taches solaires ont elles lieu presque exclusivement dans deux zones équatoriales comprises entre le 5me et le 35me degrés de latitude nord et sud ? Cette question se lie à celle de savoir quelle peut être la cause générale des taches solaires, et conséquemment, en admettant, avec moi, qu'elles sont principalement causées par des éruptions volcaniques, quelle peut être la cause générale des éruptions volcaniques du soleil ?

Tout naturellement, pour résoudre cette question, je me demande d'abord à quoi on doit attribuer la production des volcans terrestres. Sur ce point, on ne s'accorde guère.

Les uns ont pensé que les volcans étaient produits par un embrasement de certaines matières inflammables, telles que du soufre, des bitumes, etc., qui, dans cet état, s'élanceraient du sein de la terre, soulèveraient et briseraient son écorce.

Davy, considérant que tels métaux, tels alcalis, telles pierres même jouissent de la propriété de brûler dans l'eau ; que l'oxygène de l'eau devait alors se combiner avec ce corps, supposa que des quantités considérables de ce liquide, s'infiltrant sous la croûte du globe, forment des combinaisons de cette nature qui dégagent d'énormes quantité de chaleur et de fluides électriques, dont l'action opère les éruptions volcaniques.

A l'appui de l'idée, que des infiltrations aqueuses seraient la principale cause des éruptions volcaniques, M. Pissis a fait à l'Académie des sciences, en février 1862, une communication ainsi conçue : « On croit généralement, dans toute la partie de l'Amérique du Sud, sujette aux tremblements de terre, que ces mouvements du sol sont plus fréquents durant la saison des pluies qu'à l'époque des sécheresses ; depuis une douzaine d'années que nous habitons le Chili, cette assertion ne s'est pas démentie : nous avons pu, non-seulement en constater l'exactitude, mais encore nous assurer que les années où les pluies étaient les plus abondantes, les tremblements de terre étaient aussi plus fréquents. Si l'on considère qu'à cette époque la région des Andes se trouve couverte d'une épaisse couche de neige qui se fond sans cesse sur la surface en contact avec le sol, on est conduit à admettre que les infiltrations doivent être plus abondantes; et, s'il existe encore des failles communiquant avec l'intérieur, de grandes masses d'eau peuvent arriver jusqu'aux matières incandescentes et produire, par leur expansion, les secousses qui donnent lieu aux tremblements de terre. C'est une confirmation remarquable de la théorie des volcans donnée par Davy et Ampère. »

Plusieurs savants admettent que l'écorce du globe, étant inégale en épaisseur, est sujette à des mouvements d'ondulation constituant les tremblements de terre ; que, dans ces mouvements, elle presse sur la masse en fusion sous-jacente à la croûte terrestre, qu'ainsi elle fait jaillir, par ses fissures, des parties, plus ou moins considérables de la masse interne, des laves, des gaz, etc.

Pour d'autres, au nombre desquels se place de Humboldt, la cause principale est dans l'action de gaz formés dans les couches internes, liquides et incandescentes du globe. « Sans doute, dit de Humboldt (dans son *Cosmos*, t. 1er, p. 241), il faut attribuer à la réaction des vapeurs soumises à une pression énorme, dans l'intérieur de la terre, toutes les secousses qui en agitent la surface, depuis les explosions les plus formidables jusqu'aux faibles secousses...... Il est évident que le foyer où ces forces destructives naissent et se développent, est situé au-dessous de l'écorce terrestre, mais à quelle profondeur? Nous l'ignorons, tout comme nous ignorons

la nature chimique de ces vapeurs si visiblement com
primées. »

De Humboldt a remarqué que plus les explosions
étaient tardives, plus elles étaient fortes, et cela, pense-
t-il , parce que les vapeurs s'étaient accumulées en
plus grande quantité.... Les volcans actifs sont des sou-
papes de sûreté pour les contrées voisines..... Les fissures aident à la formation des cratères d'éruption ; elles
favorisent les réactions chimiques que le contact de l'air
engendre dans ces cratères. Les gaz ou vapeurs qui jail-
lissent des volcans sont du gaz acide carbonique presque
toujours sans mélange d'azote, du gaz hydrogène sulfuré,
des vapeurs sulfureuses, de l'acide sulfurique ou acide
hydrochlorique, et du gaz hydrogène carboné. Les fissures d'où s'échappent ces gaz et ces vapeurs ne se présentent pas seulement dans le voisinage des volcans , on
les rencontre dans les contrées où manquent le trachyte
et les autres roches volcaniques.

D'après l'opinion de quelques géologues, la cause principale des volcans serait la suivante : le refroidissement
ferait contracter et retirer la matière liquide sous-jacente
à la croûte terrestre ; il en résulterait un petit vide, et
alors des masses faisant partie de la croûte, manquant
d'appui, s'affaiseraient, tomberaient tout à coup sur la
matière liquide et y détermineraient d'énergiques éruptions par l'effet de la compression et de l'élasticité de
cette matière.

On a aussi attribué à l'action attractive du soleil et de
la lune une grande part dans la formation des volcans.
Comparant la masse fluide interne du globe aux eaux de
la mer, on a jugé qu'elle devait obéir aussi à ces attractions, être sujette à des changements périodiques analogues à ceux qui constituent les marées, et que dans ses

mouvements de flux et reflux, elle pouvait agiter fortement, soulever, briser la croûte du globe, et causer ainsi
des tremblements de terre et des éruptions volcaniques.
Ceci a d'ailleurs paru confirmé par cette observation que
les tremblements de terre et les éruptions sont plus fréquents aux époques des syzygies qu'à celles des quadratures, au périgée qu'à l'apogée, et aux heures voisines
du passage de la lune au méridien qu'au moment où cet
astre en est distant de 90⁰ ; ce qui résulte d'un relevé
que M. Perrey a fait de ces phénomènes arrivés pendant
un demi-siècle.

Quelle est la valeur de ces diverses explications?
Qu'est-ce, en réalité, qui produit les volcans terrestres?

Tâchons d'abord de reconnaître dans quel état et dans
quel rapport se trouvent la croûte et la masse liquide
du globe.

Primitivement, sans doute, la matière du globe terrestre était liquide et incandescente, et sa densité allait
en croissant de la surface au centre. Par le rayonnement,
elle s'est peu à peu refroidie, et le refroidissement a été
bien plus considérable pour les parties extérieures que
pour celles des couches profondes. D'abord, par le refroidissement, il s'est formé une fort mince pellicule à la
surface. Mais la masse liquide n'était pas complétement
homogène : la composition de la croûte actuelle indique
qu'il devait y avoir, dès le principe, une certaine irrégularité dans la distribution des substances terrestres. On
doit donc penser que la première pellicule ne s'est pas
produite simultanément, tout d'une pièce. Sans doute,
il s'est formé d'abord de petites agglomérations partielles, de petits corps de formes variables, distants les
uns des autres. Puis, successivement, ils se sont réunis,
et, leur nombre s'accroissant de plus en plus, une croûte

compacte, solide s'est constituée tout autour de la masse
restée liquide. Le refroidissement continuant, la croûte
s'est de plus en plus épaissie et durcie, mais son hétéro-
généité jointe au refroidissement a dû y déterminer çà
et là des fissures. Cependant il n'est pas vraisemblable
que ces fissures se soient faites de manière à isoler, à
rendre indépendantes les unes des autres les masses
comprises entre elles. La plupart des fissures sont probablement très-limitées relativement, et ne traversent
pas toute l'épaisseur de l'écorce. Généralement la croûte
terrestre est demeurée un tout continu ferme et se sou-
tenant surtout par lui-même, par sa solidité ; ce qui fait
aisément concevoir que sa densité ait pu s'accroître jusqu'à excéder celle de la couche liquide immédiatement
sous-jacente, et qu'il puisse se produire des vides entre
l'écorce solide et la masse liquide, par le refroidissement
et la contraction de celle-ci.

Cela posé, je ne puis admettre, pour l'explication des
volcans, l'hypothèse qui en attribuerait la principale
cause à des contractions, des retraits de la matière liquide par suite du refroidissement, et à des pressions
subites exercées sur elle par des masses de la croûte
tombant tout à coup pour remplir les vides résultants de
ces contractions et retraits. Cette cause ne peut être que
secondaire : il faut préalablement que quelque autre
fait vienne occasionner la rupture de la masse solide
dont on suppose la chute.

Veut-on, contrairement à mes hypothèses, que les
masses de l'écorce terrestre soient isolées, indépendantes les unes des autres, de telle sorte qu'elles se trouvent
portées par la matière liquide comme un vaisseau l'est
par l'océan ? — Alors, si la matière liquide se contracte,
s'abaisse, si peu que ce soit, les masses solides doivent

la suivre en même temps dans ce retrait ; en ce cas, point de vide produit, point de chute, de compression du liquide capable de déterminer des éruptions.

Généralement les affaissements qui se produisent dans la croûte terrestre, par suite du retrait de la matière liquide interne, s'opèrent lentement et sans déterminer des éruptions. Les éruptions au contraire, en soulevant subitement des parties considérables de la croûte du globe, déterminent des affaissements correlatifs aux soulèvements ainsi effectués. Les fissures, les crevasses déjà existantes facilitent ces phénomènes de soulèvements et d'affaissements.

L'explication des volcans par l'embrasement de matières inflammables, de soufre, de bitume, etc., est une idée primitive qui paraît généralement abandonnée. Dans le sein de la terre, dans l'intérieur du globe, le soufre, le bitume, etc., doivent être à l'état d'incandescence permanente, comme les autres matières composant la masse liquide : il n'est donc pas croyable que ce soit leur embrasement qui occasionne les terribles phénomènes qu'il s'agit d'expliquer.

Quelque haute que soit la température de l'intérieur de notre globe, comme elle n'augmente pas, qu'elle éprouve même une diminution très-lente mais continuelle, comme, en un mot, la masse terrestre tend à se condenser, à se solidifier, non à se dilater, je ne pense pas qu'il se forme des vapeurs dans ses couches profondes, à une distance notable au-dessous de son écorce.

Je ne crois pas non plus que des vapeurs se forment à la suite de cristallisations de la matière en voie de refroidissement sous la croûte terrestre : ces cristallisations s'opérant lentement, par l'effet d'un faible refroidissement graduel, la chaleur latente qui se dégage alors est trop peu considérable à un moment et en un lieu quelconques, pour produire de fortes dilatations de la matière en fusion.

Mais on sait que les liquides peuvent passer à l'état de vapeur spontanément, même à des températures inférieures au point d'ébullition, et seulement par leur surface. Ce phénomène est connu sous le nom d'*évaporation*. La matière en fusion sous-jacente à l'écorce terrestre doit certainement produire une grande quantité de vapeurs par évaporation.

De plus, l'écorce terrestre est fendillée, crevassée, et, par les interstices qu'elle offre, il pénètre jusqu'à la matière en fusion, des quantités plus ou moins considérables d'eau, d'air, et même d'autres gaz. Or, l'eau, par l'action de la forte chaleur qu'elle y trouve, doit se dilater, se vaporiser; elle peut même y être décomposée; l'oxygène et l'hydrogène se combinent avec d'autres corps, avec du carbone, du soufre, etc., pour former les gaz généralement émis par les volcans ; la chaleur produite par ces combinaisons peut aussi déterminer la formation de vapeurs, la volatilisation du soufre, par exemple.

Les gaz et les vapeurs d'eau ou autres, ainsi formées, par leur élasticité et leur légèreté, tendent énergiquement à s'élever vers la surface. Quand ils sont accumulés en grande quantité sur un point, ils peuvent sans doute, par l'énorme tension qu'ils acquièrent dans l'espace relativement étroit qu'ils occupent, agiter, soulever l'écorce, et même la rompre dans une notable étendue. Cela est d'autant plus concevable que la croûte terrestre n'est point également épaisse et résistante, et que le refroidissement inégal de ses parties et des soulèvements précédents ont pu y produire de nombreuses fissures. En certains cas, en certains lieux, d'énormes masses de cette croûte seront ainsi soulevées, brisées, et les vapeurs, les gaz qui s'élanceront des cavités, des cratères, entraîneront avec eux des flots de lave, des matières liquides, pâteuses ou solides, et pourront s'élever à de grandes hauteurs avec des débris des matières broyées par l'effet de leur puissante action.

Si les vapeurs sous-jacentes amassées sont en moindre quantité dans une contrée qui présente des fissures, elles pourront ne pas occasionner de volcans, et s'échapper par les fissures sans éruption notable, sensible.

On a objecté que l'eau qui s'infiltrerait profondément par les fissures de la croûte terrestre, serait vaporisée et par suite s'élèverait avant d'atteindre la masse liquide sous-jacente. L'objection ne me paraît point irréfutable. L'eau qui passe par les fissures de l'écorce est en grande quantité et se trouve sans cesse refroidie et pressée par celle qui afflue successivement dans ces sortes de rivières souterraines. Il me paraît fort possible, dans ces conditions, qu'il en arrive des quantités considérables à l'état liquide jusqu'à la matière en fusion, où elles ne peuvent manquer d'être alors vaporisées.

Au reste, la vapeur d'eau qui se formerait dans l'intérieur de l'écorce pourrait, par l'effet de sa tension en tous sens, se projeter jusque sous l'écorce même. Enfin l'air et, avec lui, d'autre gaz, pénètrent aussi dans les fissures et vont, en partie à la surface liquide, concourir au phénomène, comme je l'ai expliqué.

On objectera de plus que si les vapeurs ou gaz vont ou se forment seulement à la surface, non pas à une certaine profondeur de la matière en fusion sous-jacente, les éruptions qui s'ensuivront n'auront pas pour effet d'entraîner des masses considérables de cette matière, phénomène qui pourtant se produit fort souvent. —

D'abord, répondrai-je, les vapeurs ou gaz comprimés
entre la croûte et la matière liquide sous-jacente peuvent
et doivent pénétrer, jusqu'à un certain point, dans cette
matière. Et puis, une fois que les gaz ou vapeurs accumulés sous l'écorce se sont frayés un passage, en la soulevant ou la brisant, il est visible que la matière en fusion immédiatement sous-jacente à ces vapeurs ou gaz
doit, en notable quantité, suivre ce mouvement : c'est
une conséquence nécessaire de la pression qu'elle éprouve
elle-même et de sa propre élasticité. On sait d'ailleurs que
la lave ne s'élève pas, à beaucoup près, aussi haut que
les autres matières, solides, liquides ou gazeuses, projetées par les éruptions : elle se borne à couler sur les bords
du cratère, et même le plus ordinairement elle ne monte
pas jusque-là : souvent elle se fraye ou trouve des issues aux pieds du cratère principal, où elle se déverse.

Enfin, on a contesté à des gaz ou vapeurs le pouvoir de
soulever, de rompre l'écorce terrestre, de l'agiter et
bouleverser au point d'y produire les terribles péripéties
des tremblements de terre et des volcans. L'objection
est faible ; car des vapeurs, des gaz, accumulés en très-
grande quantité et extrêmement comprimés, comme je
les suppose ici, doivent être animés d'une énorme force
d'expansion. Il ne faut pas non plus oublier que l'écorce
terrestre est fendillée, crevassée, en maint endroit ; qu'elle
n'est point partout homogène, également consistante ;
qu'elle n'a point partout la même épaisseur.

Les inégalités de la surface inférieure de l'écorce peuvent accroître l'effet produit, en ce que les gaz ou vapeurs amassés sous l'écorce vont, dans leur expansion en
tous sens, se heurter contre les parois des cavités, contre
les aspérités que présente cette surface.

Je ne doute pas que l'action du soleil et de la lune ne

soient pour une part dans ce qui produit les phénomènes
dont il s'agit. Cette influence est peut-être parfois aussi
grande que celles des vapeurs internes. Sans doute ces
deux causes s'unissent généralement pour amener les
tremblements de terre et les éruptions.

On a objecté que si la lune et le soleil avaient sur les
volcans l'action qui leur est attribuée, il y aurait des
éruptions volcaniques à chaque syzygie, et les volcans
les plus considérables et les plus nombreux seraient sous
l'équateur. On convient qu'il s'est produit un peu plus d'é-
ruptions aux syzygies qu'aux quadratures, aux périgées
qu'aux apogées, mais, dit-on, la différence est trop faible pour qu'on puisse admettre que la lune influe notablement sur ces phénomènes.

Je n'accepte pas non plus cette objection-là. Je pense
que l'influence de la lune sur les volcans est générale ;
elle s'exerce plus ou moins alors même que notre satellite n'est pas en conjonction ou opposition avec la terre,
et alors même qu'il n'est pas au périgée : seulement son influence est plus grande à ces époques ou près de ces époques,
moins considérable quand il en est éloigné, et cela peut se
concilier avec les relevés de M. Perrey. L'action de la lune
n'étant pas la seule cause des éruptions, on conçoit qu'elles
ne se produisent pas surtout sous la zone équatoriale, mais
c'est bien généralement peu loin de cette zone et loin des
pôles qu'elles ont lieu, qu'elles sont le plus intenses.
Remarquons ici qu'il ne pleut pas, ou qu'il ne pleut guère
sous l'équateur et dans une certaine zone équatoriale. Si
donc les infiltrations aqueuses, à travers l'écorce du globe,
sont une des principales causes des éruptions, je m'explique aisément, que les volcans soient rares et moins
considérables dans les parties continentales ou les îles
comprises dans cette zone, bien que le sol puis y être fis-

suré, fendillé, soit par suite du refroidissement primitif, soit par l'effet de la chaleur solaire.

En résumé, plusieurs causes concourent aux tremblements de terre et aux éruptions volcaniques. Ces grands phénomènes tiennent à la quantité de vapeurs ou gaz amassés sous l'écorce, à l'épaisseur et à la consistance variable de cette écorce, à ses fissures ou crevasses plus ou moins nombreuses, plus ou moins profondes, à la quantité d'air, de gaz et d'eau qui peuvent pénétrer par ces fissures ou crevasses, à l'action attractive de la lune et du soleil sur la matière liquide sous-jacente à la croûte du globe.

Voyons maintenant si les causes générales des volcans solaires peuvent être analogues à celles des volcans terrestres.

Rien, ce me semble, n'empêche de le supposer.

Il est plausible que la croûte du corps central solaire est moins consistante et moins épaisse là où la chaleur photosphérique est plus intense, où par conséquent le refroidissement du corps central a été moindre; or, la chaleur photosphérique est plus forte vers l'équateur que vers les pôles. De plus, il est supposable que, des *eaux* et de l'*air* solaires, des matières liquides ou gazeuses d'une nature quelconque peuvent pénétrer par des fissures de la croûte, jusqu'à la surface liquide sous-jacente, et que cela se produit principalement dans les contrées éloignées des pôles, voisines de l'équateur. On s'expliquera donc aisément, à ces points de vue, que ce soit surtout dans une zone équatoriale que généralement éclatent les éruptions volcaniques du soleil.

Les planètes, ou quelques-unes principalement, peuvent sans doute, par leur action attractive, opérer sur le soleil, sur sa masse fluide sous-jacente à l'écorce, de manière à y déterminer des fluctuations, des déformations rapides, considérables, qui amènent des tremblements et des volcans, des éruptions volcaniques dans cet astre. Le soleil lui-même paraît devoir graviter vers quelque autre astre, qui peut influer sur lui à peu près comme le soleil influe sur la terre, en ce qu'il contribue à produire les marées et aussi des éruptions volcaniques. Il est d'ailleurs visible que, dans l'hypothèse, d'après la direction de la rotation solaire et les directions des mouvements planétaires, l'action attractive des planètes devra surtout s'exercer dans les régions rapprochées de l'équateur du soleil, qu'elle ira en décroissant vers les pôles de cet astre, et que, par conséquent, les taches qui s'ensuivront se produiront généralement là où elles se montrent en plus grande quantité.

M. Carrington, dans l'ouvrage où il a constaté les résultats des observations faites sur les taches solaires, a trouvé que le nombre des taches a généralement coïncidé avec la distance de Jupiter au soleil, de telle sorte que plus cette distance a été éloignée, plus il y a eu de taches.

MM. de la Rue, Stewart et Lœvy, ayant étudié la manière dont se sont conduites les taches observées par M. Carrington, sont arrivés aux résultats suivants :

« Les taches qui apparaissent à peu près en même temps sur le disque du soleil se comportent de la même manière en passant de gauche à droite. Les taches sont influencées par quelque cause extérieure. D'après la manière dont elles se comportent, cette influence marche plus vite que la terre. Le développement des taches paraît être déterminé par la position de Vénus, de telle sorte qu'une tache s'évanouit quand la rotation la rapproche de cette planète, qu'elle prend naissance et s'accroît quant la rotation l'en éloigne. »

Les résultats conclus par ces savants ne me paraissent pas inconciliables avec la part que j'ai attribuée aux planètes dans la production des volcans solaires. En effet, quand une tache est formée, il se peut bien que l'attraction , d'une ou plusieurs planètes , de Vénus , par exemple , tende à la faire décroître peu à peu , puis s'évanouir, car si la planète se trouve verticalement au-dessus d'une tache, par son attraction, elle élèvera et portera les nuages des enveloppes autour des ouvertures, sur les ouvertures mêmes, à peu près comme la lune et le soleil élèvent et amassent les eaux de la mer dans les marées.

Il est visible, sous ce rapport, que plus la tache se rapprochera de la planète, plus celle-ci tendra à la fermer, et qu'elle y tendra de moins en moins, au contraire, à mesure que la tache s'en éloignera. Cette explication n'implique pas contradiction avec l'hypothèse que les planètes concourent, par leur attraction, à la formation des volcans. Une planète peut agir sur les enveloppes , d'ailleurs plus légères, plus mobiles que le corps central, de manière à fermer les ouvertures qui s'y trouveraient , sans agir sur la matière en fusion sous-jacente à la croûte solaire, au-dessous de ces ouvertures , de façon à déterminer une éruption. Son action peut être insuffisante à produire ce dernier effet, surtout s'il ne s'y joint pas l'action de vapeurs amassées en grande quantité sous l'écorce de l'astre en cette partie. Or, cette dernière action est faible quand l'écorce est ouverte, a déjà des bouches d'éruptions en ce lieu , et conséquemment quand une tache s'est formée au-dessus, et qu'elle est arrivée à sa phase de complet développement , puisque alors les vapeurs qui s'étaient accumulées ont produit leur effet en s'élançant au dehors.

Quand l'éruption est très-forte, l'action directe des planètes sur les nuages solaires ne peut point suffire à les contenir, à empêcher qu'ils ne soient écartés, dissipés, et que la tache ne se forme, et même l'action planétaire sur la matière sous-jacente à la croûte solaire concourt à produire l'éruption et la tache.

Notons, à ce sujet, que le plus grand accord ne règne pas entre la courbe de fréquence des taches et celle du rayon vecteur de Jupiter. Si, par exemple, d'après ces courbes, depuis 1770, le plus grand nombre de taches coïncide assez bien avec les plus grandes distances de Jupiter au soleil, c'est le contraire qui apparaît de 1750 à 1770. Toutefois il y a entre les courbes dont il s'agit un accord assez général pour autoriser à conclure que l'action directe des planètes sur le soleil tend plutôt, plus généralement, à dissiper ou à atténuer les taches, qu'à les agrandir et en amener de nouvelles; ce qu'il était aisé de pressentir, car les planètes agissent beaucoup plus sur les enveloppes nuageuses du soleil que sur la masse liquide sous-jacente à l'écorce du corps central.

La part d'influence que le docteur Thomson attribue à la matière de la lumière zodiacale sur le soleil, et le rapport général entre le rayon vecteur de Jupiter et la fréquence des taches solaires, ont suggéré à M. Carrington l'idée que cette planète aurait une influence indirecte sur la production des taches, en agissant sur l'anneau de matière qui constitue la lumière zodiacale ; mais je ne pense pas que, dans cet ordre d'idées, on puisse arriver à une explication satisfaisante, et je doute fort que la lumière zodiacale joue un rôle important dans la production des taches. Mon explication, au contraire, est bien naturelle et fort plausible, ce me semble.

La fréquence des taches semble être périodique. Suivant M. Schwabe, elle offrirait des maxima et des minima prononcés, à des intervalles de cinq à six ans. Dans les minima, la distribution des taches différerait notablement de celle qu'elles auraient dans les maxima.

Cette périodicité doit provenir surtout de la périodicité des causes volcaniques qui, selon moi, produisent principalement les taches solaires. Parmi ces causes figure au premier rang l'introduction de matières liquides ou gazeuses sous l'écorce du soleil à travers des fissures de cette écorce, et l'on peut supposer que cette cause s'exerce avec plus ou moins d'intensité à des intervalles de temps à peu près égaux. Quant à l'influence planétaire, elle peut bien aussi être périodique, jusqu'à un certain point, dans ses maxima et ses minima.

J'ai maintenant à résoudre une question essentielle, celle de savoir comment la chaleur et la lumière du soleil ont été entretenues pendant le temps fort long depuis lequel l'astre paraît devoir exister, échauffer et éclairer la terre et les autres planètes : ce sera le principal sujet du chapitre suivant.

On s'est demandé quelle a été l'influence des taches solaires sur les températures : je consacrerai un chapitre à l'examen de cette question.

Dans un autre chapitre, je discuterai les résultats des observations relatives à la couronne et aux protubérances qu'on a observées dans les éclipses de soleil.

CHAPITRE VIII.

Source et entretien de la chaleur et de la lumière solaires.

L'on ne peut s'arrêter à cette idée d'Herschel que la lumière photosphérique puisse être de la nature des aurores boréales. L'extrême chaleur de la photosphère solaire exclut cette idée.

Bien qu'il y ait lieu de penser qu'il existe des volcans dans le soleil et que les matières gazeuses que vomissent les cratères, qui s'élancent des fissures de la croûte solaire, vont alimenter la combustion de la photosphère, il n'est pas admissible que ce soit seulement ainsi que sa combustion, sa chaleur et sa lumière sont entretenues. Il est certain qu'il se montre peu de taches et même peu de facules au-dessus du 35e degré de latitude. Si donc, comme je l'admets, les taches et les facules proviennent, ordinairement du moins, d'éruptions volcaniques, puisqu'il y a peu de volcans dans une grande étendue de la croûte solaire, il est bien plausible que la photosphère est principalement alimentée par des matières gazeuses venant d'une autre source.

Il est permis de supposer que les matières provenant de la combustion, retombées sur le soleil, vont y subir une décomposition, une nouvelle préparation qui leur permette de s'élever et d'aller de nouveau concourir à l'entretien de la combustion photosphérique.

On s'est beaucoup préoccupé de la question de savoir comment s'entretient la chaleur solaire. Elle doit être tellement intense qu'il est difficile de s'expliquer qu'elle ait pu se conserver, s'alimenter pendant la durée immense qui paraît avoir dû s'écouler depuis l'origine du soleil, quand, placé au point de vue géologique, on considère l'âge que notre globe doit avoir lui-même.

Au point de vue des idées nouvelles d'équivalence entre la chaleur et le travail, on a supposé que la chaleur du soleil était engendrée par la chute de matières cosmiques tombant continuellement et de tous les points de l'espace sur cet astre. Ici nous trouvons d'abord l'ébauche de théorie météorique de M. Mayer et celle de M. Watterston.

Contre leur hypothèse principale, on a allégué, d'une part, que si les matières cosmiques tombées sur l'astre durant les vingt ou trente derniers siècles, étaient venues en quantités notables de régions situées au-delà de l'orbite terrestre, la longueur de l'année eût été diminuée sensiblement par ces additions à la masse du soleil; que, d'autre part, si les matières parvenues au soleil pendant ce même temps s'étaient toutes trouvées en dedans de l'espace compris entre le soleil et la terre, elles eussent été insuffisantes pour compenser, d'une manière appréciable, la perte énorme de chaleur résultant du rayonnement incessant du soleil.

Dans l'hypothèse où le soleil serait une masse incandescente soumise à un refroidissement graduel sans compensation, on a tâché d'évaluer la perte annuelle de la chaleur solaire. M. Thomson, en se fondant sur des calculs d'Herschel et de M. Pouillet, et en supposant que la substance du soleil soit analogue à celle de la terre, a été conduit à ce résultat que le soleil se refroidirait de plus d'un degré et quatre dixièmes (centigrade) par an. Mais alors il se serait opéré dans la matière solaire une contraction qui, diminuant sensiblement le volume apparent de l'astre, n'aurait pas échappé aux observations, dans l'hypothèse où la masse du soleil ne se serait pas accrue par la chute de matières cosmiques.

M. Thomson, invoquant d'autres considérations, une série d'appréciations plus ou moins contestables, est arrivé à regarder comme probable que la chaleur spécifique du soleil est plus de dix fois et moins de dix mille fois celle de l'eau à l'état liquide ; qu'ainsi sa température s'abaisse de 100 degrés pendant une durée de 700 à 700,000 ans. C'est là un résultat bien vague !

Suivant M. Thomson, le soleil et sa chaleur tireraient leur origine de l'agglomération de corpuscules tombant ensemble par l'effet d'une gravitation mutuelle, et développant, conformément à la loi de Joule, une chaleur équivalente exactement au mouvement perdu dans leur collision. Au moyen de l'hypothèse de tourbillons météoriques, il a tenté de conjurer l'objection que la longueur de l'année, telle qu'elle est du moins depuis deux mille ans, n'a pas été sensiblement altérée par des accroissements de la masse du soleil.

M. Thomson suppose qu'une certaine quantité de matière cosmique circule incessamment autour de l'astre, en décrivant non pas une ellipse, mais une spirale à spires de plus en plus étroites, de manière qu'elle finit par atteindre obliquement la surface du soleil et y produit, par le choc, par le frottement, de la chaleur et de la lumière. Il imagine autour du soleil un milieu résistant dont l'intensité va en croissant vers la surface solaire.

Dès lors, pense-t-il, la matière cosmique en mouvement dans le milieu y éprouve une résistance qui lui fait décrire une spirale ; peu à peu elle arrive à la photosphère qu'elle frotte avec une énorme vitesse.

M. Faye rejette cette théorie. Il objecte d'abord (*Cosmos* du 10 octobre 1862, p. 406) qu'un seul milieu matériel ne saurait être immobile autour du soleil ; que si l'on veut absolument faire intervenir un milieu circomsolaire, il faut admettre qu'il circule autour de l'astre, à partir d'une certaine distance, et cela avec une vitesse égale à celle d'une planète qui serait dans la même région. « Or, dit-il, un corps placé dans un tel milieu circulant ne se rapproche plus indéfiniment du soleil, comme dans l'hypothèse inadmissible d'un milieu résistant immobile. »

M. Faye soutient de plus que la théorie est en contradiction avec les faits. Il regarde comme impossible que cette quantité de matière cosmique qui circulerait avec une rapidité énorme autour du soleil, ne fût pas elle-même à une très-haute température, et que son incandescence de plus en plus marquée vers le soleil ne dût pas la rendre visible. Or, le soleil étant regardé avec un grossissement quelconque, on ne voit que le contact pur et parfaitement circulaire du disque solaire.

Ces considérations qu'oppose M. Faye à l'hypothèse de M. Thomson sont faibles. Je ne pense point que l'on puisse trouver une objection sérieuse dans l'aspect du soleil. Je ne vois pas non plus qu'un corps placé dans un milieu matériel tournant autour d'un astre, du soleil, ne puisse se rapprocher de plus en plus de cet astre et finalement atteindre sa surface. Je ne le vois pas, même en supposant à ce corps un mouvement dans le sens de celui dont le milieu serait animé. Notre atmosphère n'est-elle pas un milieu matériel tournant avec la terre, et ne voyons-nous pas des corps lancés dans le sens de ce mouvement tomber sur la surface terrestre après avoir décrit une courbe ?

M. Thomson a calculé qu'au moyen de ces hypothèses sur le choc de la matière cosmique, on peut rendre raison de vingt millions d'années de chaleur solaire.

Il assure que l'hypothèse d'une action chimique, pour l'entretien de la chaleur solaire, est tout à fait insuffisante, *parce que l'action la plus énergique que nous connaissions, s'opérant entre des substances équivalant à toute la masse du soleil, ne développerait que trois mille années de chaleur.*

Je me méfie un peu des évaluations de ce genre, de ces calculs fondés sur des à peu près, sur des données incertaines. Et puis, en admettant qu'en effet les actions chimiques les plus énergiques que nous connaissions ne puissent s'exercer dans une plus grande mesure que celle indiquée ici et admise par M. Thomson, je ne serais point convaincu qu'il en doive être ainsi pour celles que nous ne connaissons pas, pour les actions chimiques du soleil, notamment celles qui produiraient sa chaleur, serviraient à préparer les matières destinées à la combustion opérée dans les régions de la photosphère. Le soleil, paraît-il, contient des métaux terrestres ; mais si nous savons que ces corps se trouvent dans le soleil, nous sommes loin de pouvoir assurer qu'il n'en contient pas d'autres, qu'il ne possède que des substances semblables à celles de notre globe.

A l'appui de l'idée que le soleil et les planètes sont formées des mêmes éléments, on a dit que, selon les apparences, ils ont tous une commune origine, ils sont sortis d'une même nébuleuse.

A ce sujet, on paraît généralement admettre le système de Laplace. Ce système touche trop à la question de la constitution du soleil, pour que je n'en reproduise pas ici les parties essentielles.

Après s'être demandé quelle est la cause réelle de la formation des planètes, des mouvements primitifs du système planétaire, le grand géomètre s'explique ainsi (1) :

« Quelle que soit sa nature (de cette cause), puisqu'elle a produit ou dirige les mouvements des planètes, il faut qu'elle ait embrassé tous ces corps, et, vu la distance prodigieuse qui les sépare, elle ne peut avoir été qu'un fluide d'une immense étendue. Pour leur avoir donné, dans le même sens, un mouvement presque circulaire autour du soleil, il faut que ce fluide ait environné cet astre comme une atmosphère. La considération des mouvements planétaires nous conduit donc à penser qu'en vertu d'une chaleur excessive, l'atmosphère du soleil s'est primitivement étendue au-delà des orbes de toutes les planètes, et qu'elle s'est resserrée successivement jusqu'à ses limites actuelles.

» Dans l'état primitif où nous supposons le soleil, il ressemblait aux nébuleuses que le télescope nous montre composées d'un noyau plus ou moins brillant, entouré d'une nébulosité qui, en se condensant à la surface du noyau, le transforme en étoile. Si l'on conçoit, par analogie, toutes les étoiles formées de cette manière, on peut imaginer leur état antérieur de nébulosité, précédé lui-même par d'autres états dans lesquels la matière nébuleuse était de plus en plus diffuse, le noyau étant de moins en moins lumineux. On arrive ainsi, en remontant aussi loin qu'il est possible, à une nébulosité

(1) *Exposition du système du monde*, note VII et dernière.

tellement diffuse que l'on pourrait à peine en soupçonner l'existence.

» Depuis longtemps la disposition particulière de quelques étoiles visibles à la vue simple a frappé des observateurs philosophes. Mitchel a déjà remarqué combien il est peu probable que les étoiles des pléiades, par exemple, aient été resserrées, dans l'espace étroit qui les renferme, par les seules chances du hasard, et il en a conclu que ce groupe d'étoiles et les groupes semblables que le ciel nous présente sont les effets d'une cause primitive ou d'une loi générale de la nature. Ces groupes sont un résultat nécessaire de la condensation des nébuleuses à plusieurs noyaux ; car il est visible que la matière nébuleuse étant sans cesse attirée par ces noyaux divers, ils doivent former à la longue un groupe d'étoiles pareil à celui des pléiades. La condensation des nébuleuses à deux noyaux formera semblablement des étoiles très-rapprochées, tournant l'une autour de l'autre, telles que les étoiles doubles dont on a déjà reconnu les mouvements respectifs.

» Mais comment l'atmosphère solaire a-t-elle déterminé les mouvements de rotation et de révolution des planètes et des satellites? Si ces corps avaient pénétré profondément dans cette atmosphère, sa résistance les aurait fait tomber sur le soleil. On peut donc conjecturer que les planètes ont été formées à ses limites successives par la condensation des zones de vapeurs qu'elle a dû, en se refroidissant, abandonner dans le plan de son équateur.

» Rappelons les résultats que nous avons donnés dans le dixième chapitre du livre précédent (1). L'atmo-

(1) Voir livre IV, chapitre X.

sphère du soleil ne peut pas s'étendre indéfiniment ; sa
limite est le point où la force centrifuge due à son mouvement de rotation balance la pesanteur ; or, à mesure
que le refroidissement resserre l'atmosphère et condense
à la surface de l'astre les molécules qui en sont voisines, le mouvement de rotation augmente ; car en
vertu du principe des aires, la somme des aires décrites par le rayon vecteur de chaque molécule du soleil
et de son atmosphère, et projetées sur le plan de son
équateur, étant toujours la même, la rotation doit être
plus prompte quand ces molécules se rapprochent du
centre du soleil. La force centrifuge, due à ce mouvement, devenant ainsi plus grande, le point où la
pesanteur lui est égale est plus près de ce centre. En
supposant donc, ce qu'il est naturel d'admettre, que
l'atmosphère s'est étendue, à une époque quelconque,
jusqu'à sa limite, elle a dû, en se refroidissant, abandonner les molécules situées à cette limite, et aux limites successives produites par l'accroissement de la rotation du soleil. Ces molécules abandonnées ont continué
de circuler autour de cet astre, puisque leur force centrifuge était balancée par leur pesanteur.

» Mais cette inégalité n'ayant point lieu par rapport
aux molécules atmosphériques placées sur les parallèles à
l'équateur solaire, celles-ci se sont rapprochées par leur
pesanteur de l'atmosphère, à mesure qu'elle se conden-
sait, et elles n'ont cessé de lui appartenir qu'autant que,
par ce mouvement, elles se sont rapprochées de cet
équateur.

» Considérons maintenant les zones des vapeurs successivement abandonnées. Ces zones ont dû, selon toute
vraisemblance, former par leur condensation et l'attraction mutuelle de leurs molécules, divers anneaux con-

centriques de vapeurs circulant autour du soleil. Le frottement mutuel des molécules de chaque anneau a dû accélérer les unes et retarder les autres jusqu'à ce qu'elles aient acquis un même mouvement angulaire. Ainsi les vitesses réelles des molécules plus éloignées du centre de l'astre ont été plus grandes. La cause suivante a dû contribuer encore à cette différence de vitesse : les molécules les plus distantes du soleil et qui, par les effets du refroidissement et de la condensation, s'en sont rapprochées pour former la partie supérieure de l'anneau, ont toujours décrit des airs proportionnelles aux temps, puisque la force centrale dont elles étaient animées a été constamment dirigée vers cet astre; or, cette constance des aires exige un accroissement de vitesse à mesure qu'elles s'en sont rapprochées. On voit que la même cause a dû diminuer la vitesse des molécules qui se sont élevées vers l'anneau pour former sa partie inférieure.

» Si toutes les molécules d'un anneau de vapeurs continuaient de se condenser sans se désunir, elles formeraient à la longue un anneau liquide ou solide. Mais la régularité que cette formation exige dans toutes les parties de l'anneau et dans leur refroidissement, a dû rendre ce phénomène extrêmement rare. Aussi le système solaire n'en offre-t-il qu'un seul exemple, celui des anneaux de Saturne. Presque toujours chaque anneau de vapeurs a dû se rompre en plusieurs masses qui, mues avec des vitesses très-peu différentes, ont continué de circuler à la même distance autour du soleil. Ces masses ont dû prendre une force sphéroïdique, avec un mouvement de rotation dirigé dans le sens de leur révolution, puisque leurs molécules inférieures avaient moins de vitesse réelle que les supérieures; elles ont donc formé

autant de planètes à l'état de vapeurs. Mais si l'une
d'elles a été assez puissante pour réunir successivement,
par son attraction, toutes les autres autour de son centre,
l'anneau de vapeurs aura été ainsi transformé dans une
seule masse sphéroïdique de vapeur, circulant autour du
soleil, avec une rotation dirigée dans le sens de sa révolution. Ce dernier cas a été le plus commun : cependant
le système solaire nous offre le premier cas, dans les
quatre petites planètes qui se meuvent entre Jupiter et
Mars ; à moins qu'on ne suppose, avec M. Olbers, qu'elles formaient primitivement une seule planète qu'une
forte explosion a divisée en plusieurs parties animées de
vitesses différentes.

» Maintenant, si nous suivons les changements qu'un
refroidissement ultérieur a dû produire dans les planètes
en vapeurs, dont nous venons de concevoir la formation,
nous verrons naître au centre de chacune d'elles, un noyau
s'accroissant sans cesse, par la condensation de l'atmosphère qui l'environne. Dans cet état, la planète ressemblait parfaitement au soleil et à l'état de nébuleuse
où nous venons de le considérer : le refroidissement a
donc dû produire aux diverses limites de son atmosphère,
des phénomènes semblables à ceux que nous avons décrits, c'est-à-dire des anneaux et des satellites circulant
autour de son centre, dans le sens de son mouvement
de rotation, et tournant dans le même sens sur eux-
mêmes. La distribution régulière de la masse des anneaux
de Saturne autour de son centre et dans le plan de son
équateur, résulte naturellement de cette hypothèse,
et sans elle devient inexplicable : ces anneaux me paraissent être des preuves toujours subsistantes de l'extension primitive de l'atmosphère de Saturne et de ses
retraites successives. Ainsi les phénomènes singuliers

du peu d'excentricité des orbes des planètes et des satellites, du peu d'inclinaison de ces orbes à l'équateur solaire, et de l'identité du sens des mouvements de rotation et de révolution de tous ces corps avec celui de la
rotation du soleil, découlent de l'hypothèse que nous
proposons et lui donnent une grande vraisemblance.

» Si le système solaire s'était formé avec une parfaite
régularité, les orbites des corps qui le composent seraient
des cercles dont les plans, ainsi que ceux des divers équa-
teurs et des anneaux coïncideraient avec le plan de l'é-
quateur solaire. Mais on conçoit que les variétés sans
nombre qui ont dû exister dans la température et la
densité des diverses parties de ces grandes masses ont
produit les excentricités de leurs orbites, et les déviations de leurs mouvements, du plan de cet équateur.

» Dans notre hypothèse, les comètes sont étrangères
au système planétaire. En les considérant, ainsi que nous
l'avons fait, comme de petites nébuleuses errantes de
systèmes en systèmes solaires, et formées par la condensation de la matière nébuleuse, répandue avec tant de
profusion dans l'univers, on voit que, lorsqu'elles parviennent dans la partie de l'espace où l'attraction du soleil est
prédominante, il les force à décrire des orbes elliptiques
ou hyperboliques. Mais leurs vitesses étant également
possibles suivant toutes les directions, elles doivent se
mouvoir indifféremment dans tous les sens et sous toutes
les inclinaisons à l'écliptique ; ce qui est conforme à ce
que l'on observe. Ainsi la condensation de la matière
nébuleuse, par laquelle nous venons d'expliquer les
mouvements de rotation et de révolution des planètes et
des satellites dans le même sens et sur des plans peu
différents, expliquent également pourquoi les mouvements des comètes s'écartent de cette loi générale.

» L'attraction des planètes, et peut-être encore la résistance des milieux éthérés, a dû changer plusieurs orbes cométaires, dans des ellipses dont le grand axe est beaucoup moindre que le rayon de la sphère d'activité du soleil. On peut croire que ce changement a eu lieu pour l'orbe de la comète de 1759, dont le grand axe ne surpace que 35 fois la distance du soleil à la terre. »

J'ai plusieurs objections à élever contre cette théorie de Laplace.

D'abord, elle ne dit point comment se serait établie la rotation primitive de la nébuleuse entière d'où serait sorti notre système solaire.

Les considérations au moyen desquelles l'auteur veut établir que l'atmosphère solaire a dû successivement abandonner les vapeurs placées à sa limite à mesure qu'elle s'est refroidie, condensée, ne me paraissent pas pertinentes. Si le refroidissement a condensé les molécules de l'atmosphère solaire, est-ce qu'il n'a pas condensé aussi les vapeurs qui s'y trouvaient? Si cela est, la séparation, l'abandon de ces vapeurs a pu n'avoir pas lieu. Pour que l'atmosphère solaire ait dû abandonner des vapeurs à ces limites successives en raison du refroidissement, il a fallu que cette atmosphère se condensât plus que les vapeurs qui y étaient répandues; or, cela n'est pas vraisemblable, d'après ce que nous voyons sur la terre, dans les phénomènes atmosphériques.

Je conteste l'application que fait Laplace du principe des aires à la rotation moléculaire d'un sphéroïde. Les molécules de ce corps ne sont pas, relativement à son centre, dans des conditions semblables à celles où se trouve un astre gravitant autour d'un autre. Le refroidissement, en rapprochant les molécules les unes des autres, en augmentant leur cohésion ou produisant des frottements entre elles, peut tendre à atténuer leur mouvement rotatoire, au lieu de l'accélérer comme le suppose l'auteur de la *Mécanique céleste*. Je reviendrai sur ce point dans la note 1.

Il n'est pas probable que les anneaux supposés par Laplace, en se condensant, deviennent des sphéroïdes. S'ils ne sont pas d'une constitution homogène, leur condensation pourra sans doute déterminer leur division en plusieurs corps séparés, qui ensuite tendront à se réunir par leur attraction mutuelle ; mais alors généralement il se formera soit un anneau entier plus dense que le précédent, soit une portion d'anneau, non un sphéroïde.

Il est plus plausible que la nébuleuse d'où sont sortis notre soleil et ses planètes avait primitivement plusieurs noyaux, un noyau solaire et des noyaux planétaires. De cette manière, on expliquera aisément la formation de ces astres, par la concentration résultant du refroidissement et de l'attraction qui se produiront autour du centre de chaque noyau. Les divers noyaux et les couches condensées autour d'eux différeront plus ou moins dans leurs substances, leurs éléments, de telle sorte que tel astre pourra contenir des éléments que ne comprendront pas les autres, et quant aux substances qui leur seraient communes, elles ne s'y trouveront pas dans la même proportion.

On objectera que l'hypothèse ne rendrait pas compte de ce que toutes les planètes exécutent leurs mouvements de rotation et de translation dans un même sens, d'occident en orient, et qu'elle n'expliquerait pas non plus les anneaux circomplanétaires, ces anneaux qui tournent autour de Saturne. On dira que l'hypothèse

de Laplace fait merveilleusement concevoir la formation
de ces anneaux. Voyons ce que valent ces objections.

1° Comment l'hypothèse de Laplace expliquerait-elle
ce fait que les planètes tournent, se meuvent dans le
même sens, dans le sens direct? Ce serait en admettant
que dans le principe toute la nébuleuse de notre système, tournait à la fois dans ce sens, et que les planètes
formées des anneaux concentriques de la nébuleuse ont
ensuite gardé ce mouvement. Mais alors pourquoi le mouvement rotatoire primitif des anneaux qui avait lieu tout
autour du soleil, est-il arrivé à ne plus s'effectuer ainsi,
mais à se faire en dehors de l'astre? Il semble que les
planètes auraient dû tourner autour de l'astre central,
comme la lune tourne autour de la terre, c'est-à-dire
en lui présentant toujours la même face. Comment les
mouvements rotatoires primitifs des anneaux qui, selon
toute probabilité, étaient angulairement à peu près aussi
lents que celui du corps central, sont-ils devenus bien
plus rapides, puisque le soleil tourne sur lui-même à
peu près en 25 jours et demi, et que Mercure, Vénus,
la Terre, Mars, accomplissent leur rotation à peu près
en 24 heures, Jupiter et Saturne à peu près en 10 heures,
plus ou moins ; en sorte que là il s'est passé le contraire
de ce qui a eu lieu pour la terre et son satellite, qui
tourne bien moins vite que notre globe? Pourquoi, dans
le système de l'auteur, Jupiter et Saturne tournent-ils
sur eux-mêmes avec bien plus de rapidité que ne le
font les planètes inférieures, Mars, la Terre, Vénus,
Mars? Il faut convenir que, sous ces rapports, loin de
faciliter la solution du problème, l'hypothèse de Laplace
le complique et l'embarrasse singulièrement.

On peut, en dehors de cette hypothèse, concevoir que
les planètes de notre système se meuvent dans le même

sens, que leurs mouvements de rotation et de translation aient dû s'établir de droite à gauche, de l'occident
à l'orient ?

Suivant moi, les mouvements de rotation et de translation d'un astre résultent de deux attractions inégales
et dirigées dans deux sens différents, qui ont agi sur cet
astre, ainsi que je le montrerai dans la note 1. Or, il se
peut que les parties d'une même nébuleuse à plusieurs
noyaux aient été soumises à deux forces attractives remplissant ces conditions, de telle sorte qu'il ait dû en résulter pour les divers noyaux et leurs parties adhérentes,
des mouvements de rotation et de translation dans un
même sens ; que, d'ailleurs, ces mouvements aient été
influencés, modifiés plus ou moins considérablement
par les gravitations particulières s'établissant alors entre
ces corps en raison de leurs masses, distances et constitutions respectives, de manière à faire tourner les planètes autour du soleil, les satellites autour des planètes
avec des vitesses diverses de rotation et de translation.

Les anneaux de Saturne ne peuvent être dus qu'à une
disposition particulière que devait avoir primitivement
la matière qui les compose, et aussi à la nature même
de cette matière et à celle du milieu de l'atmosphère où
elle s'est trouvée.

Les satellites des planètes, comme les planètes et le
soleil, sont résultés de noyaux, de centres particuliers
vers lesquels se sont portées des parties plus ou moins
considérables de la matière composant la nébuleuse.

La lune paraît être complètement solidifiée, même
dans ses profondeurs ; du moins elle se montre dénuée
d'atmosphère, de toute substance liquide. Elle tourne
fort lentement : nous présentant constamment la même
face, elle met près d'un mois à faire sa révolution sur

elle-même en même temps qu'elle décrit une courbe de translation , une ellipse autour de notre globe. Je pense que la lenteur de sa rotation tient à son état de solidification. Probablement, quand les deux attractions extérieures que j'ai supposées ont agi sur la nébuleuse totale, les divers noyaux ne se trouvaient pas dans un même état de densité, et il est supposable que, d'après la nature des substances gazeuses qui, par leur condensation, ont constitué la lune, elle a dû plus promptement se liquéfier, se solidifier, que ne l'ont fait les substances de la terre et des autres planètes. D'ailleurs, de deux astres de masses très-inégales, composés des mêmes substances et de même densité, semblablement constitués en tous points, et placés dans un même milieu, le plus petit se refroidirait bien plus promptement que le plus gros. Il est donc admissible que la lune est, beaucoup plus tôt que la terre , arrivée à l'état de liquéfaction et de solidité. Or, la cohésion croissante de ses molécules a considérablement atténué sa vitesse rotatoire, qui d'ailleurs a bien pu n'être jamais aussi grande, à beaucoup près, que celle de la terre, non-seulement à cause de la différence de leurs constitutions, de leurs degrés de cohésion moléculaire, lorsqu'elles ont reçu les actions des forces attractives qui les ont mises en mouvement, mais encore par suite de la différence de leurs positions et de leurs distances relativement aux siéges de ces forces.

Les astronomes ont vu que les satellites de Jupiter et de Saturne présentent continuellement une même face à la planète respective. Ils tournent sur eux-mêmes avec des vitesses inégales et qui sont inférieures aux vitesses de rotation des planètes vers lesquelles ils gravitent, mais bien plus grandes que la vitesse rotatoire

de notre lune, excepté cependant le huitième satellite de
Saturne qui emploie plus de 79 jours pour faire sa révolution. Je puis, jusqu'à un certain point, leur appliquer
les explications que je viens de présenter pour la rotation
de notre satellite. En ce cas, les satellites qui tourneraient le plus rapidement seraient généralement les
moins denses, du moins ceux où la cohésion molécu-
saire serait moins grande : la cohésion n'est point toujours en raison de la densité.

Les satellites d'Uranus offrent une particularité notable. Ils paraissent tourner, se mouvoir en sens contraire au mouvement de cette planète. Mon hypothèse
peut se prêter à l'explication de ce fait exceptionnel. Il
provient sans doute de quelque attraction particulière
qui se sera trouvée agir sur les satellites alors qu'ils
étaient très-rapprochés les uns des autres du côté où
elle s'exerçait, et qui, jointe à l'attraction de la planète
même d'Uranus, aura déterminé la rotation des satellites autour d'elle. Une action particulière a pu être assez
forte pour produire cet effet partiel, sans l'être assez pour
déterminer le sens des mouvements des autres astres,
bien que, d'ailleurs, elle ait pu exercer aussi une certaine influence sur leurs mouvements ; car il y a une sorte
de solidarité entre tous les astres de l'univers ; ils influent
tous plus ou moins les uns sur les autres sous divers
rapports.

Quelle que soit la valeur des idées que je viens d'ex-
poser, et qui, on le voit, s'écartent considérablement de
celles de Laplace, de ce que notre système solaire a été
formé d'une nébuleuse, il ne s'ensuit point que les astres de ce système doivent être tous composés des mêmes substances, d'éléments semblables. En supposant
que la nébuleuse totale était originairement une seule

masse substantiellement homogène, on ne saurait se rendre convenablement compte de la formation du soleil, des planètes et de leurs satellites.

Tous les aérolithes qu'on a analysés ont paru uniquement formés de substances terrestres, mais aucun d'eux ne contenait toutes sortes de substances terrestres. Si donc ces corps sont de petits astéroïdes rentrant dans notre système, il s'ensuit que des planètes peuvent contenir des substances qui n'existent pas dans d'autres astres du même système.

On ne connaît même pas toutes les substances de la terre. Pour ne parler que des métaux, anciennement on n'en connaissait que sept, aujourd'hui on en compte quarante-sept, et il est bien probable qu'il s'en découvrira d'autres encore. Comment donc oser affirmer que le soleil ne contient que des substances terrestres ? Pourquoi une nébuleuse ne serait-elle pas composée de substances hétérogènes essentiellement différentes, de manière à se diviser et à former un système de mondes fort différents, un soleil et des planètes présentant des diversités sous tous les rapports ? Sans doute notre système solaire ne s'est pas constitué sous la seule influence des substances qui le composent, mais encore sous l'influence des autres substances généralement répandues dans l'espace, et dans cette supposition encore, je ne vois pas que le soleil et les planètes doivent être formés des mêmes éléments. Je pense, quant à moi, que l'univers est très-varié sous tous les rapports. Que le soleil contienne certains métaux terrestres et qu'il en soit ainsi des autres astres, c'est bien admissible, mais qui prouvera que tous les éléments ou même la plupart des éléments du soleil ne sont autres que ceux de notre globe ? On a conclu des expériences spectrales que le soleil, du moins son atmosphère, ne contient pas certaines substances, tels métaux que nous offre notre globe : pourquoi réciproquement l'atmosphère solaire n'en contiendrait-elle pas d'étrangers à la terre?

D'après cela, je conteste qu'on puisse assurer que les actions chimiques qui s'opéreraient entre les substances du soleil ne sauraient surpasser en fécondité celles qui s'effectuent sur la terre, et que les premières ont été insuffisantes pour conserver en grande partie la chaleur solaire depuis la formation de l'astre jusqu'à nos jours.

Au reste, la vraie question ici n'est pas de savoir quelle est la quantité de matière qui a dû être combinée pour entretenir la photosphère solaire jusqu'à nos jours, mais bien de savoir si les matières qui devaient servir et ont servi aux combinaisons photosphériques ont pu, par des décompositions successives, procurer de nouveaux et suffisants éléments à ces combinaisons. Qu'importe la quantité de matière qui a dû brûler pour alimenter la photosphère, si les décompositions ont pu se proportionner aux combinaisons de manière que la photosphère ait été continuellement et suffisamment pourvue d'éléments de combustion?

Si c'est ainsi que s'entretient la chaleur du soleil, comment et où se produisent les actions chimiques qui servent à cet entretien ?

Je conçois la photosphère comme formée d'une matière gazeuse en combustion, du moins dans une notable portion de son épaisseur. Cette combustion est continuellement alimentée par des gaz qui, plus légers que l'atmosphère solaire, s'élèvent du soleil vers la photosphère. Les matières provenant de la combustion, plus pesantes au contraire que l'atmosphère, tombent vers le corps central de l'astre, vont subir une décomposition par suite de laquelle, devenues moins denses, elles remontent vers la photosphère pour l'alimenter, et ainsi de suite.

Mais la décomposition des matières provenant de la combustion qui se produit à la photosphère a-t-elle lieu à la surface du corps opaque du soleil? Dira-t-on que leur décomposition ne pourrait s'opérer que sous l'influence d'une température supérieure à celle de la photosphère, où la combustion aurait eu lieu, et que la température régnant sur le globe solaire devrait être de beaucoup inférieure à celle de la photosphère? Je contesterais la première assertion, qui est démentie par la chimie terrestre : on sait, par exemple, que l'eau formée à une haute température est décomposée à la température ordinaire par le potassium, qui s'empare de l'oxygène, pour lequel il a une très-grande affinité.

Nous avons, sur la terre, des exemples de transformations et de pondérations qui peuvent, jusqu'à un certain point, donner une idée de celles qu'on supposerait sur l'astre qui nous éclaire. Ainsi, d'une part, si les animaux tendent à vicier l'air en lui enlevant une notable partie de son oxygène et en y émettant de l'acide carbonique, les plantes, d'autre part, sous l'influence de la lumière, en décomposant l'acide carbonique et rendant à l'air de l'oxygène, rétablissent l'équilibre, qui ainsi n'est pas sensiblement détruit. Je n'entends point supposer une analogie complète entre ces phénomènes et ceux au moyen desquels la photosphère continuerait à recevoir les matières nécessaires à son alimentation ; seulement je rappelle les premiers pour faire concevoir les seconds.

Au surplus, il ne me paraît point impossible d'expliquer la décomposition en question sans admettre qu'elle ait lieu à la surface du corps solaire. On le peut, je crois, en écartant l'objection à laquelle je viens de répondre.

La théorie de M. Faye n'est point admissible, mais ne peut-on pas, tout en la rejetant sous d'autres rapports, lui emprunter, jusqu'à un certain point, son procédé d'alimentation de la photosphère?

Rien, je pense, n'empêche de supposer que la photosphère, à une grande profondeur, offre un état de dissociation, une chaleur bien plus considérable que celle de sa surface et qui décompose les résidus de la combustion opérée dans la partie extérieure, entraînés par leur propre poids vers les couches inférieures. Cette décomposition effectuée, les gaz en provenant remonteraient vers la surface, et ainsi de suite. De cette manière on concevrait bien que les mêmes gaz de la photosphère, par des combinaisons et décompositions successives, pussent fournir indéfiniment les éléments nécessaires à une active et générale combustion effectuée principalement à la surface solaire. La seule cause d'atténuation de la chaleur serait dans l'abaissement graduel de la température des couches profondes où devrait s'opérer la décomposition, et l'on pourrait penser que cet abaissement est extrêmement lent, car d'abord un gaz en dissociation rayonne extrêmement peu de chaleur, et l'on sait maintenant que, dans plusieurs cas, une décomposition, loin d'absorber de la chaleur, en produit une quantité notable. On connaît, à ce sujet, les expériences de MM. Favre et Silherman, qui ont trouvé que dans la décomposition du protoxyde d'azote effectuée sous l'influence de la chaleur seule, il se dégage, par l'effet seul de cette décomposition, environ 1090 calories, pour une quantité de protoxyde contenant un gramme d'oxygène. J'ajoute que la chute des molécules supérieures produira de la chaleur, qu'ainsi ces molécules pourront s'échauffer sans que ce soit sensiblement au préjudice de la chaleur des couches inférieures.

Remarquons ici que les rayons calorifiques de la surface inférieure de la photosphère étant réfléchis par l'enveloppe sous-jacente, cette surface est sans doute maintenue à une température plus élevée que la surface supérieure ; mais, par cela même, dans l'hypothèse, elle serait plus près de l'état de dissociation, la combustion y serait moins active, et par suite elle rayonnerait moins de chaleur. Ceci aiderait certainement à expliquer que le corps du soleil puisse conserver une écorce solide malgré la chaleur de la photosphère (1).

Contre mon hypothèse de dissociation, de décomposition au sein même de la photosphère, on objectera peut-être que la photosphère n'est pas assez épaisse pour qu'il y ait, entre la température de sa surface et celle de ses couches profondes, une différence aussi grande que l'impliquerait cette hypothèse. Je n'accepterais pas cette fin de non-recevoir.

Premièrement. Quand la chaleur produit une combinaison, une combustion, que se passe-t-il, comment opère la chaleur ? Dans un livre de physique récemment publié (2), je crois avoir montré que la chaleur consiste physiquement dans les vibrations d'un fluide particulier, et que c'est en poussant les unes vers les autres, des molécules ayant entre elles une affinité chimique, qu'elle

---

(1) La partie profonde serait sans doute moins lumineuse, et la lumière photosphérique diminuerait graduellement de l'extérieur à l'intérieur ; mais quand l'ouverture photosphérique serait opérée, les parois profondes devant bientôt alors perdre une notable partie de leur chaleur, elles pourraient nous apparaître avec un éclat égal à celui des parois supérieures, et c'est ce qui a lieu ordinairement.

(2) *Discussions sur les principes de la physique.*

en détermine la combinaison, qu'elle produit en certain cas la combustion. J'ai aussi établi que la chaleur décompose les corps, parce que les parcelles du fluide calorifique, dans leurs mouvements vibratoires, poussent parfois les molécules combinées en sens opposés, pénètrent entre elles et les séparent, les mettent à une distance où l'affinité chimique n'est plus prédominante. Les parcelles du fluide se repoussent réciproquement ; entre les parties d'une molécule composée, il y a des parcelles de fluide en plus ou moins grande quantité, et c'est surtout parce que le fluide extérieur agit sur ces parcelles intermédiaires, les met en vibration, par l'effet de la répulsion, que, dans son mouvement vibratoire, il opère la décomposition. Or, je ne vois pas que des vibrations calorifiques de même intensité que celles qui ont déterminé une combinaison, ne puissent, de la manière que je viens d'indiquer, la défaire. Toutefois, je conçois que les mouvements du fluide aient plus de facilité à rapprocher les unes des autres les molécules séparées, qu'à les séparer une fois qu'elles sont chimiquement réunies. A ce point de vue, je conçois et admets qu'il faudra généralement plus de chaleur pour opérer la décomposition qu'il n'en faudra ou qu'il n'en a fallu pour produire la décomposition.

Secondement. On ne connaît pas d'une manière certainement approximative l'épaisseur que peut avoir la photosphère du soleil. D'après Wilson, l'abaissement du noyau par rapport à la surface photosphérique serait égal à un rayon terrestre ; suivant le R. P. Secchi, la photosphère ou couche photosphérique *n'excède pas un rayon terrestre ;* et même elle est très-inférieure à ce rayon. M. Faye lui donne plus d'épaisseur. M. Chacornac lui attribue bien moins d'épaisseur que M. Faye. Mais je ne saurais regarder comme certaines les bases non identiques d'ailleurs sur lesquelles ils ont fondé leurs évaluations.

Troisièmement. D'après des expériences spéciales, on admet que la température terrestre va en croissant de la surface au centre du globe. On évalue cet accroissement à un degré pour 30 mètres. Si la chaleur de notre globe allait toujours en augmentant suivant cette même proportion, l'accroissement de température excéderait 3° par 100 mètres, 30° pour un kilomètre, 30,000° pour mille kilomètres. Il s'ensuivrait que la température du centre de la terre dépasserait 180,000 degrés. Mais sans doute la progression réelle n'est point soumise à cette loi. Il est plausible que la température, à une certaine profondeur, croît lentement et non pas en raison directe de la distance de la surface. Cependant il est bien probable que la chaleur centrale est énorme. Supposons que la température croisse d'environ un degré par 30 mètres jusqu'à 100 kilomètres : à cette distance, elle s'élèverait à 3000° environ. Supposons qu'ensuite, pour chaque 100 kilomètres, l'augmentation ne soit que de moitié de celui de la couche de 100 kilomètres précédente : à une distance de 6000 kilomètres, qui égalent 60 fois 100 kilomètres, l'accroissement total serait exprimé par la somme des 60 premiers termes d'une progression géométrique décroissante dont le premier terme serait 3000. Donc, par la formule connue, $S = \frac{a - lq}{1 - q}$, en faisant $a = 3000$, $l = 60$, $q = \frac{1}{2}$, on trouvera, pour la somme cherchée, 5940°. Je ne prétends point que ces hypothèses et ce résultat sont conformes à la réalité : il est présumable que, dans l'intérieur du globe, la température est à peu près la même à partir d'un certain point jusqu'au centre. Je présente seulement ce calcul pour faire concevoir que, même en prenant une progression très-modérée, on arriverait encore à un chiffre fort considérable pour l'expression de la température centrale de notre globe.

D'après cela, il est permis, ce me semble, de supposer que la photosphère solaire, à une profondeur de 800 lieues, ou même de 500 lieues, a une température bien plus considérable que celle de sa surface, et que la différence est telle que les combinaisons chimiques possibles à cette surface ne le sont plus à cette profondeur. Il est bien croyable qu'à l'intérieur de notre globe, où la matière est fort probablement liquide, même loin du centre, les combinaisons chimiques font défaut, et je ne vois point pourquoi il n'en serait pas de même à l'intérieur de la photosphère, là où sa chaleur atteint une certaine intensité. N'est-il pas d'ailleurs vraisemblable que la très-grande chaleur qui règne à la partie extérieure de la photosphère n'est pas loin de la limite où les combinaisons chimiques sont possibles pour la substance qui compose cette enveloppe, et que, par conséquent, à une distance relativement peu considérable de la surface, de 500 ou 600 lieues, par exemple, la combustion après avoir diminué par degrés, cesse complètement par l'excès de chaleur qui, au contraire, décompose les substances combinées.

Si je ne me trompe, ces considérations sont de nature à faire adopter mon hypothèse.

Et pourquoi n'admettrait-on pas diverses sources d'alimentation calorifique du soleil? Pourquoi ne penserait-on pas que l'incandescence de l'astre est entretenue, se maintient par des matières gazeuses, gazéiformes, provenant des éruptions volcaniques, par celles résultant de la décomposition opérée dans les couches les plus chaudes de la photosphère, par celles résultant de dé-

compositions ou de volatilisations effectuées sur le corps
du soleil , enfin par les corpuscules tombés sur la photosphère.

L'hypothèse d'une pluie de matières cosmiques sur le
soleil ne me paraît pas inadmissible.

Remarquons que l'on peut supposer que la chaleur
solaire est entretenue par cette pluie , de quelque manière qu'on l'entende, sans exclure l'hypothèse, si plausible d'ailleurs , que, sous la photosphère, réside un
corps opaque protégé contre la chaleur solaire par une
enveloppe réfléchissante , et que c'est ce corps qu'on
aperçoit et qui forme le noyau d'une tache lorsque ces
enveloppes se déchirent par une cause quelconque.

Pour conjurer l'objection qu'une chute incessante de
corpuscules aurait dû, à la longue, accroître considérablement la masse du soleil et par suite l'attraction qu'il
exerce sur les planètes, sur la terre, ne pourrait-on
pas supposer que ces corpuscules qui viennent tomber
sur la photosphère y sont décomposés par la chaleur de
celle-ci; que les éléments qui en proviennent, plus légers
quo l'air ou atmosphère solaire, remontent, s'élèvent
à de grandes hauteurs, en des régions bien moins chaudes,
d'où, recombinées, elles retombent sur la photosphère
pour y être de nouveau décomposées , et ainsi successivement?

L'on ne saurait justement opposer que la photosphère
ne peut être à une température telle qu'il y ait à la fois
décomposition des corpuscules tombés sur elle, et combinaison, combustion de gaz, des vapeurs qui s'élèveraient vers elle comme je l'ai supposé. Il est admissible
et admis que telle chaleur qui comporte ou permet la
combinaison de certaines substances peut produire la
décomposition d'autres corps.

18

Les matières tombées sur le soleil étant supposées solides ou liquides, l'hypothèse fournirait aussi, ce me semble, l'explication des résultats des expériences spectrales convenablement interprétées.

En même temps, la photosphère étant gazeuse, soumise au polariscope, elle ne donnerait aucun signe de polarisation, même sur ses bords.

Rien, au reste, ne montre que le soleil doive éternellement exister, rayonner des flots de chaleur et de lumière. Il est supposable qu'un jour, bien éloigné sans doute, cet astre, après avoir passé par diverses phases de développement, d'atténuation de lumière, de chaleur, s'éteindra enfin et ne sera plus qu'une planète recevant chaleur et lumière de quelque autre astre inconnu autour duquel il gravite ou gravitera alors.

J'ai déjà insinué, dans le chapitre VII, que peut-être la terre aussi a été un soleil, un astre solide et obscur entouré de deux enveloppes nuageuses, l'une réfléchissante, l'autre lumineuse. Je crois pouvoir donner plus de consistance à cette idée.

Quelle est la manière la plus probable dont notre globe s'est formé? Sans doute un globe liquide incandescent s'est peu à peu constitué par la condensation moléculaire du noyau de la nébuleuse terrestre. Autour de ce globe liquide se trouvait une grande quantité de divers gaz, notamment d'oxygène, d'azote et d'hydrogène. A la partie supérieure de la substance liquide étaient des quantités considérables de carbone, de phosphore, etc. Le globe liquide s'est peu à peu refroidi par le rayonnement, qui, comme on sait, est considérable dans les liquides, et alors la matière extérieure, d'abord en état de dissociation par l'effet de sa très-haute température, a permis des combinaisons chimiques. Le

carbone, par exemple, s'est combiné avec plusieurs substances, non-seulement avec des parties liquides , mais
encore avec des parties gazeuses d'oxygène , d'hydrogène, etc., les plus voisines, et il en est résulté des
gaz composés qui se sont élevés plus ou moins dans les
hautes régions. L'oxygène et l'hydrogène, ayant l'un
pour l'autre une fort grande affinité, se sont combinés
entre eux en grande quantité pour former de la vapeur
d'eau. Le globe liquide, continuant à se refroidir, il s'est
formé à la superficie une pellicule dont la consistance et
l'épaisseur se sont accrues de plus en plus. Une grande
portion de la vapeur d'eau, soumise à l'influence du refroidissement s'est condensée, liquéfiée, et est, en cet
état, tombée sur le globe, où elle s'est répandue également.
Une autre partie de la vapeur d'eau, moins condensée, a
formé des nuages suspendus à une certaine distance de
la surface terrestre. L'azote et l'oxygène restés, dans une
certaine proportion, sans se combiner, sont demeurés
pour constituer l'atmosphère, l'*air*. Je ne poursuivrai
pas l'examen des transformations successives du globe ,
des diverses combinaisons qui s'y sont produites. Je me
borne à faire remarquer que le gaz hydrogène carboné
qui s'est formé et élevé dans les hautes régions de l'atmosphère, a bien pu s'y brûler. Cela est même vraisemblable, car ce gaz, qui devait être à une très-haute
température, a pu se trouver à celle convenable pour
que l'oxygène, qui d'ailleurs a plus d'affinité pour l'hydrogène que pour le carbone, se soit combiné avec l'hydrogène, puis en partie avec le carbone, pour qu'il se soit
produit, en un mot, dans ces régions, des phénomènes
analogues à ceux qui ont lieu quand notre hydrogène
bi-carboné nous donne l'éclatante lumière de l'éclairage.

Si la terre s'est constituée à peu près comme je l'ai dit, il me paraît vraisemblable qu'il en est ainsi des autres planètes, sous les principaux rapports et à part les substances, qui peuvent varier dans ces divers astres? Il se pourrait donc que l'hypothèse qui attribue au soleil plusieurs enveloppes gazeuses ou nuageuses, une lumineuse, une obscure, et un globe obscur au-dessous, au lieu d'être une exception, s'appliquât à la généralité des astres, qui atteindraient plus ou moins vite la phase lumineuse, y resteraient plus ou moins longtemps et s'éteindraient enfin, deviendraient des planètes, après un décroissement graduel plus ou moins prompt de leur chaleur et leur lumière photosphériques.

Quoi qu'il en soit, les hypothèses que j'ai faites pour expliquer la formation de l'astre que nous habitons, me paraissent pouvoir aider à concevoir celle du soleil qui nous éclaire.

Supposons, en effet, que le soleil, lui aussi, par l'effet de la condensation de sa nébuleuse, ait été un globe liquide et incandescent entouré d'une énorme masse de gaz divers portés à une température fort élevée, et s'étendant, à partir de la surface liquide jusqu'à une fort grande distance. Le refroidissement graduel et notable de la partie supérieure du liquide, par l'effet du rayonnement, amènera des combinaisons de gaz avec certaines substances se trouvant dans cette partie, et d'une nature telle qu'il en résultera des gaz ou vapeurs composés qui monteront à diverses hauteurs. Le rayonnement de la masse liquide opérant toujours, cette masse arrivera à se consolider superficiellement. Ainsi se constituera la croûte du corps central. Des gaz ou vapeurs placés au-dessus, suffisamment refroidis par l'influence du voisinage de la croûte solaire, iront en partie se deverser à l'état liquide sur le globe solaire ; une autre portion de ces vapeurs restera suspendue en nuages à une certaine distance au-dessus de lui : ce sera l'enveloppe réfléchissante. Une énorme quantité de gaz simples demeureront dans l'espace sans se combiner entre eux et seront le fond général de l'atmosphère ou air solaire, remplissant, sous ce rapport, le rôle de l'oxygène et de l'azote de l'atmosphère terrestre. Des gaz composés, parvenus dans des régions très-élevées où se trouveront des gaz simples en complète dissociation en raison de l'extrême chaleur qu'ils auront conservée, à cause de leur faible rayonnement et de leur éloignement de la partie refroidie, ces gaz composés, dis-je, y subiront une décomposition complète, les parties non gazeuses entrant dans leur constitution seront volatilisées, et les particules en provenant s'élèveront, avec les gaz simples qui y étaient associés, dans des espaces photosphériques où les molécules non gazeuses pourront se reconstituer, parce que la chaleur y sera moins intense que dans les couches où la dissociation aura eu lieu. Là, par leur combinaison avec quelque élément de l'atmosphère, jouant, sous ce rapport, le rôle de l'oxygène, des gaz seront brûlés ; une partie des éléments, solides ou liquides, le sera aussi ; une portion de ces éléments, sans brûler, sans se combiner, prendra une très-vive incandescence. Le produit de la combustion d'un gaz pourra d'ailleurs être solide ou liquide et donner aussi un vif éclat, en même temps qu'une vive chaleur.

Les produits liquides ou solides de la combustion ainsi opérée retomberont, par l'effet de leur pesanteur, dans les couches inférieures, où leur décomposition se fera, puis leurs éléments ou particules remonteront vers les plus hautes couches où de nouveau ils serviront à la

combustion, à la production de la chaleur et de la lumière photosphériques. Les produits gazeux résultant de
la combinaison d'un élément solide ou liquide avec un
élément gazeux pourront se décomposer sans descendre
dans les couches profondes. Soient C un élément solide
remplissant à peu près les fonctions du carbone dans
l'hydrogène carboné, H un élément gazeux représentant
l'hydrogène, O un élément de l'atmosphère analogue à
l'oxygène; supposons, conséquemment, que O et H
aient l'un pour l'autre plus d'affinité que pour C. Si C
est combiné avec H ou avec O, O et H s'uniront et C
sera en liberté. Quant aux éléments solides ou liquides
qui, non combinés, tomberaient dans les couches profondes, ils y seraient volatilisés, s'élèveraient dans les
hautes couches pour y participer de nouveau à l'entretien
de la photosphère, comme je l'ai expliqué.

Si l'on suppose maintenant que, parmi les éléments
non gazeux des gaz composés élevés du corps central, il
y a des parties de sodium, de calcium, de fer, et généralement de métaux qui, d'après les expériences spectrales,
se trouveraient dans l'atmosphère solaire, on concevra
que ces parties se soient volatilisées en traversant les
couches les plus chaudes de l'enveloppe supérieure, et
que les vapeurs en résultant se soient élevées même au-
dessus de la photosphère, de manière à pouvoir produire,
dans le spectre solaire, les raies propres au spectre de
chacun de ces métaux.

Les gaz composés, quels qu'ils soient, qui, émanés du
corps central, arriveront à la partie inférieure de la seconde enveloppe, pourront s'y décomposer, et les éléments
s'y combiner avec d'autres, se brûler par leur combinaison avec quelque élément de l'atmosphère, comme
dans la partie supérieure de la photosphère; mais les

combinaisons y seront moins actives, moins nombreuses, parce que, je l'ai dit plus haut, la chaleur y aura beaucoup plus d'intensité, s'approchera généralement plus du point de dissociation; et ce ne sera pas là que s'effectueront surtout les décompositions : leur foyer principal résidera entre les deux surfaces photosphériques, mais beaucoup plus près de la surface inférieure que de la supérieure.

Sous l'influence de la chaleur photosphérique, on le conçoit, des gaz, des vapeurs pourront continuer à se former à la surface du corps central, à s'élever pour aller alimenter les enveloppes solaires, pour aller notamment réparer les pertes, combler les lacunes qui pourraient s'y produire par la résolution en pluie, par la chute des masses nuageuses ou gazeuses qui auraient lieu par des causes quelconques, notamment par suite d'effondrements dans les cavités des taches.

La photosphère, composée, d'après mon explication, de parties gazeuses et de parties solides ou liquides, pourra concilier les exigences des expériences spectrales et des expériences polariscopiques.

CHAPITRE IX.

De l'influence des taches sur les températures.

Les taches solaires sont-elles favorables à la production de la chaleur solaire? William Herschel, faute d'observations météorologiques, pensa pouvoir trouver dans le prix du blé en Angleterre, un indice probable de la grandeur des températures annuelles. Le résultat de ses recherches à cet égard fut que généralement le prix moyen a été d'autant plus élevé qu'il y a eu moins de taches solaires. Voici la table sur laquelle il fondait cette conclusion :

	Prix moyen de l'hectolitre de blé.
	fr. c.
De 1550 à 1670, on ne voit qu'une ou deux taches.	21 50
1676 à 1684, point de taches.	20 60
1685 à 1691, taches.	15 90
1691 à 1694, taches.	13 75
1695 à 1700, point de taches.	27 06
1701 à 1709, taches.	21 05
1710 à 1713, deux taches seulement.	24 48
1714 à 1717, taches.	20 19

M. Gauthier, de Genève, pensant, avec Arago, que l'opinion d'Herschel se trouvait en contradiction avec des résultats directs obtenus par le P. Secchi, se livra à la discussion des observations météorologiques faites dans un grand nombre de lieux.

Or, selon M. Gauthier, à Paris, la température moyenne des années ayant offert peu de taches, surpasse de $0^o,64$ celle des années où l'on en a observé beaucoup. A Genève, l'excès, dans le même sens, a été de $0^o,33$.

Parmi les autres stations, quelques-unes ont donné jusqu'à des différences de $1^o,2$ encore dans le même sens, tandis que d'autres ont conduit à des différences en sens contraire.

Suivant une ancienne chronique zuriquoise qui s'étend du xie siècle à 1800, les années où les taches solaires auraient été plus nombreuses, se seraient montrées généralement plus sèches et plus fertiles que les autres ; les années marquées par de rares apparitions de taches auraient été plus humides et plus orageuses. Cette chronique donnerait ainsi raison à Herschel.

En présence de ce conflit, Arago crut devoir provoquer un nouvel examen de cette intéressante question, et pria M. Barral de faire un résumé des observations météorologiques, recueillies en France de 1826 à 1851, afin de compléter ainsi les recherches de M. Gauthier, de Genève, s'arrêtant à 1844.

En rapprochant ce travail de la table des taches solaires de M. Schwabe, comprenant ce même temps, on a été conduit à la conclusion générale suivante :

« En ce qui concerne le prix moyen de l'hectolitre de froment en France, l'opinion contraire à celle émise par Herschel se trouve établie par le rapprochement de la table des taches solaires de M. Schwabe avec le tableau officiel des prix moyens annuels du blé. Ainsi on voit par le tableau suivant que les prix minima du blé correspondent aux périodes des apparitions de taches les moins fréquentes, contrairement à ce que pensait Herschel.

Numéros des groupes d'années.	Années.	Nombres de groupes de taches observées dans l'année.	Prix moyen de l'hectolitre de froment.
			fr. c.
I.	1826	118	15 85
	1827	161	18 21
	1828	225 *max.*	22 03
	1829	199	22 59 *max.*
	1830	190	22 39
II.	1831	149	22 10
	1832	84	21 85
	1833	33 *min.*	15 62
	1834	51	15 25 *min.*
	1835	173	15 25
III.	1836	272	17 32
	1837	333 *max.*	18 53
	1838	282	19 54
	1839	162	22 14 *max.*
	1840	152	21 84
IV.	1841	102	18 54 *min.*
	1842	68	19 55
	1843	34 *min.*	20 46 *max.*
	1844	52	19 75 *min.*
	1845	114	19 75
V.	1846	157	24 05
	1847	257	29 01 *max.*
	1848	330 *max.*	16 65
	1849	238	15 37
	1850	186	14 32
	1851	151	14 48

» Il y a plus, c'est que si l'on partage les **26** années où ont été faites les observations en cinq groupes distincts, comme le montre le tableau précédent, on trouve que le prix moyen correspondant aux groupes, I , III , V, des nombres maxima de taches est 19 fr. 69 , tandis que le prix moyen du blé pour les groupes d'années II et IV, qui correspondent aux minima d'apparitions des taches, est seulement de 18 fr. 81 c.

» A Paris, sur les 26 années d'observations, la température moyenne des groupes d'années où il y a eu beaucoup de taches a été inférieure de 0°,31 à celle des groupes d'années où on a compté peu de taches.

» Chose remarquable , l'écart entre les maxima et les minima moyens de température a été plus grand dans les années où il. y a eu beaucoup de taches que dans les années où les taches ont été moins nombreuses.

» Enfin , à Paris, pendant la même période de 1826 à 1831, les groupes d'années où les taches ont été plus nombreuses, où le pain a été plus cher, où la température moyenne a été plus faible, ont été celles où il est tombé plus de pluie (592$^{mill.}$ 13) ; il n'y a eu qu'une hauteur de pluie moyenne de 565$^{mill.}$ 140 pendant les groupes d'années où on a compté moins de taches, où le pain a été moins cher, où la température moyenne a été plus élevée. »

Ces résultats n'ont pas paru décisifs. M. Carrington s'est livré à de nouvelles recherches comprenant les observations faites de 1750 à 1860, et ses conclusions sont contraires à celles que je viens de reproduire et s'accordent avec l'opinion d'Herschel.

Au reste, M. Carrington déclare qu'il n'attache pas une grande importance à cette question : il pense, avec raison, que le prix des céréales ne dépend pas seulement de la quantité produite, qu'il tient aussi à des causes politiques, sociales, dont il est difficile de préciser le degré d'influence.

J'ajouterai que l'abondance du blé n'est pas simplement une question de température. Si cette culture demande beaucoup de chaleur, elle exige aussi des pluies assez abondantes ; une secheresse très-prolongée peut lui être funeste. Qu'en Angleterre, où les pluies, les brouillards tendent à prédominer, les années de forte chaleur soient abondantes en blé, cela se conçoit ; mais en est-il ainsi en France, dans le midi de la France surtout, ou dans les pays plus chauds? Non sans doute.

Quoi qu'il en soit, et à part la question des prix des céréales, je pense que, d'après mes explications précédentes, on peut, jusqu'à un certain point, se rendre compte de l'influence du plus ou moins grand nombre des taches solaires sur le degré de chaleur que le soleil envoie à notre globe, aux diverses planètes.

Dans la théorie que j'admets, celle où une tache résulte de ce que la photosphère fait défaut au-dessus d'une partie du globe solaire, la température doit être généralement moins élevée au-dessus d'une tache que dans les autres parties du disque solaire, et, à ce point de vue, plus il y aurait de taches, moins serait grande la chaleur rayonnée par le soleil ; mais une tache est, presque toujours du moins, produite par des éruptions volcaniques ; plus il y a de taches, plus les éruptions sont nombreuses, intenses, et, comme les matières gazeuses qui en proviennent vont alimenter la photosphère et accroître par suite la combustion, il peut bien se faire qu'une grande multiplicité de taches soit accompagnée d'une plus grande intensité calorifique de l'astre radieux, et je pense que cette coïncidence est, sinon constante, du moins ordinaire.

Considérons, de plus, que si, d'une part, les éruptions et les tourbillons tendent à refroidir la photosphère, par suite des ouvertures qu'ils y pratiquent, ils tendent aussi à accroître sa chaleur par les mouvements, les frottements qu'ils y occasionnent.

Les taches ayant lieu surtout dans une zone équatoriale; la chaleur, sous ce rapport, devrait y être plus intense que vers les pôles; ce qui est en effet. Dans un précédent chapitre, j'ai indiqué une autre cause générale de cette différence.

J'ai dit plus haut que la production des taches semble soumise à une périodicité à peu près constante; que selon M. Schwabe leur quantité offre des maxima et des minima à des intervalles de 5 à 6 ans. Cela se voit, en effet, dans la dernière table que j'ai reproduite, où les années 1828, 1833, 1837, 1843, 1848, répondent aux maxima et minima.

Suivant M. Lamont, directeur de l'Observatoire de Munich, l'amplitude maximum et minimum de la variation diurne de l'aiguille aimantée est assujétie à une période décennale. D'un autre côté, plusieurs observateurs ont vu que les époques des maxima et minima de cette variation coïncidaient avec les époques où, d'après les observations de M. Schwabe, le nombre des taches a offert un maximum et un minimum; de nombreuses observations faites par Arago s'accordent assez bien avec ce résultat, comme on le voit, par le tableau suivant :

Années	Groupes de taches observées	Variation diurne moyenne annuelle de la déclinaison
1826,	118,	9' 45",77
1827,	161,	11' 19",38
1828,	225 max.	11' 23",31
1829,	199,	14' 44",26 max.
1830,	190,	12' 7",91
1831,	149,	12' 13",68

Le P. Secchi a récemment opéré la réduction des observations magnétiques pendant les années 1859-65, et des taches solaires pendant cette même période. Les résultats mettent hors de doute la correspondance des deux variations périodiques des taches et des amplitudes de l'oscillation magnétique diurne dans nos climats. En voici le résumé :

Années	Jours d'observations des taches	Nombres des groupes observés	Variation diurne de la déclinaison magnétique	Variation de l'intensité horizontale
1859,	164,	257,	8 div. 105,	9 div. 53
1860,	122,	251,	8,025,	9,53
1861,	124,	269,	7,011,	9,42
1862,	49*,	102*,	6,572,	9,03
1863,	126,	105,	5,579,	9,31
1864,	100,	97,	6,121,	9,18
1865,	181,	86,	5,547,	9,00

(Chaque division de déclinaison égale 1′,341, et celle de la force horizontale égale 0′,000190.)

L'année 1862 est très-pauvre en observations. Ce tableau montre qu'au minimum des taches correspond le minimum des variations magnétiques.

Il est donc permis de conclure que les taches solaires influent sur la déviation diurne de l'aiguille aimantée, en ce sens que l'augmentation du nombre des taches accroît l'amplitude de la variation. Il paraît bien que ce n'est pas par une influence directe d'un surcroît de chaleur provenant des taches que cette pertubation se produit, car elle s'est manifestée sur l'aiguille aimantée placée dans une cave de l'Observatoire de Paris, où la température était sensiblement invariable. Mais, si les maxima des taches coïncident avec des variations ou perturbations magnétiques du soleil, il est concevable que ces perturbations influent sur l'aiguille aimantée, soit immédiatement, soit médiatement, en opérant directement sur le magnétisme du globe terrestre. Ceci confirme l'idée que le soleil est un corps magnétique, une sorte d'aimant, comme je l'ai supposé, et que les taches solaires sont produites généralement par des éruptions volcaniques. On sait, en effet, que les tremblements de terre et les éruptions qui s'ensuivent sont une cause de perturbation de l'aiguille aimantée.

CHAPITRE X.

De la couronne et des protubérances roses.

Dans les éclipses totales de soleil, deux choses ont particulièrement attiré l'attention des observateurs : ce sont les protubérances roses et la couronne ou auréole qui se sont montrées autour du disque lunaire. Je vais successivement m'occuper des questions relatives à ces deux objets, en commençant par ce qui a trait à la couronne, et, d'abord, je rappellerai les principaux résultats des observations qui ont été faites à ce point de vue.

Dans l'éclipse de 1706, la couronne, d'après un mémoire de Plantade et Clapiès, de Montpellier, formait autour de la lune une aire circulaire d'environ quatre degrés de rayon et se perdait insensiblement dans l'obscurité du firmament.

Halley, qui observa l'éclipse totale de 1715, estima que l'anneau lumineux avait une largeur égale au douzième ou peut-être même au dixième du diamètre de la lune. Louville observa cette éclipse à Londres. La couronne lui parut couleur d'argent. La lumière, plus vive vers les bords de la lune, diminuait graduellement d'intensité jusqu'à la circonférence extérieure. Cette

circonférence, quoique très-faible, était bien distincte.
Dans le sens des rayons, la couronne n'était pas partout
également lumineuse; diverses interruptions lui donnaient
l'aspect des gloires dont les peintres entourent la tête
des saints. Il sembla à l'observateur que la couronne
lumineuse avait le même centre que la lune. Vers la fin
de l'éclipse, il vit autour du limbe de la lune, pendant
qu'il se projetait encore sur le soleil, un cercle d'un
rouge très-vif.

Dans ses observations de l'éclipse de 1724, Maraldi
vit que la couronne lumineuse n'était pas concentrique
à la lune : au commencement de l'éclipse, elle lui parut
plus large à l'orient qu'à l'occident; à la fin, au contraire, elle lui sembla plus grande vers l'occident qu'à
l'orient. Il remarqua aussi que la largeur, au bord sep-
tentrionnal, surpassait la largeur sur le bord opposé.

La couronne de l'éclipse de 1778, suivant les observations de don Antonio de Ulloa, avait une largeur
égale au sixième du diamètre de l'astre; rougeâtre à sa
surface intérieure, elle avait un peu au-delà une teinte
jaune pâle, qui allait en s'affaiblissant graduellement
jusqu'au bord extérieur où la teinte paraissait entièrement blanche Elle se montra cinq ou six secondes après
l'immersion totale du soleil, et disparut quatre ou cinq
secondes avant l'immersion. De la couronne lunaire
partaient çà et là des rayons lumineux perceptibles jusqu'à des distances égales au diamètre angulaire de notre
satellite, tantôt plus, tantôt moins.

Ferrer observa l'éclipse totale de 1806, et rapporta
que l'anneau lumineux était d'un blanc de perle, d'une
largeur de six minutes, et paraissait avoir le même centre
que le soleil. Des rayons partant des bords de l'anneau
s'étendaient jusqu'à trois degrés de distance.

Nous arrivons à l'éclipse si remarquable de 1842. La couronne s'y montra splendide, composée d'une zone circulaire contiguë au bord de la lune, puis d'une seconde zone moins vive contiguë à la première. Dans la direction de la ligne joignant le point du disque solaire où l'éclipse commença et celui où elle devait finir, on vit deux vastes aigrettes qui semblaient des expansions de la seconde couronne lumineuse et se terminaient latéralement par des courbes paraboliques concaves vers l'extérieur, qui, prolongées, auraient été à peu près tangentes aux bords de la lune.

De plus, à l'œil nu, se voyait distinctement un peu à gauche de la verticale, passant par le point le plus élevé de la lune, une large tache lumineuse formée de jets entrelacés. Arago, qui l'aperçut, compare cette apparence insolite à un écheveau de fil en désordre, emmêlé. M. l'abbé Peytal, de Montpellier, qui vit ces traits lumineux, dit qu'ils paraissaient contournés comme un paquet de filasse de chanvre, et, suivant la figure qu'il en a tracée, l'ensemble de ces traits est presque parallèle à la lune.

Arago fait observer que, en France, les aigrettes furent vues presque partout avec des formes dissemblables, et que les rayons divergents qui firent assimiler l'auréole avec ses accessoires aux gloires des saints, furent aperçus a Perpignan. Ces rayons partaient du contour extérieur de la première zone circulaire de la couronne, et ne se prolongeaient pas jusqu'au bord obscur de la lune.

La couronne de l'éclipse totale de 1850 parut complétement irrégulière. « Elle avait, dit Arago, l'aspect d'un astre à plusieurs branches inégalement espacées et de différentes longueurs, elle était plus lumineuse sur les bords de la lune, mais elle n'offrait ni dans son ensemble, ni dans aucune de ses parties, la trace d'un limbe rond ou arrondi formant anneau autour des deux astres. Sa lumière décroissait très-uniformément sans présenter, à l'inverse de ce qui avait été si nettement observé à Perpignan en 1842, aucune variation brusque appréciable. Il n'était donc pas possible de déterminer sur lequel des deux astres elle était centrée. La couronne était striée, dans la direction normale au bord de la lune, par plusieurs lignes ou traits plus noirs que le reste, qui existaient partout, mais en plus grand nombre sur la partie occidentale du bord lunaire... Les deux branches les plus longues de la couronne, s'étendant dans la direction presque verticale, soutendaient à leurs extrémités un angle de 2°35′; les branches de droite et de gauche un angle de 2°5′. »

1851 amena une éclipse totale où les rayons divergents analogues aux gloires des saints furent observés presque partout. A Trollhatan, M. Williams les suivit de l'œil jusqu'aux bords de la lune d'où ils lui parurent sortir. A Danzig, M. Mauvais observa, dans toutes les directions, des faisceaux de lumière blanchâtre de différentes largeur et longueur, qui se confondaient à leur base, avec la lumière de la couronne sans la traverser d'une manière distincte. Les extrémités des plus grands s'étendaient à environ 30′ du bord de la lune ; il n'y avait aucune trace des rayons enchevêtrés observés en 1842.

D'après les observations de M. Goujon, aussitôt après le commencement de l'éclipse, des faisceaux lumineux parurent en divers points de la couronne ; ils semblaient prendre naissance à 5′ de distance du bord de la lune. Plus larges à leur base, ils se prolongeaient en devenant de plus en plus aigus, et leur ensemble se trouvait éloigné du contour de la lune d'environ 30′. Leur nuance était sensiblement plus blanche que celle de la couronne.

M. Temple-Chevalier, à Trollhatan, a distingué dans la couronne deux anneaux séparés, dont le plus lumineux entourait la lune et avait 4' de largeur. M. Airy n'a pas signalé cette division.

M. Brunnow aussi vit la couronne partagée en deux zones d'intensités inégales, et les rayons divergents lui parurent avoir pour origine la zone la plus voisine de la lune et la plus brillante. Il ne vit pas s'ils partaient du bord ou de l'intérieur de cette zone.

M. Mauvais, observant à Danzig, n'aperçut pas la division de la couronne en deux zones concentriques. Dans la même station, M. Goujon a vu que la lumière de la couronne était d'une couleur jaune orangée, et qu'elle allait en s'atténuant depuis le bord de la lune jusqu'à ses dernières limites. M. Mauvais a observé cette dégradation de lumière jusqu'aux limites éloignées du même bord de 10' environ.

En 1715, en 1842, la couronne apparut à quelques personnes quelques secondes avant l'éclipse totale et quelques secondes après.

En 1851, à Ravelsberg, on vit la couronne cinq secondes après la fin de l'éclipse totale. M. Brunnow, à Frauenburg, à l'œil nu, distingua la couronne quelques instants après la réapparition du soleil. A Lomsa, M. Otto Struve crut apercevoir des traces de la couronne du côté oriental, pendant les deux minutes qui suivirent le moment de l'émersion. Enfin, à Danzig, la couronne se montra à M. Goujon 4 à 5 secondes avant la disparition du dernier rayon solaire.

Je dois rappeler aussi qu'en l'année 1715 Lahire et De l'Isle, en faisant une éclipse artificielle de soleil, virent autour du corps opaque qui couvrait l'astre une couronne lumineuse analogue à celle qui entoure la lune pendant les éclipses naturelles ; et que, par suite, on a généralement assimilé les deux phénomènes ; on a regardé l'auréole lunaire comme résultant d'une déviation éprouvée par les rayons solaires sur les arêtes ou surfaces terminales des bords de la lune ; on l'a considérée, en un mot, comme un effet, de diffraction.

Arago, dans son *Traité d'Astronomie populaire*, t. 3, p. 603, critique cette conclusion qui lui paraît hâtive. Voici les considérations qu'il présente à ce sujet :

« Pour que l'éclipse artificielle, dit-il, pût être légiti-
» mement comparée à l'éclipse naturelle, il aurait fallu,
» dans l'expérience de cabinet, que, semblable à la lune,
» le corps opaque occultant se trouvât dans le vide.
» Aujourd'hui on peut se croire autorisé à chercher, du
» moins en partie, la cause de l'auréole artificielle dans
» la lumière diffuse qui était répandue en tous sens par
» la couche d'air qui entourait le corps opaque.

» Le vide est encore, à d'autres égards, une condi-
» tion essentielle de la même expérience. Il paraît ré-
» sulter de diverses observations.... que l'air va crois-
» sant de densité à mesure qu'on approche de la surface
» des corps solides, et que l'étendue dans laquelle cette
» condensation s'opère est très-sensible. Une réfraction
» dirigée du dehors en dedans du corps occultant, en
» d'autres termes la production d'une auréole lumineuse
» serait la conséquence inévitable d'un pareil état des
» couches atmosphériques.

» Dans l'expérience de De l'Isle, comme dans les ex-
» périences ordinaires de diffraction, l'observateur se
» trouve placé très-près du corps opaque. N'aurait-il

» pas fallu, avant d'appliquer aux phénomènes célestes
» des résultats obtenus dans de telles conditions, cher-
» cher minutieusement ce qui arriverait, lorsqu'aux dis-
» tances de deux à trois mètres on substituerait les
» quatre-vingt-seize mille lieues dont la lune est éloi-
» gnée de la terre.

» Je le dis avec regret, ajoute Arago, le désaccord
» que l'on trouve avec les observations faites en divers
» lieux par des astronomes également exercés, sur la
» couronne lumineuse, dans une seule et même éclipse,
» a répandu sur la question de telles obscurités, qu'il
» n'est maintenant possible d'arriver à aucune conclu-
» sion certaine sur la cause du phénomène. Veut-on
» faire de la couronne et de tous ses accessoires l'atmo-
» sphère du soleil? Je demanderai pourquoi elle ne se
» voit pas en tout lieux au même moment, avec la même
» forme et la même grandeur? Pourquoi la couronne
» totale est quelquefois partagée en deux couronnes
» distinctes, tandis que dans d'autres cas on ne voit
» plus qu'une dégradation de lumière uniforme depuis
» le bords de la lune jusqu'au point où le phénomène
» se perd dans l'obscurité?

» Veut-on, d'autre part, comme le prétend Maraldi,
» que la couronne n'ait rien de réel et soit le résultat de
» la diffraction que la lumière éprouve sur les bords
» des montagnes placée aux limites du disque apparent
» de la lune? Il faudra expliquer, dans cette supposition,
» ce qu'étaient les rayons courbes et qui plus est les
» rayons emmêlés, observés à Perpignan dans l'écli-
» pse totale de 1842 ; il faudra dire pourquoi la cou-
» ronne se voit avant la disparition totale du soleil et
» quelque temps après sa réapparition ; pourquoi les

» rayons divergents, obscurs ou lumineux, dont la cou-
» ronne semble parsemée, ne se prolongent pas jusqu'au
» bord de la lune.

» Prenons dans un autre sens l'expérience de De l'Isle,
» et voyons quels sont les doutes qu'elle peut soulever
» contre les idées reçues.

» En faisant dans une chambre obscure une éclipse
» artificielle de soleil, c'est-à-dire en faisant projeter sur
» le soleil une plaque métallique dont le diamètre angu-
» laire surpassait un tant soit peu celui de cet astre, De
» l'Isle rapporte qu'il voyait un anneau lumineux autour
» de l'image de l'écran opaque. Mais un pareil effet
» avait-il réellement, comme on l'a supposé, rien d'ex-
» traordinaire? Les régions de l'atmosphère terrestre
» qui paraissent toucher au soleil n'ont-elles pas un
» grand éclat qui devait se manifester dans l'observation
» instituée par l'académicien français, en dehors des li-
» mites de la photosphère solaire, la seule que l'écran
» métallique occultait réellement? Loin qu'on doive s'é-
» tonner de la formation de l'anneau lumineux, ce serait
» l'absence d'un pareil anneau qui aurait droit de sur-
» prendre.

» En supposant que l'anneau blanchâtre des éclipses
» totales soit dû à l'atmosphère du soleil, pourquoi cet
» anneau ne se verrait-il pas aussi dans les éclipses
» artificielles de cet astre? On peut donc supposer que
» l'anneau observé dans l'expérience de De l'Isle était
» formé par la superposition de deux anneaux distincts,
» dépendant l'un de l'atmosphère terrestre, et l'autre
» de l'atmosphère solaire.

» L'académicien français remarqua, lorsqu'il obser-
» vait dans une chambre obscure, que l'anneau lumi-
» neux qui entourait l'ombre du corps occultant, était

» composé de plusieurs anneaux distincts concentriques
» et séparés les uns des autres par de petites lignes
» obscures. Quand il observait en plein air, il ne voyait
» que le plus inférieur de ces anneaux. Nous retrou-
» vons ici l'anneau remarqué à Perpignan pendant l'é-
» clipse de 1842, et si l'on veut le double anneau noté
» en Italie par M. Baily. »

Arago avait recommandé aux astronomes d'étudier la
couronne au point de vue de la polarisation, étude qu'il
regardait comme fort importante. « Supposons, en effet,
dit-il, t. 3, p. 609, que la lumière blanchâtre de la
couronne bien observée offre des traces sensibles de
polarisation. La polarisation ne pouvant procéder de la
diffraction, il sera indispensable de l'attribuer à la lumière provenant, par voie de réflexion, de la lumière
diaphane dont le soleil serait alors indubitablement entouré. »

En 1851, la couronne parut polarisée, mais l'était-elle
par elle-même? ce point resta dans l'ombre.

L'éclipse du dix-huit juillet 1860 vint fournir l'occasion de faire de nouvelles observations. Je citerai les
résultats de celles que je regarde comme les principales.

M. Foucaud s'était chargé d'observer la couronne
optiquement et photographiquement. Une image photo-
graphique lui offrit, sur l'auréole, des irrégularités qui
lui semblèrent une représentation exagérée des irrégularités du contour lunaire. Quand il replaçait l'épreuve
dans la situation réelle des astres, il constatait que,
parmi ses dentelures, il y en avait deux principales et
contiguës situées à l'extrémité inférieure et orientale d'un
diamètre incliné de 45 degrés. L'auréole se dégradait à
mesure qu'elle s'éloignait de l'astre et elle se perdait

sans ligne de démarcation avec la teinte de fond qui représentait le ciel. Les épreuves ont donné à l'auréole une extension croissant avec la durée du temps d'exposition. Dans une d'elles qui avait subi une exposition de 60 secondes, l'auréole s'étendait sensiblement à une distance égale à trois fois le rayon du disque central. Mais, suivant certaines positions particulières, l'auréole offrait, dans son intensité, des variations positives et négatives, figurant les rayons d'une gloire. L'un de ces rayons, mieux accusé que les autres, se prolongeait sur toutes les épreuves au-delà du reste de l'auréole et s'emblait émaner précisément du point occupé par les dentelures principales déjà signalées au bord de la lune.

M. Lespiaut, professeur à la faculté des sciences de Bordeaux, qui observa l'auréore, a rapporté notamment ce qui suit :

» Les faisceaux et les traits lumineux qui rayonnaient
» autour du disque obscur étaient loin d'être disposés avec
» symétrie. Leur éclat, leur dimension, leur forme, leur
» position par rapport au limbe, étaient irrégulièrement
» variés d'un point à l'autre. Ici des traits de lumière
» isolés s'élançaient à peu près dans le prolongement
» des rayons. Là ils se groupaient en minces faisceaux
» coniques dont la base s'appuyait sur la lune, tandis
» que leur sommet allait se perdre dans l'espace par
» teintes dégradées. Les jets lumineux, généralement
» rectilignes, quelquefois recourbés, surtout à leur extré-
» mité, partaient presque tous du bords de la lune, et
» quoique leur multiplicité dans le voisinage du limbe
» donnât à la partie extérieure de l'auréole un éclat plus
» considérable que celui de la région extérieure, cette
» auréole ne m'a nullement paru divisée en deux zones
» concentriques.

» Deux particularités ont appelé mon attention. Aux
» environs du point zénithal, j'ai distingué nettement un
» grand nombre de traits lumineux, d'un blanc plus vif
» peut-être que les autres, qui, loin de converger vers
» le centre, coupaient au contraire les rayons et les
» faisceaux sous diverses incidences, de telle sorte que
» cette partie de la couronne paraissait formée de lignes
» de lumière entrecroisées dans tous les sens. Quelques-
» unes d'entre elles étaient même presque tengentes au
» disque central. En descendant vers la droite du dis-
» que, la partie du limbe qui s'étendait du 120e au 150e
» degré, à partir du zénith, servait de base à trois
» grands faisceaux lumineux juxtaposés dont le dernier
» particulièrement avait une étendue beaucoup plus con-
» sidérable que les autres parties de l'auréole. Sa lon-
» gueur totale était d'environ trois rayons du disque
» ou 45′. Ce faisceau était intérieurement sillonné de
» traits blancs qui, s'irradiant à partir du sommet, al-
» laient atteindre les divers points de sa large base. Ces
» traits avaient quelque analogie avec ceux d'une aurore
» boréale ; mais leur lumière était plus douce et plus
» tranquille. »

D'après les observations du P. Secchi, aussitôt que l'é-
clipse devint totale, l'auréole apparut éclatante. Son éclat
diminuant, le bord du soleil s'entoura d'une couronne
pourprée se terminant en pointes de la même couleur
qui disparurent aussitôt. L'éclat de la couronne allait en
augmentant du côté où le soleil devait émerger. La couronne s'est formée avant la disparition de la plus vive
lumière polaire et s'est maintenue 40 secondes après la
réapparition du soleil. Cet astronome voit là une raison
d'admettre que l'anneau brillant appartient au soleil ;
mais quant aux gerbes de rayons lumineux qui en par-

taient, dirigées en haut, et qui, dit-il, rappelaient les expansions de rayons solaires derrière les nuages terrestres, il pense qu'elles pourraient être attribuées à l'influence de la diffraction et à celle de notre atmosphère.

La lumière de la couronne extérieure surtout lui a paru polarisée.

M. Prazmowski, à l'Observatoire de Varsovie, a trouvé que la couronne était fortement polarisée, et que son plan de polarisation coïncidait avec la normale au contour de la lune. « La polarisation de la couronne, dit-il,
» prouve que cette lumière émane du soleil et qu'elle a
» été réfléchie ; une polarisation vive, très-prononcée,
» prouve en même temps que les particules gazeuses,
» sur lesquelles se fait la réflexion, nous envoient de la
» lumière réfléchie à peu près sous l'angle maximum
» de polarisation. Pour les gaz, cet angle est de 45° ;
» or, pour réfléchir de la lumière sous cet angle, la
» molécule gazeuse doit se trouver à proximité du soleil.
» Une atmosphère solaire semble seule pouvoir remplir
» ces conditions. »

M. Le Verrier a vu que la lumière de la couronne était toujours parfaitement blanche et variait avec une très-grande rapidité dans le voisinage immédiat du disque solaire.

Des observations futures apporteront sans doute de nouvelles lumières sur ces curieuses questions. En attendant, j'oserai émettre quelques considérations qui ne seront peut-être pas inutiles à leur solution.

D'une part, si la couronne est polarisée, comme l'ont observé M. Prazmowski et le P. Secchi, il n'est pas plausible, à ce point de vue, qu'elle soit un effet de diffraction de rayons solaires sur les bords de la lune, le phénomène de diffraction ne devant pas donner une lumière polarisée. Toutefois, il est supposable que la lune a quelque influence sous ce rapport. D'ailleurs, la diffraction expliquerait mieux la ligne de démarcation, souvent assez tranchée, qui paraît limiter l'anneau lumineux ; elle expliquerait mieux le double anneau que la couronne a présenté parfois, et aussi les rayons divergents qu'on a comparés aux gloires des saints Ces rayons seraient causés par les inégalités des bords de notre satellite, et, à cet égard, je ne puis m'empêcher d'être frappé de la coïncidence observée par M. Foucaud dans l'éclipse de 1860 entre la position de certains rayons divergents, plus intenses, plus étendus, et celle des plus grandes inégalités des bords lunaires.

Je pense que, pour conjurer la difficulté, et expliquer, autant que possible et la couronne et ses rayons divergents, il faut faire concourir à ce phénomène complexe et la lumière réfléchie par l'atmosphère solaire et la lumière provenant de la diffraction des rayons du soleil sur les bords de notre satellite. L'anneau, simple ou multiple, empruntera surtout sa lumière aux rayons réfléchis par l'atmosphère solaire, et principalement ses lignes de démarcation, ainsi que ses rayons divergents, à la diffraction.

Il n'est pas surprenant, ce me semble, que la couronne étant causée en partie par diffraction, mais principalement et beaucoup plus par réflexion, la couronne ait donné des signes de polarisation assez caractérisés.

L'expérience de l'éclipse artificielle que j'ai mentionnée est remarquable et vient à l'appui de cette hypothèse que la diffraction joue un rôle important dans la production de la couronne. Il est remarquable que l'expérience en plein air donne autour de l'écran une couronne analogue à celle distinguée généralement dans les éclipses naturelles. Si, dans cette même expérience, les rayons divergents ne se sont pas montrés, c'est que les bords de l'écran étaient bien loin de présenter des inégalités suffisantes pour donner ce résultat. Mais je crois que, du reste, la diffraction a ici plus de part dans le phénomène de l'anneau lumineux, qu'elle n'en a dans celui de l'anneau d'une éclipse naturelle. La lune se trouve, à peu près du moins, dans le vide, tandis que l'écran est entouré d'air ; la lune est à 96,000 lieues de l'observateur, tandis que l'écran en est fort près. Il faudrait aussi avoir égard à ces différences.

L'expérience faite dans la chambre noire ne contredit point l'hypothèse ; elle aide même à concevoir que la diffraction puisse multiplier les anneaux quand il y a une obscurité suffisante pour les faire distinguer, les détacher du fond sur lequel ils se dessinent.

Si, dans une même éclipse, les rayons divergents n'ont pas apparu à tous les observateurs, cela peut dépendre de diverses causes : 1° de la vue de l'observateur ; 2° de l'instrument employé ; 3° de l'état de l'atmosphère au lieu de l'observation. On ne peut douter que cet état ait plus ou moins d'influence sur la perception du phénomène. Il en est ainsi quant au double anneau que les uns ont vu, qui a échappé à d'autres observateurs.

D'après mes explications, il est concevable que l'on ait vu l'anneau avant et après l'éclipse totale, que, par exemple, le P. Secchi l'ait distingué 40 secondes avant et après ; mais sans doute alors la couronne était moins apparente, sa ligne de démarcation était moins tranchée qu'elle ne l'a été pendant l'occultation complète.

La couronne se dessine complètement au moment de la totalité de l'éclipse. Avant et après, la portion de l'anneau blanc qui entoure le disque de la lune se dessine mieux que celle qui entoure le disque solaire. C'est sans doute pour cela que les observateurs ne se sont pas bien accordés sur le point de savoir si la couronne était concentrique au soleil, ou si elle l'était à la lune. J'attache donc peu d'importance à cette différence d'appréciation.

L'anneau lumineux étant formé surtout de la lumière réfléchie par l'atmosphère solaire, il se peut bien et je m'explique que généralement les rayons divergents n'aient pas semblé partir des bords mêmes de la lune, bien qu'ils résultent, principalement du moins, d'une diffraction causée par ses bords.

J'arrive à la question des protubérances roses ou rougeâtres, observées sur divers points du contour de la lune pendant les éclipses totales.

Arago crut pouvoir conclure qu'elles appartenaient au soleil.

« Un fait, dit-il notamment (vol. 3, p. 619), qu'on
» peut regarder comme parfaitement établi, c'est que
» les protubérances visibles vers le bord occidental ont
» augmenté de dimension depuis le commencement de
» l'éclipse totale jusqu'à la fin, tandis que le phénomène
» inverse a été observé du côté opposé, tout comme si
» la lune, par son mouvement dirigé de l'occident à
» l'orient, couvrait de plus en plus des objets matériels
» situés à l'est de son disque, et laissait graduellement
» à découvert des positions de plus en plus considéra-
» bles des parties matérielles situées à l'ouest.

» Une circonstance non moins remarquable, déjà
» signalée par un observateur, M. Margette, à Perpi-
» gnan, durant l'éclipse de 1842, c'est que les protu-
» bérances situées à l'ouest restèrent visibles quelques

» secondes après la réapparition du soleil. Ces deux faits,
» et particulièrement l'observation de la variation des
» grandeurs en sens contraire des taches orientales et
» occidentales, réduisent à néant la théorie qui attri-
» buait le phénomène à une sorte de mirage. A quoi il
» faut ajouter que, dans cette supposition d'un mirage,
» la protubérance courbe, par exemple, dont la saillie
» totale surpassait certainement 2′ et le globe isolé placé
» sur le prolongement d'un des côtés de l'angle (formé
» par cette courbe), auraient dû se montrer, par l'effet
» de la dispersion de l'atmosphère, sous la forme d'un
» spectre prismatique, rouge à l'un des bouts , violet à
» l'autre, vert dans l'intermédiaire, et de 4″ de dia-
» mètre. »

Arago rappelle aussi, à l'appui de son opinion, qu'en
rapportant à un même point de l'astre les observations
des positions des protubérances dans différentes stations,
M. Svan a trouvé qu'elles s'étaient montrées dans les
mêmes points physiques du disque solaire, résultat conforme à ce que d'autres astronomes avaient obtenu par
une discussion analogue.

Il regarde la protubérance courbe si remarquable qui,
en 1851, fit son apparition près du bord occidental de
la lune, comme particulièrement propre à montrer si les
protubérances changent de forme avec le lieu de l'observation. « Or, dit-il, partout, sauf de légères différences qu'on peut attribuer à la difficulté et à la courte
durée des observations, la protubérance en question
parut formée de deux lignes faisant entre elles un angle
presque droit; la première, dirigée à peu près perpendiculairement au contour de la lune, et la seconde,
parallèle à la tangente à ce contour, au point où la première le rencontrait. »

Le savant astronome, en présence de la concordance de ces résultats, trouve difficile de ne pas regarder les protubérances plus ou moins rougeâtres comme des objets matériels. Il croit que les protubérances ne sont ni des montagnes, ni des apparences provenant de déviations que les rayons du soleil auraient éprouvées dans les anfractuosités présentées par les bords de la lune, mais que tout s'explique si l'on suppose que ce sont des nuages flottants dans la photosphère diaphane qui, selon lui, entoure la photosphère du soleil.

Depuis, l'éclipse de 1860 a donné lieu à de nouvelles observations tendant à résoudre la question des protubérances.

Dans un rapport à ce sujet, M. Le Verrier résume ainsi les observations de MM. Villarceau et Chacornac :

« Ils étaient chargés, dit-il, de la mesure des posi-
» tions des protubérances, dans le but de découvrir si
» elles appartiennent à la lune ou au soleil. Les circon-
» stances ont fait qu'ils se sont occupés l'un et l'autre de
» la même protubérance, celle qui se trouvait située à
» environ 30° du méridien nord vers l'est; or, les me-
» sures de cet angle de position ont montré qu'il s'est
» accru

» de 3°,5 en 2 min. 0 sec., suivant Yvon Villarceau,
» de 10°,7 en 6 min. 11 sec., suivant Chacornac.

» Le changement de l'angle de position de la protu-
» bérance par rapport au disque de la lune, s'élevant à
» 2 degrés environ par minute, répond précisément à
» l'hypothèse où la protubérance, étant supposée appar-
» tenir au disque du soleil, est entraînée dans le mou-
» vement de cet astre... »

J'ai dit plus haut que M. Prazmowski avait constaté que la couronne était fort polarisée. Il a reconnu au con-

traire que la lumière des protubérances n'était pas polarisée, et considérant que les protubérances se comportent à cet égard comme les nuages de notre atmosphère,
il s'est demandé s'il est permis d'en conclure que ce sont
des nuages solaires composés non pas de particules
gazeuses, mais liquides ou même solides. Il ajoutait que
la haute température du soleil, en tous cas, porte à
supposer que ces nuages sont composés de matières très-
réfractaires.

M. Lespiaut résume ainsi ce qu'il a vu et son opinion :

« Avant même l'instant du dernier contact, le mince
» filet lumineux formé par le bord du soleil se colorait
» de rose et prenait l'aspect d'une crête de feu. Pendant
» la première minute de l'obscurité, cette crête a dis-
» paru derrière le disque lunaire. En même temps, les
» protubérances isolées diminuaient à l'orient et se for-
» maient ou grandissaient à l'occident, comme derrière
» un écran mobile. Cet effet général ne permet guère
» de douter que les protubérances appartiennent au so-
» leil. Le détail de ces observations m'a confirmé dans
» cette manière de voir. » — Ici l'observateur mentionne les mesures qu'il a prises des diverses protubérances qu'il a observées.

M. Bianchi, opticien à Toulouse, était curieux surtout
de voir si les protubérances auraient quelque ressemblance avec celles qu'il avait observées à Narbonne en
1842 ; et, en effet, les trois *montagnes* qu'il a vues cette
fois, lui ont rappelé les trois grandes proéminences de
1842. Toutefois, les pics différaient de ceux de 1842 en
ce que ceux-ci étaient plus escarpés, et que leurs chaî-
nons s'étendaient plus loin, à droite et à gauche. M. Bianchi a d'ailleurs observé une proéminence nouvelle qu'il

n'avait nullement aperçue en 1842. Cette proéminence, située vers le haut de l'astre et à environ 40° à gauche du diamètre vertical, était de forme crochue et avait cela de particulier qu'elle paraissait lancée dans l'espace, et ne pas être adhérente à l'astre.

M. Bianchi a vu encore deux aigrettes de 30° à 60° de base, et de la hauteur d'un diamètre de la lune; l'auréole avait la largeur d'un demi-diamètre. Il a pensé que les trois grandes protubérances étaient identiques au fond à celles de 1842. Il a calculé que le soleil a fait exactement 258 révolutions entre les deux éclipses.

Voici maintenant ce qu'a observé M. Packe :

« Au moment où le soleil disparut, on vit apparaître
» une belle couronne de lumière blanche éclatante, en-
» tourant le disque entier de la lune, qui se détachait en
» noir de jais; puis, immédiatement après, les pro-
» tubérances rouges semblèrent jaillir, sous forme de
» petites pyramides de feu, des bords du soleil. Elles
» n'étaient pas constantes, elles semblaient au contraire
» changer; mais c'était probablement une illusion pro-
» duite par le déplacement du disque de la lune mar-
» chant vers elle ou s'en éloignant. Deux d'entre elles,
» situées au point le plus élevé du soleil, restèrent vi-
» sibles pendant toute l'obscurité totale; une autre,
» située vers le bord est du soleil, disparut et fut rem-
» placée par une quatrième, la plus remarquable de
» toutes, vers le bord ouest.

» La couleur du firmament était bleu sombre et non
» pas noire. Trois ou quatre astres devinrent visibles à
» l'œil nu; Jupiter et Vénus, les plus rapprochés du so-
» leil, brillaient comme dans une nuit d'été... »

Observation faite à l'Observatoire de Storlus. — « Au
» moment où la dernière grande tache ayant la forme

» d'un rein allait reparaître au sortir de .'ombre,
» MM. Parpart et Wacher ont vu tous deux un pic surgir
» perpendiculairement au rayon du disque lunaire et
» rester en surplomb au-dessus du bord de la lune, et
» l'on put voir nettement qu'il appartenait au soleil,
» qu'il avait pied sur le milieu de la grande tache. Sa
» forme extérieure ressemblait à celle de l'aiguille du
» Drû vue de la mer de glace; sa pointe était très-bril-
» lante; au-dessous il était coloré en rose tendre tout
» à fait mat. Cette apparition ne dura que deux à trois
» secondes; elle s'évanouit au moment où le second
» bord de la tache sortit de l'ombre de la lune. Les
» grossissements des deux instruments employés étaient
» de 80 et 216 fois... »

Observations du P. Secchi. — L'éclipse étant totale, il
vit briller deux magnifiques protubérances un peu au-
dessus du lieu de la disparition. La première était conique, avec une pointe légèrement effilée et courbée,
comme on peint d'habitude les flammes, et l'on aurait
dit qu'elle s'agitait. L'autre était à peu près de moitié
moins élevée, mais plus large ; elle occupait un arc de
4 ou 5 degrés du limbe; le sommet se terminait en dents
de scie très-fines, et le contour extérieur était presque
parallèle au bord de la lune. Ces protubérances décrois-
saient à vue; leur hauteur fut estimée à 2 1/2 et à 1 1/4
minutes respectivement. Aux premiers moments de la
totalité, aucune protubérance n'était visible au bord opposé de la lune, mais au milieu de l'éclipse, lorsque les
deux premières avaient déjà disparu, des points lumineux se sont montrés en grand nombre de l'autre côté
du disque noir. Ces apparences grandirent au fur et à
mesure que la lune s'en éloignait, et, en peu d'instants,
apparut un arc presque continu de lumière pourprée,

composée de petites protubérances, là où le soleil allait apparaître. De plus, un beau nuage rouge entièrement détaché des protubérances, se projeta isolé sur le fond blanc de l'auréole ; deux autres plus petits lui faisaient suite. Ces observations ont convaincu le P. Secchi que les protubérances font partie du soleil.

Observations de M. Petit, directeur de l'Observatoire de Toulouse. — « J'ai mesuré, dit-il, les pics incandes-
» cents, dont les dimensions, cette fois, ont été énormes
» et dont la forme m'a prouvé de la manière la plus
» évidente que ce sont d'immenses nuages flottant dans
» la vaste atmosphère du soleil. Deux d'entre eux
» avaient jusqu'à 20,000 lieues d'épaisseur et 80,000
» lieues de longueur. Une partie considérable était en
» surplomb, c'est-à-dire séparée du disque solaire, sur
» une étendue d'au moins 6,000 lieues, ce qui montre
» incontestablement que ce ne sont pas des montagnes.
» Leurs dimensions diminuèrent du côté vers lequel
» marchait la lune, tandis qu'elles croissaient du côté
» dont l'astre s'éloignait. J'ai pu suivre et mesurer pen-
» dant la courte durée du phénomène la variation de
» ses dimensions, qui prouvent que les pics appartien-
» nent au soleil, et j'ai déterminé surtout avec une
» profonde admiration la hauteur de l'atmosphère so-
» laire, qui s'étend dans la partie la moins dense et la
» plus irrégulière en dehors de la photosphère, à 5 mi-
» nutes de degrés au moins, c'est-à-dire à une hauteur
» de 500,000 lieues environ. Quant à la portion de
» cette atmosphère qui forme une véritable couronne
» décroissant d'une manière sensiblement uniforme,
» elle sous-tend un angle de 15 degrés environ, et s'é-
» lève par conséquent à 180,000 lieues au-dessus de
» la surface du soleil... » (*Cosmos* du 3 août 1860).

Observation de M. Le Verrier. — M. Le Verrier, en se fondant sur ses observations personnelles, croit pouvoir assurer que « la partie visible de la surface émergente
» du soleil, dans toute son étendue et jusqu'à une hau-
» teur de 7 à 8 secondes, était recouverte d'une cou-
» che de nuages rouges que l'on voyait s'accroître en
» épaisseur à mesure qu'ils sortaient de dessous le dis-
» que de la lune... » Et il n'hésite point à regarder les protubérances comme appartenant au soleil.

J'ose dire que telle est aussi l'opinion que j'ai pu me former sur ce point délicat. J'adopte, à cet égard, les raisons qui ont déterminé Arago et bien d'autres et que j'ai résumées.

Quelle est la nature des protubérances? Leur mobilité, la variabilité de leurs formes, exclut l'idée qu'elles soient des montagnes, des corps solides. Dans l'observation des éclipses totales, on a vu, parfois, les protubérances offrir une masse isolée, complétement détachée de l'astre. Elles sont d'ailleurs relativement trop près de la masse énorme du soleil, pour que, si elles étaient des corps solides, elles pussent rester suspendues et se mouvoir autour de l'astre. Les protubérances roses sont donc des nuages se mouvant dans l'atmosphère du soleil. Ces nuages sont-ils lumineux par eux-mêmes, leur teinte rosâtre ou rougeâtre, variable d'ailleurs, est-elle le résultat de la réflexion ou de la réfraction des rayons solaires? C'est là une question jusqu'ici difficile à résoudre, même en admettant, avec M. Prazmowski, que la lumière qu'ils nous envoient n'est pas sensiblement polarisée ; car celle des nuages de notre atmosphère paraît ne pas l'être non plus, et certainement ceux-ci ne sont pas lumineux par eux-mêmes. Il est plus probable que les protubérances empruntent leur coloration, leur lumière

aux rayons du soleil, soit par réflexion, soit par réfraction, et probablement de ces deux manières dans une
proportion variable suivant la position de ces nuages par
rapport au soleil et à la terre, à l'observateur.

Je ne vois pas, au surplus, pourquoi les nuages roses
ne seraient pas analogues aux aurores boréales ou à la
lumière zodiacale. Il est vrai qu'on ne sait pas encore
bien expliquer ces grands météores. Leur lumière est-elle
phosphorescente? Vient-elle du soleil par réflexion, par
réfraction? Ces questions doivent être rangées dans les
nombreux *désiderata* de la science.

Qu'est-ce que cette masse lumineuse présentant l'aspect
d'un écheveau emmêlé, observé au-dessus de la couronne
de l'éclipse de 1842? Est-elle dans l'atmosphère du soleil? Sans doute cette masse n'est pas un corps solide :
sa mobilité, sa forme, suffiraient pour faire penser qu'elle
est nuageuse. Je ne puis supposer que le phénomène se
passe près de la lune qui n'offre pas d'admosphère sensible. Je ne puis non plus le placer dans l'atmosphère
terrestre. C'est donc dans l'atmosphère solaire qu'il réside. Cet étrange météore est-il composé de vapeurs, de
matières gazeuses émanées du soleil, et qui par leur
grande ténuité, leur très-faible densité, se sont élevées
bien au-dessus de la photosphère? Viennent-elles, au
contraire, de l'espace extérieur au soleil? N'est-ce qu'une
forme particulière de la matière des nuages roses, forme
due à quelque trombe, à quelque cause qui échappe à nos
investigations? Ceux-ci eux-mêmes d'où nous viennent-ils?
Je ne sais ; mais il me semble assez vraisemblable que
les matières composant les nuages roses et l'écheveau emmêlé sont des matières cosmiques qui se sont
portées vers le soleil et restent suspendues dans son atmosphère, à des distances variables, plus ou moins grandes

en raison de leur densité , de leur pesanteur , et de la densité de l'atmosphère du soleil.

Vainement on a voulu voir , dans les protubérances roses, la cause des taches du soleil. D'après toutes les discussions que j'ai présentées, il n'est pas possible de soutenir une telle hypothèse. Les particularités relatives à leurs noyaux, à leurs pénombres, à leurs facules, doivent la faire écarter. Les protubérances sont sans doute des nuages assez diaphanes , fort légers , puisqu'elles se soutiennent à une grande hauteur dans l'atmosphère du soleil. Qu'elles puissent parfois en atténuer l'ardeur et l'éclat , c'est possible et croyable , mais certes elles ne produisent pas les taches proprement dites du soleil.

CHAPITRE XI.

Des effets de la réfraction solaire sur la position des taches du soleil. — De l'atmosphère solaire. — Mécanique céleste de Laplace. — Nouveaux écrits du P. Secchi et de M. Faye.

Je me suis, plus haut, chap. VII, p. 210, occupé des irrégularités qu'on a observées dans le mouvement des taches solaires. Après avoir formulé les trois sortes d'irrégularités de ce genre, j'ai reproduit et discuté les idées que M. Faye a émises à ce sujet. Quant à la première inégalité consistant en ce que la vitesse angulaire d'une tache semble se ralentir à mesure que la tache s'approche du limbe, j'ai dit que le R. P. Secchi attribuait ce ralentissement apparent à la réfraction solaire qui, selon lui, « dilaterait les arcs diurnes près du centre, et les rétrécirait près des bords. »

Depuis il a insisté sur ce point. Il considère que la réfraction du soleil doit nous faire voir une partie de l'hémisphère opposé par des rayons rasants ramenés dans la direction de la terre ; que, par suite, la réfraction près des bords diminue la distance apparente des taches au centre du disque, et qu'il doit en être ainsi dans les autres points du disque, en vertu de la loi de continuité, effet qui serait de même sens que l'inégalité dont il s'agit.

M. Faye, nous l'avons vu (chap. II, p. 30), explique autrement cette même inégalité : il croit qu'elle résulte principalement de ce que les taches, qui nous semblent être à la surface photosphérique, sont vraiment à une certaine profondeur au-dessous. Dans des notes remises à l'Académie des Sciences (1), il a exposé les raisons qui lui font penser que la réfraction ne peut avoir une grande influence dans le phénomène.

« La réfraction solaire, dit-il, par laquelle on a cherché a expliquer les anomalies de ce genre, peut-elle produire des effets pareils? Je ne le pense pas : l'effet principal de cette réfraction doit être de relever, d'une certaine quantité, le long de la verticale, le lieu apparent de chaque point de la surface solaire, de telle sorte que ces points semblent appartenir à un sphéroïde un peu plus grand que le vrai soleil ; mais comme nous projetons les positions des taches sur ce même sphéroïde apparent, et comme nous les calculons avec son rayon amplifié, il n'en doit rien résulter de bien appréciable pour nos longitudes....

» Quand il s'agit de lignes visuelles rasantes et de l'extrème bord, il est évident que les choses doivent se passer comme le dit le P. Secchi ; il est même facile de déterminer géométriquement l'amplitude de la zone visible située sur l'hémisphère opposé. L'arc de cette zone est compris entre le rayon perpendiculaire à la ligne visuelle qui rase le bord apparent et le rayon qui aboutit au point où la trajectoire curviligne de cette ligne visuelle

(1) Comptes rendus de l'Académie des Sciences (séances des 18 décembre 1865 et 26 mars 1866).

vient toucher le globe solaire. Cet angle est précisément égal à la réfraction horizontale sur le soleil.

» Supposons que le globe observé soit la Terre : la zone rendue visible aurait une amplitude de 34 minutes; la distance au centre du disque d'un point vu sur le bord serait donc de 90° 34'.

» Mais il ne serait pas permis de généraliser cette notion au-delà du cas particulier qui nous occupe, car la distance héliocentrique ρ d'un point quelconque au centre du disque ne s'obtient pas directement; on la conclut de la formule suivante

$$\rho = \text{arc sin} \frac{r}{(R)} - \frac{r}{(R)} \frac{\Delta}{2},$$

dans laquelle (R) désigne le rayon du disque solaire, r la distance de la tache au centre, évaluée avec la même unité arbitraire, Δ le diamètre angulaire actuel du Soleil vu de la Terre. Or, ces quantités sont affectées fort inégalement de la réfraction, et l'on ne voit pas *à priori* l'erreur qui doit en résulter pour ρ : on voit seulement, comme je l'ai indiqué dans ma Note du 18 décembre dernier, que ses effets sur r et (R) doivent se compenser en partie.

» Je remarque d'abord que $\rho + \frac{r}{(R)} \frac{\Delta}{2}$ est la distance zénithale vraie de la Terre pour un observateur placé au point observé sur le Soleil. Si nous pouvions exprimer la distance zénithale apparente en fonction des éléments mesurés, nous aurions résolu la question, car la différence entre ces deux angles aurait pour expression la réfraction astronomique. Or, il existe, comme on sait, entre les distances zénithales apparentes z, z_1, z_2,...., z_n d'un même astre prises dans les couches successives de l'atmosphère dont les indices seraient l, l_1, l_2,...., l_n, et les rayons R, R$_1$,..., R$_n$, une relation simple et surtout très-générale,

$$\mathrm{R} l \sin z = \mathrm{R}_n \, l_n \sin z_n,$$

relation totalement indépendante de la succession des densités et des indices, et qui ne suppose qu'une condition, à savoir la sphéricité et la concentricité des couches de l'atmosphère.

» On sait aussi que R sin z, R$_n$ sin z_n,... ne sont autre chose que les perpendiculaires abaissées du centre sur les tangentes à la trajectoire, c'est-à-dire sur la direction de la ligne visuelle dans chaque couche. Pour la dernière couche, où $l_n = 1$, à très-peu près, cette perpendiculaire n'est autre chose que l'élément r par lequel nous mesurons la distance du point observé au centre du disque. On a donc

$$\mathrm{R} \, l \sin z = r.$$

Mais en vertu d'une remarque analogue qui a déjà été faite par notre savant correspondant, M. Adams, dans le cours de ses recherches sur la parallaxe de la Lune, R sin z et R$_n$ sin z_n sont respectivement le rayon vrai et le rayon apparent du Soleil lorsque $z = 90^{\circ}$. Ce dernier étant représenté par (R), l'équation précédente devient

$$(\mathrm{R}) \sin z = r ;$$

d'où

$$z = \mathrm{arc} \sin \frac{r}{(\mathrm{R})}.$$

Il résulte de là que la formule employée dans le calcul de ρ ne donne pas ρ, mais bien

$$z - \frac{r}{(R)} \cdot \frac{\Delta}{2}.$$

Pour avoir véritablement ρ, il faut y remplacer la distance zénithale apparente z par $z + \delta z$, δz étant la réfraction astronomique relative à z, ou, si on se contente des valeurs de ρ comprises entre 0 et 75 degrés, par $z + \beta$ tang z, ou même, sans erreur sensible, par $z + \beta$ tang ρ. On a donc finalement, en ajoutant la correction de parallaxe,

$$\rho = \text{arc sin} \frac{r}{(R)} - \frac{r}{(R)} \frac{\Delta}{2} + \left(\frac{p}{R} + \beta \right) \text{tang } \rho.$$

» On voit qu'il n'y a rien à changer à l'étude que j'ai faite de la première inégalité (1), dont la constante est en moyenne de 0°,5; seulement, pour obtenir la profondeur réelle et non plus apparente de la photosphère, il faudra auparavant retrancher, de 0°,5, la constante β de la réfraction astronomique sur le Soleil. Pour notre atmosphère, cette constante est de 1′=0°,016, quantité insensible.

» Il me reste à examiner jusqu'à quel point il est permis de juger ainsi de l'atmosphère du Soleil d'après celle de la Terre. Sans vouloir discuter les opinions assez divergentes qui règnent parmi les astronomes sur l'étendue de cette atmosphère, je m'arrêterai à un ordre de phénomènes qui ont un rapport intime avec la réfraction. Laplace a montré que l'extinction produite par l'atmosphère du Soleil est exprimée par

$$e^{-\frac{Q\, \delta\rho}{\sin \rho}},$$

(1) Voir le résumé présenté ci-dessus, ch. III, p. 30.

$\delta\rho$ désignant la réfraction astronomique, ou, de 0 à 75 degrés et même 80 degrés, par

$$e^{-\dfrac{\beta Q}{\cos\rho}}.$$

En combinant cette extinction avec l'intensité de la lumière émise par les différents points du disque solaire, intensité qu'il suppose proportionnelle à séc ρ, il a pour expression de l'éclat apparent, dans les limites indiquées plus haut,

$$\frac{1}{\cos\rho}\, e^{-\dfrac{\beta Q}{\cos\rho}},$$

puis, en comparant cette formule aux mesures de Bouguer sur l'éclat apparent de deux régions du disque solaire. Laplace détermine la constante βQ, et, par suite, l'épaisseur de la couche d'air (prise dans notre atmosphère, à la température de 0 degré et à la pression de $0^{m},76$) qui serait capable de produire la même extinction sur le Soleil. Il a trouvé ainsi 55,000 mètres. Mais j'ai montré, il y a sept ans, que la loi d'émission admise par Laplace était incompatible avec l'état actuel de la physique, et qu'en la remplaçant par une loi plus plausible, la formule de l'éclat apparent sur le disque solaire se réduisait à

$$e^{-\beta Q\,\text{séc}\,\rho},$$

et celle de l'éclat total à

$$2\int_{90°}^{0}\cos\rho\, e^{-\beta Q\,\text{séc}\,\rho}\, d.\cos\rho.$$

» Or, dans ce cas, les mesures de Bouguer nous con-
duisent à une épaisseur d'air beaucoup plus faible pour
représenter l'extinction de l'atmosphère solaire. J'ai
trouvé 15,000 mètres au lieu de 55,000 mètres, et j'ai
fait voir en outre, par les belles mesures d'intensité
thermique du P. Secchi, qu'avec cette épaisseur réduite
l'extinction procédait encore trop rapidement vers les
bords.

» Avec les mesures d'intensité de M. Arago, cette
épaisseur se réduirait à 199 mètres et l'extinction totale
à $\frac{1}{200}$; mais ces mesures sont actuellement considérées
comme donnant un décroissement d'éclat beaucoup trop
faible sur les bords.

» Toujours est-il que l'étude de l'extinction produite
par l'atmosphère du Soleil nous conduit à assimiler cette
atmosphère à une couche d'air de dix ou douze mille
mètres : la nôtre en vaut huit mille.

» Sur le Soleil cette masse gazeuse serait, il est vrai,
sollicitée par une pesanteur 28 fois plus grande que sur
la Terre, mais, d'autre part, la pression qu'elle exer-
cerait sur la couche en contact immédiat avec la photosphère serait amplement contre-balancée, en ce qui
concerne la densité et par suite l'indice de cette dernière couche, par la haute température de cette région.
Or, c'est de cette dernière couche que dépendent exclusivement les réfractions astronomiques, du moins dans
l'amplitude de 0 à 75 ou 80 degrés, et il est à remarquer que les seules mesures de taches qu'il soit permis
de soumettre au calcul ne s'étendent pas plus loin.

» On arrive aux mêmes résultats si l'on considère le
phénomène de la dispersion très-sensible dans notre
atmosphère. En attribuant à la couche inférieure de l'atmosphère du Soleil l'indice 1,00029, comme sur la

Terre, le demi-diamètre apparent du Soleil serait augmenté de $0'',28$ seulement par la réfraction. L'augmentation serait de $2'',8$ si $l-1$ était 10 fois plus grand. Il me semble que dans ce dernier cas l'irisation des bords deviendrait très-sensible dans les éclipses totales ; les grains de chapelet passeraient successivement par les couleurs du spectre avant de disparaître. Ce passage serait très-rapide sans doute, mais très-frappant. Or, rien de semblable n'a été noté dans les observations d'éclipses ; le premier et le dernier rayon nous envoient de la lumière blanche.

» Ainsi nous pouvons espérer de ne pas rester beaucoup au-dessous de la vérité en posant $l = 1,00029$; et comme $\beta = l - 1$, indépendamment de toute hypothèse sur la constitution de l'atmosphère du Soleil, nous aurons

$$\beta = 206265'' \times 0,00029 = 59'' = 0^{\circ},016,$$

quantité que nous ne saurions démêler dans les observations des taches du Soleil.

» Quant à la réfraction produite par le gaz contenu dans les cavités des taches, il ne serait guère permis d'étendre jusque-là l'hypothèse relative à l'équation d'où nous sommes partis, à cause des mouvements incessants qu'on y remarque ; nous ne saurions donc nous en faire une idée quelconque.

» Je conclus de cette étude que l'influence de la réfraction sur le mouvement des taches s'exprime par un théorème très-simple ; mais qu'elle ne modifiera pas sensiblement les résultats acquis sur l'inégalité du mouvement des taches due à la parallaxe de profondeur. »

Le P. Secchi a répondu à M. Faye, et voici les parties essentielles de sa réponse (1) :

« Avant tout, il est évident que les formules proposées par M. Faye ne peuvent pas trancher la question de savoir si les inégalités observées dans le mouvement des taches sont dues à une réfraction, ou à ce qu'il appelle *parallaxe*. En effet, les deux causes ayant le même argument, il est impossible, dans la formule qui exprime la correction

$$\left(\frac{p}{R} + \beta \right) \tang \rho,$$

de décider à laquelle des deux parties du coefficient on doit attribuer une plus grande valeur, à la parallaxe $\frac{p}{R}$ où à la réfraction β. Il est donc nécessaire de recourir pour cela à des considérations d'un autre ordre ; et, en effet, M. Faye tâche de démontrer que la réfraction est très-faible.

» Quoique ses considérations soient très-savantes, nous devons avouer que sur la constitution de cette atmosphère nous sommes dans une complète ignorance ; mais que si nous avions à juger par ce que nous en savons, nous serions plutôt porté à lui attribuer un pouvoir réfringent, car on y a constaté la présence des métaux en vapeur qui paraissent les substances douées du pouvoir réfringent le plus considérable.

» Mais si nous ne pouvons connaître le pouvoir réfringent de l'atmosphère, nous pouvons mesurer la profondeur des taches. Or, celle-ci se trouve beaucoup moindre que la valeur fournie par le coefficient $\frac{p}{R} =$

(1) Comptes rendus de l'Académie des Sciences, séance du 16 avril 1866.

0°,53. Ce coefficient donne, d'après M. Faye, $p =$ 0,0093 R, et en supposant le demi-diamètre R du Soleil 111 fois celui de la Terre, la valeur de p devient égale à un rayon terrestre. Or, toutes les taches dont j'ai mesuré la profondeur ne m'ont jamais donné une valeur aussi grande, mais environ ⅓ de ce rayon. Cette conclusion a été aussi obtenue par M. Tacchini, par des observations faites à Palerme, avec un réfracteur égal au nôtre. Mais il est à remarquer que cette profondeur est exagérée malgré sa petitesse : car elle exprime la différence de niveau entre le bord de la pénombre et le noyau ; mais comme le bord de la pénombre est toujours relevé au-dessus de la photosphère environnante, la différence entre la surface générale du Soleil et le fond des taches doit être plus petite que ⅓ de rayon terrestre. Toutefois, en admettant pour p une valeur égale à ⅓ de celle qu'indique M. Faye, il s'ensuit que les autres ⅔ du coefficient seraient dus à la réfraction.

» M. Faye trouve que la force absorbante de l'atmosphère solaire doit être assez faible et son effet réfringent insensible, car elle ne produit pas de dispersion. Je crois, pour ma part, que l'on a évalué trop bas cette force d'absorption ; et à part les observations thermiques qui la montrent assez forte, même pour la lumière, je trouve qu'elle est bien plus considérable qu'on ne croit. Ayant fait faire un dôme destiné exclusivement aux observations solaires, et l'ayant fait peindre en noir à l'intérieur, avec un rideau également noir qui arrête toute lumière autre que celle qui vient de l'image solaire projetée sur un écran blanc, j'ai été surpris de voir l'énorme différence d'intensité au centre et au bord, de sorte que celui-ci prend une teinte rougeâtre enfumée, que l'on n'aperçoit pas avec les moyens ordinaires d'observation. Je me propose de faire de nouvelles mesures photométriques, et je suis sûr que leur résultat sera bien supérieur à ce qu'on a admis jusqu'ici. La dispersion solaire doit être assez petite, car il s'agit d'objets lumineux plongés dans le milieu réfringent, ce qui réduit beaucoup cette dispersion, et on pourrait bien attribuer à cette cause une partie de la couleur rouge vue près du bord du Soleil pendant les éclipses. »

Du reste, le P. Secchi pense que les observations qu'on possède jusqu'à présent ne sont pas suffisantes pour trancher des questions si délicates, et qu'il faut en faire de nouvelles exprès, en prenant micrométriquement la distance des taches au bord, les méthodes de projections et de passage ayant, outre les défauts indiqués par M. Faye, celui que l'oculaire projectant peut déformer l'image dans le sens du rayon du disque solaire, et cette déformation pouvant conduire à des appréciations erronées des distances au centre.

La réplique de M. Faye ne s'est point fait attendre.

« Loin de regarder, dit-il (1), les mesures de M. Carrington comme insuffisantes, je dois dire que leur précision générale m'a surpris au dernier point. Il m'a fallu beaucoup de temps pour m'habituer à l'idée d'une marche aussi régulière dans les phénomènes. A l'origine de mes recherches, je me contentais d'à peu près, ne croyant pas qu'il y eût autre chose à espérer ; peu à peu j'ai été amené à reconnaître que les observations anglaises de Redhill supportaient la discussion la plus approfondie, et je suis ainsi parvenu à reconnaître l'existence de deux inégalités périodiques qui, jointes à la variation de la vitesse diurne d'un parallèle à l'autre,

(1) Même numéro des comptes rendus de l'Académie des Sciences.

complètent la théorie du mouvement des taches, c'est-
à-dire de la rotation de la photosphère.

» Quant à l'objection du P. Secchi, je pense qu'elle
s'applique aux photographies de Kew et non à la méthode de M. Carrington. Lorsqu'on projette le Soleil sur
un écran ou sur une plaque sensible en se servant uniquement d'un objectif, il n'y a pas de déformation, à
moins que l'objectif ne soit tout à fait mauvais : il faudrait
en effet qu'un objectif fût bien mauvais pour ne pas
présenter un centre optique nettement défini, quand les
incidences ne dépassent pas 16 minutes. Seulement il
faut alors une longueur focale énorme pour obtenir
immédiatement des épreuves de grandes dimensions,
pareilles à celle que MM. Porro et Quinet ont bien voulu
faire pour moi en 1853, à l'aide d'un objectif de 15
mètres de longueur focale, et que j'ai eu l'honneur de
présenter à l'Académie. A Kew, où l'on se sert d'une
lunette beaucoup plus courte, on est obligé de regagner
de l'amplification au moyen de l'appareil oculaire, et
il peut y avoir lieu dans ce cas de soupçonner quelque
défaut de proportionnalité entre l'image agrandie et
l'image focale. Je tiens de M. Warren de la Rue que l'on
s'est déjà occupé à l'Observatoire de Kew de contrôler
la magnifique série de photographies solaires déjà obtenues, en prenant avec le même appareil des épreuves
d'objets terrestres éloignés, dont toutes les dimensions
sont parfaitement connues. S'il y a quelque déformation
inconnue dans les images, comme le P. Secchi le craint
avec raison, on en déterminera le sens et la quantité.

» Mais cette cause d'erreur ne peut pas avoir agi sur
les observations de M. Carrington, attendu que l'astronome anglais ne mesurait pas les parties de l'image
projetée à l'aide d'un micromètre extérieur, mais au

moyen des fils d'un réticule placé dans le plan focal de l'objectif et projeté lui-même sur l'écran en même temps que l'image focale du Soleil. La déformation due à l'emploi d'un simple oculaire comme appareil d'amplification étant rigoureusement commune à ces deux objets, elle s'élimine d'elle-même dans l'observation des passages des taches et des bords sous les fils, absolument comme dans l'observation du passage du Soleil aux instruments méridiens.

» Je suis si loin de craindre pour la précision des observations anglaises, que je m'étais décidé à les soumettre toutes indistinctement au calcul, tâche que j'aurais déjà terminée si je n'en avais été distrait par mes occupations officielles. J'espère que notre savant correspondant de Rome voudra bien comprendre que je devais cet hommage public aux belles observations où j'ai puisé presque tout ce que je sais de neuf sur le Soleil.

» Quant à la réfraction solaire, à laquelle le P. Secchi tient à attribuer une grande influence, il est bien vrai que mes recherches aboutissent à lui donner la même forme et le même argument qu'à la parallaxe de profondeur, et qu'il faut retrancher du coefficient $0°,53$ de cette dernière la valeur que l'on voudra supposer à la réfraction astronomique sur le Soleil; mais je ne saurais admettre que les vapeurs métalliques dont l'existence est accusée par les raies du spectre solaire puissent jouer ici un rôle considérable, car, pour produire de pareilles raies dans nos lumières terrestres, des traces de vapeurs sont suffisantes. La théorie de l'extinction de Laplace répond d'ailleurs à cet argument.

» Une difficulté plus réelle est celle que le P. Secchi tire de ses mesures sur l'épaisseur de la photosphère à laquelle il croit devoir assigner une profondeur trois fois moindre que la mienne. Examinons la valeur du procédé qu'il a suivi. Il consiste à mesurer l'épaisseur de la pénombre d'une tache parvenue à la limite du disque solaire. Dans cette position extrême, où la perspective réduit énormément une des dimensions, il est impossible de s'assurer que l'on voit encore le fond des taches ; or, lorsque le fond noir est masqué par la projection du bord le plus voisin du centre, on ne sait plus ce que l'on mesure, et je ne m'étonne pas que l'on obtienne ainsi une fraction quelconque de l'épaisseur véritable. Mes calculs sont fondés, au contraire, sur l'exclusion de ces positions extrêmes dont j'ai fait voir l'incertitude en m'aidant d'une ingénieuse remarque de M. le maréchal Vaillant, et sur des observations où le phénomène cherché est parfaitement net. Si l'on voulait en contrôler les résultats, il faudrait suivre une méthode toute différente que j'ai indiquée moi-même, méthode qui consiste à choisir des taches bien régulières et à mesurer l'écartement des centres des deux ellipses formées par les contours intérieur et extérieur de chaque tache. En opérant à diverses distances du centre, mais non près des bords, et sur un grand nombre de taches régulières, on arriverait peut-être à des résultats comparables en précision à ceux que j'ai déduits des mouvements. Cette méthode est évidemment indépendante de la réfraction ; en attendant qu'elle soit appliquée micrométriquement, je ferai remarquer qu'elle l'a été déjà d'une autre manière et qu'elle a prononcé en ma faveur. Ce n'est autre chose, en effet, que la fameuse remarque de Wilson que l'on complète en mesurant l'excentricité au lieu de se borner à la constater par simple inspection. On sait que cette loi de Wilson a été vérifiée par Herschel I, et d'une manière encore plus décisive par les astronomes de Kew qui

ont opéré dernièrement sur un très-grand nombre de taches. Si la profondeur, dont ces travaux ont ainsi démontré l'existence sans lui assigner de valeur, était
réduite, comme le veut le P. Secchi, au tiers de la valeur que je lui ai trouvée, c'est-à-dire 10 minutes au
lieu de 30 minutes, je dis que la loi de Wilson porterait
sur une quantité trop faible pour être nettement perçue
et qu'elle n'eût pas été découverte. L'ordre de grandeur
que je lui assigne répond, au contraire, au phénomène
observé, et cette conclusion, rapprochée de la mienne,
exclut la possibilité d'une puissante réfraction solaire,
puisque, des deux méthodes, l'une est affectée, l'autre
est indépendante de cette réfraction. Si l'on veut bien
peser toutes les circonstances, on verra qu'elles conver-
gent, sans exception, vers cette conclusion, que je regarde comme l'une des plus certaines de la physique
solaire. »

Le P. Secchi vient de faire de nouvelles observations en vue de reconnaître la différence existante
entre l'éclat du centre et celui des bords du disque,
et, d'après leurs résultats, cette différence est plus considérable qu'on ne le pensait généralement jusqu'ici. —
Voici comment cet astronome rend compte de ces intéressantes recherches (1) :

« .... Je viens de déterminer le rapport des intensités de la lumière au centre et au bord du Soleil. La
méthode employée est la suivante. L'image solaire formée
au foyer de l'objectif de 6 pouces a été reçue sur un oculaire diagonal à réflexion, et projetée sur un écran de
papier blanc ; le diamètre de cette projection était environ 1 mètre, quoiqu'elle n'embrassât que la moitié du

(1) Comptes rendus de l'Académie des Science (séance du 14 mai 1866).

disque solaire. La lumière , ainsi affaiblie par la réflexion et l'amplification de l'image, laissait mieux apercevoir l'énorme différence d'intensité entre le bord et le centre du disque. Le dôme où l'on observait était complétement obscur et peint en noir, ce qui rendait ces appréciations beaucoup plus faciles.

» Pour leur donner autant d'exactitude que possible, on a intercepté le cône lumineux sorti de l'oculaire avec un autre écran en tôle noircie, dans lequel etaient percés deux trous de 1 centimètre de diamètre et éloignés d'environ 15 centimètres. Ces deux trous donnaient passage à deux cônes lumineux seulement, qui allaient à leur tour se projeter sur l'écran blanc en papier.

» La vue de l'observateur était ainsi abritée de toute influence de la part de la lumière environnante et des couleurs produites toujours au bord des projections par les aberrations de réfrangibilité.

» L'examen même superficiel des deux images formées par les deux trous, lorsque l'un donnait passage à la lumière près du bord et l'autre près du centre, montrait une diversité très-saillante, et, outre une grande différence d'intensité, on remarquait une teinte particulière, d'un rouge enfumé, dans l'image prise près du bord, pendant que l'autre était parfaitement blanche. En regardant l'image du centre avec un prisme biréfringent, on s'apercevait que chacune des deux images était beaucoup plus forte que l'image simple formée près du bord, ce qui montrait que la lumière du centre était plus que double de l'autre. Mais comme les images présentaient des traces de polarisation, j'ai dû renoncer à tout moyen photométrique fondé sur la polarisation. Pour mesurer l'intensité relative des deux images, j'ai adopté le photomètre à roue tournante. Avec cette roue à ouvertures variables, on peut réduire la lumière de $\frac{1}{4}$ à 0; en regardant l'image la plus intense à travers cette roue lorsqu'elle est animée d'une grande vitesse, et réglant convenablement les ouvertures, on peut facilement obtenir l'égalité des deux images. Ici cependant j'ai rencontré une grande difficulté, à cause de la différence de teinte qui était très-sensible, et qui paraissait presque augmenter en affaiblissant l'image la plus forte.

» Le résultat définitif d'un grand nombre de ces mesures a été que la lumière émise à environ 50 secondes du bord du Soleil est plus faible que celle du centre; le rapport est compris entre 3 et 4. C'est-à-dire qu'en prenant la lumière du centre pour unité, celle qui est émise à 50 secondes environ du bord est $\frac{1}{3}$ ou $\frac{1}{4}$. Cette évaluation est bien inférieure à celle qu'on a trouvée par d'autres moyens, mais les circonstances dans lesquelles je me suis placé sont bien plus favorables. J'ajouterai que, à une distance du bord inférieure à 50 secondes, la lumière décroît avec une rapidité très-grande et bien supérieure à la limite précédente, de sorte qu'à 5 ou 6 secondes elle semble à peine $\frac{1}{20}$ de celle du centre. Mais les mesures sont ici sujettes à des erreurs, à cause de la proximité des bords.

» Je crois que ce résultat photométrique, malgré les limites étendues dans lesquelles il est renfermé, peut suffire pour prouver ce que je disais du grand pouvoir absorbant de l'atmosphère solaire près du bord; et la différence de couleur me paraît bien constatée par ce procédé, qui ne peut être influencé par aucune aberration chromatique des lentilles, et dispense de recourir à des miroirs. De plus, on s'explique la couleur rougeâtre enfumée que montre le Soleil près du bord lorsqu'on le regarde avec l'oculaire polarisateur. Si l'on n'a pas aperçu une pareille teinte avec les premiers instruments de cette espèce, c'est que l'affaiblissement de la lumière n'était pas assez sensible. En effet, les deux réflexions dans deux plans perpendiculaires ne suffisent pas pour rendre la lumière solaire tolérable à l'œil et pour pouvoir apprécier sa véritable couleur. Dans l'oculaire que je possède, envoyé par le R. P. Cavalleri, il y a trois réflexions, et dans celui de M. Merz il y en a quatre. Celui-ci *éteint tout à fait* la lumière, pendant que l'autre en laisse une bonne portion. Ainsi les voiles rouges que j'ai constatés au centre des grandes taches, et la résolution des langues photosphériques dans ces voiles, ne sont pas des phénomènes qu'on puisse imputer à des défauts d'achromatisme. »

Avec le P. Secchi et M. Faye, je reconnais que la question agitée entre eux est fort délicate : toutefois, j'oserai émettre mon avis.

Déjà, ch. VII, p. **212**, j'ai dit que, suivant moi, la réfraction n'était pas la cause principale de l'inégalité apparente de la vitesse d'une tache ; j'ai admis que cette inégalité était surtout un effet de perspective provenant de la profondeur des taches, comme l'a reconnu M. Faye. Je persiste dans cette opinion.

Toutefois, je crois que les considérations et les calculs de M. Faye, touchant la densité et l'épaisseur de l'atmosphère solaire, sont, en plusieurs points, contestables.

Je n'accepte pas non plus la théorie de Laplace.

Rappelons comment ce dernier a traité cette question.

Après avoir calculé que les logarithmes des intensités de la lumière qui nous vient d'un astre, sont comme les réfractions astronomiques divisées par les cosinus des hauteurs apparentes de l'astre, Laplace s'exprime ainsi (1) :

« Suivant les expériences de Bouguer, la lumière du disque solaire est moins intense vers ses bords qu'à son centre. A une distance des bords, égale au quart du demi-diamètre, il a trouvé l'intensité de la lumière plus petite qu'au centre, dans le rapport de 35 à 48. Cependant une portion du disque transportée, par la rotation de cet astre, du centre vers les bords du disque, doit y paraître avec une lumière d'autant plus vive qu'elle est aperçue sous un plus petit angle; car il est naturel de penser que chaque point de la surface du soleil renvoie une lumière égale dans tous les sens. Si l'on nomme θ l'arc de grand cercle de la surface du soleil compris entre un point lumineux et le centre du disque apparent, le rayon du soleil étant pris pour unité, une portion très-petite α de la surface, transportée à la distance θ du centre du disque, y paraîtra réduite à l'espace $\alpha \cos \theta$; l'intensité de sa lumière sera donc augmentée dans le rapport de l'unité à $\cos \theta$. Au contraire, elle paraît diminuée. Cette différence s'explique très-simplement au moyen d'une atmosphère qui enveloppe le soleil. On a vu, dans le n° précédent, que l'intensité de la lumière qui en résulte est égale à $c^{-\frac{f}{\cos \theta}}$, c étant le nombre dont le logarithme hyperbolique est l'unité (2). Ainsi l'intensité de la lumière étant c^{-f} au

(1) *Mécanique céleste*, t. IV, chap. III, n° 13.

(2) En effet, d'après Laplace, par l'absorption d'une atmosphère, l'intensité d'un point du disque solaire, déterminé par sa distance θ au centre de ce disque, serait réduite dans le rapport de $C^{-\frac{Q\delta\theta}{\sin \theta}}$ à l'unité, où $\delta\theta$ serait

centre du disque, celle qui subsiste à la distance du bord égale au quart du demi-diamètre, sera $\dfrac{1}{\cos\theta}\cdot c^{\frac{-f}{\cos\theta}}$, sin θ étant égal à $\frac{3}{4}$. On aura donc

$$\sqrt{\frac{16}{7}}\cdot c^{-f\cdot\sqrt{\frac{16}{7}}} = \frac{35}{48}\cdot c^{-f}.$$

Cette équation détermine f, et l'on trouve

$$f = 1,42459;$$

ce qui donne

$$c - f = 0,240686;$$

c'est-à-dire que la lumière du centre du disque solaire est réduite, par son extinction dans son atmosphère, à 0,24068. Une colonne d'air à zéro de température et à la pression de $0^m,76$ de hauteur du baromètre, devrait avoir 54622^m de hauteur pour éteindre ainsi la lumière. Telle serait donc la hauteur de l'atmosphère solaire,

la réfraction astronomique au point considéré, et Q une constante relative à la constitution physique de cette atmosphère. Cette expression, étant combinée avec celle de la loi concernant l'émission, l'expression de l'intensité d'un point quelconque du disque, devient

$$\frac{1}{\cos\theta}\cdot c^{-\frac{Q\delta\theta}{\sin\theta}}.$$

Or, en remplaçant $\delta\theta$ par $\frac{f}{Q}$ tang θ, expression de la réfraction, on a

$$\frac{1}{\cos\theta}\cdot c^{-\frac{f}{\cos\theta}}.$$

réduite à la densité précédente si, à densités égales, elle éteignait la lumière comme l'air de notre atmosphère.

» On voit ainsi que le soleil nous paraîtrait beaucoup plus lumineux sans l'atmosphère qui l'environne. Pour déterminer de combien sa lumière est affaiblie, nous observerons qu'en prenant pour unité son demi-diamètre et faisant $\cos \theta = x$, sa lumière totale est $2\pi . \int dx . c^{-\frac{f}{x}}$, l'intégrale étant prise depuis $x = o$ jusqu'à $x = 1$. A la vérité, l'intensité de la lumière n'est très-sensiblement proportionnelle à $c^{-\frac{f}{x}}$ que depuis $\theta = o$ jusqu'à 88°; au-delà elle suit une autre loi. Mais le sinus de 88° diffère si peu de l'unité, que l'on peut négliger la portion du disque solaire qui répond à cette différence, ou du moins y supposer, comme dans les autres parties du disque l'intensité de la lumière proportionnelle à $c^{\frac{f}{x}}$. En prenant donc pour unité la lumière du soleil, dans le cas où il serait dépouillé de son atmosphère, et où l'on aurait par conséquent $f = o$, on aura $\int dx . c^{-\frac{f}{x}}$ pour sa lumière affaiblie par son atmosphère. »

Puis l'auteur, cherchant la valeur de cette intégrale, trouve un douzième à fort peu près; d'où il conclut que le soleil dépouillé de son atmosphère nous paraîtrait douze fois plus lumineux. Toutefois, il fait observer que ces résultats sont subordonnés à l'expérience de Bouguer, qui, dit-il, mérite d'être répétée plusieurs fois avec beaucoup de soins sur divers points du disque solaire.

M. Faye a critiqué cette théorie dans une note présentée à l'Académie des Sciences en 1859 (1).

Après avoir résumé la théorie de Laplace, il ajoutait :

(1) Comptes rendus de l'Académie des Sciences (séance du 14 novembre 1859).

« Nous allons soumettre cette théorie à une triple épreuve : 1º en recherchant si le but que se proposait Laplace a été réellement atteint ; 2º en examinant si le décroissement d'intensité qui en résulterait pour les bords s'accorde avec l'observation ; 3º en comparant la théorie basée sur la mesure de Bouguer avec les mesures du P. Secchi.

» Le but de Laplace a déjà été indiqué. La loi d'é-mission $\dfrac{1}{\cos\theta}$ donnerait un très-rapide accroissement d'é-clat vers les bords du disque solaire. En la combinant avec l'effet de l'atmosphère $e^{-\frac{f}{\cos\theta}}$, on oppose à cet accroissement une cause d'extinction beaucoup plus ra-pide encore, car, pour $\theta = 90º$, $\dfrac{1}{\cos\theta}\, e^{-\frac{f}{\cos\theta}} = 0$, bien que $\dfrac{1}{\cos\theta}$ devienne infini. Mais ici l'illustre auteur oublie que si la formule simplifiée suffit amplement au calcul qui doit faire connaître l'extinction totale produite sur le soleil par son atmosphère, elle devient tout à fait inexacte si l'on en veut tirer l'intensité au bord lui-mème. Alors il faut reprendre l'expression plus exacte $\dfrac{1}{\cos\theta}\, e^{-\frac{Q\,\delta\theta}{\sin\theta}}$, mais alors aussi il est facile de voir que l'exposant cesse de tendre vers l'infini, et atteint une valeur maximum finie correspondant à celle de la réfrac-tion horizontale, en sorte qu'à partir d'une certaine valeur de θ, le premier facteur l'emporte sur l'autre, et l'intensité, d'abord décroissante, va ensuite en croissant jusqu'au bord. Ainsi donc avec la loi d'émission admise jusqu'ici, aucune atmosphère ne serait capable d'éteindre les bords : les bords de l'astre présenteraient, à partir d'un certain point, un rapide accroissement de lumière ;

le soleil serait bordé d'un cercle éclatant. Concluons que la loi d'émission formulée par $\dfrac{1}{\cos\theta}$ doit être rejetée ou modifiée.

» Passons à la seconde épreuve et voyons si les intensités calculées représentent au moins les intensités observées à quelque distance du bord, à 30 et à 18 secondes, par exemple. Je trouve, pour ces points, les nombres $\frac{1}{19}$ et $\frac{1}{80}$. Ainsi, dans ces régions, l'intensité paraîtrait réduite au point d'être 19 fois et 80 fois plus faible qu'au centre du disque. Il suffit de jeter les yeux sur une image du soleil pour se convaincre de l'exagération.

» La troisième épreuve ne donne pas de meilleurs résultats. Le savant P. Secchi a étudié avec les appareils les plus délicats l'intensité de la chaleur en diverses régions du disque solaire. Les mesures lui ont permis de vérifier de la manière la plus satisfaisante celle dont Laplace s'est servi. Ainsi, en interpolant entre ses observations pour le point ou Bouguer avait trouvé l'intensité égale à $\frac{35}{48}$, il a obtenu le rapport à peine différent $\frac{34}{48}$. La similitude générale des faits de chaleur et de lumière sur le soleil porte le P. Secchi à considérer cette coïncidence comme une vérification de la mesure de l'académicien français. Voici le tableau de quelques résultats du P. Secchi comparés à eux du calcul.

Distance au centre	θ	Intensités observées	Intensités calculées	Observateurs
0	0°	1,0000	1,0000	
$\frac{2}{8}$	43,55'	0,8506	0,7985	Le P. Secchi.
$\frac{3}{4}$	48,34	0,7250		Le P. Secchi.
$\frac{3}{4}$	48,34	0,7290	0,7290	Bouguer.
$\frac{7}{8}$	68,49	0,5586	0,2231	Le P. Secchi.

Ainsi, dès l'angle 68°,49′, la discordance entre la théorie

et l'observation, prouve que les hypothèses de Laplace ne sont pas conformes à la nature, et c'est là aussi la conclusion à laquelle arrive le P. Secchi.

» Ces épreuves me paraissent décisives, il faut donc examiner de près la loi d'émission admise *a priori*.

» Cette loi n'est applicable, et encore jusqu'à un certain point, qu'aux substances gazeuses à l'état d'incandescence, telle que la flamme des bougies, des lampes, des becs de gaz, à cause de leur transparence partielle. Supposons une nappe plane de gaz d'une certaine épaisseur; l'intensité, sous un angle d'émission quelconque θ, sera proportionnelle à l'épaisseur comptée dans le sens du rayon visuel, c'est-à-dire à $\dfrac{1}{\cos \theta}$. Telle est la seule raison physique qu'on puisse donner en faveur de cette loi; mais cette explication même va nous montrer qu'elle ne s'applique pas au soleil.

» D'abord, la photosphère n'est pas une nappe plane de matière lumineuse; elle est sphérique. La loi précédente ne peut donc plus être adoptée que pour la partie centrale du disque; au-delà elle s'écarte rapidement de l'expression véritable, à moins qu'on ne veuille assigner à la photosphère une épaisseur infiniment petite. Sans recourir à l'expression exacte, on voit facilement que l'épaisseur de la photosphère dans le sens du rayon visuel présente un saut brusque à partir du point où le rayon touche l'enveloppe interne de la photosphère. Là l'intensité de la lumière doublerait subitement pour décroître ensuite jusqu'au bord. Or, d'après les mesures du P. Secchi, l'épaisseur de la photosphère serait d'environ 17 secondes; nous verrions donc un redoublement d'intensité à 17 secondes du bord, suivi d'un affaiblissement rapide. Il n'y a rien de pareil.

» Ce raisonnement suppose, comme la loi elle-même,
que la photosphère est transparente, comme la flamme
d'une bougie, d'une lampe ou d'un bec de gaz. Le soleil reproduirait ainsi sur ses bords cet accroissement
presque brusque d'intensité qu'on observe si facilement
dans nos flammes d'éclairage, surtout quand on en affaiblit l'éclat par une réflexion sur une glace sans tain :
mais cette transparence de la photosphère existe-t-elle?
si elle existe, est-elle parfaite? ou du moins les rayons
qui nous arrivent viennent-ils de toute son épaisseur,
ainsi que l'exige le raisonnement précédent? Il suffit,
pour répondre négativement, de se reporter à l'épaisseur
de la photosphère. D'après les mesures du P. Secchi,
elle n'aurait pas moins de trois mille lieues d'épaisseur,
le diamètre entier du globe terrestre. Que deviendrait,
sur une pareille échelle, le phénomène des flammes de
gaz? Pour moi, je crois que la loi admise par Laplace ne
s'y vérifierait plus. Sous toutes les incidences, le rayon
visuel trouverait partout la même épaisseur efficace de
la photosphère; la lumière émise par un élément de la
surface solaire ne dépendrait plus de l'étendue de sa
superficie, mais du volume constant de la partie efficace
ayant cet élément pour base plus ou moins oblique.
L'éclat serait partout le même sur les bords comme au
centre, et nous rentrerions dans la loi d'émission généralement admise pour la lumière et la chaleur. »

Ici M. Faye, substituant cette loi à celle de la sécante,
arrive à la formule

$$e^{-\frac{Q\delta\theta}{\sin\theta}} \quad \text{ou, de 0 à 80 degrés environ,} \quad e^{-\frac{f}{\cos\theta}},$$

pour l'intensité de l'éclat apparent du disque solaire en

un point quelconque. Pour l'intensité du disque entier,
il a conséquemment

$$2 \int_{90°}^{0} \cos \theta \cdot e^{-\frac{t}{\cos\theta}} \, d. \cos \theta.$$

Calculant, d'après ces formules, l'extinction atmosphérique qui répond à la mesure de Bouguer, il trouve
les résultats suivants qu'il réunit dans un même tableau
avec les précédents pour faciliter la comparaison :

Distance au centre	θ	Mesures	1re loi calcul	2me loi calcul	Observateurs
0	0°	1,0000	1,0000	1,0000	
$\frac{2}{3}$	43°,55	0,8506	0,7985	0.8112	Le P. Secchi.
$\frac{3}{4}$	48,34	0,7250			Le P. Secchi.
$\frac{3}{4}$	48,34	0,7290	0,7290	0,7290	Bouguer.
$\frac{7}{8}$	68,49	0,5586	0,2231	0,3857	Le P. Secchi.
$\frac{11}{32}$	75,38		0,0538	0,1952	
Intensité au centre.			0,2406	0,5391	Rapportée à l'inten-
Intensité du disque entier.			$\frac{1}{12}$	$\frac{1}{3}$	sité avant l'extinc- tion.
Hauteur de l'atmosphère à 0°			55000^m.	15000^m.	

« Ainsi, dit M. Faye, les observations sont beaucoup
mieux représentées. Il est donc à présumer que la deuxième loi d'intensite se rapproche bien plus de la nature
que celle dé Laplace. »

M. Faye va plus loin, il ne voit pas la nécessité d'admettre une atmosphère solaire. « Du moment, dit-il, où
l'on admet, comme nous venons de le faire, que l'émission dépend, non plus de l'épaisseur entière de la photosphère, mais d'une faible partie de cette épaisseur,
il en résulte que cette photosphère devrait présenter, au
moins dans cette épaisseur, une homogénéité parfaite

pour que l'émission fût partout proportionnelle au cosinus de l'angle θ. Si, par exemple, la photosphère affectait une structure rayonnée par des courants ascendants continuels comme sir W. et sir J. Herschel inclinent à le croire, il pourrait se faire que l'émission ne se fît pas avec une égale facilité dans toutes les directions. Alors il se produirait, par ce fait seul, une diminution d'intensité tout à fait semblable à celle qu'on observe réellement sur les bords.... Mais ce n'est pas assez de dire que l'hypothèse d'une atmosphère solaire n'est pas indiquée par la nature même de la question. En dehors de la question d'intensité, cette hypothèse est, de plus, en contradiction avec les faits les mieux établis et les plus faciles à vérifier.

« 1° La netteté des taches, des pénombres au bord du soleil. Que l'on compare cette netteté, supérieure à celle des bords de la lune qui n'a pas d'atmosphère, avec la confusion des contours et des formes sur les bords des planètes entourées d'une atmosphère non équivoque, comme Jupiter et Mars ;

» 2° L'identité des raies du spectre au centre et aux bords constatée par Forbes en 1836, à l'occasion d'une éclipse annulaire. S'il y avait autour du soleil une de ces gigantesques atmosphères que l'on a imaginées, il y aurait aussi, selon toute probabilité, une différence considérable entre les raies du bord et celles du centre. Voir à ce sujet les expériences de M. Piazzi Smyth, directeur de l'Observatoire royal d'Edimbourg, au pied et au sommet du pic de Ténériffe.

» Cependant trois faits pourraient être invoqués comme preuves indirectes à l'appui de l'atmosphère solaire : la couronne des éclipses, les facules et l'accélération de la comète d'Encke.

» La couronne des éclipses, dans son ensemble, ne ressemble nullement à une atmosphère ; pour en juger sainement, il suffit d'en rassembler les descriptions et les dessins.

» Les facules sont attribuées par le P. Secchi à la hauteur de certaines grandes dénivellations de la photosphère , bien constatées par M. Dawes et par le P. Secchi lui-même. Grâce à cette hauteur , les facules se trouveraient dégagées des couches les plus basses et les plus absorbantes de l'atmosphère extérieure du soleil ; elles brilleraient donc pour nous d'un plus vif éclat que les régions voisines. Mais on peut les expliquer plus simplement par l'inclinaison même de leurs faces. Peu sensible au centre du disque, une différence d'inclinaison de quelques degrés peut en produire une très-sensible vers les bords , si l'émission décroît avec quelque rapidité pour des obliquités très-grandes, comme je viens de le dire.

» Quant au milieu résistant qui affecterait près du soleil la forme et la constitution d'une atmosphère, j'ai démontré mathématiquement que le fait unique pour lequel cette hypothèse a été imaginée peut s'expliquer d'une autre manière et se rattacher simplement à la force qui agit incontestablement sur nos yeux dans la production des queues de comètes et des particularités les plus détaillées de leur figure.

» Je ferai remarquer enfin que l'identité des raies du spectre produit par les parties centrales ou marginales du disque solaire , identité constatée par Forbes en 1836, semble confirmer la loi que j'ai substituée à celle de Laplace ; car admettre que la lumière émise en un point quelconque du disque provient d'une épaisseur constante de la photosphère , c'est dire que l'absorption de certains rayonnements se fera partout dans des conditions identiques. Si pourtant l'émission était moins abondante sur les bords, il pourrait en résulter quelques différences entre les raies des deux spectres, différences trop faibles d'ailleurs pour altérer leur distribution générale dont l'identité a été constatée... »

Qui a raison ici? Est-ce Laplace? Est-ce M. Faye?

Je ne saurais penser, avec ce dernier, que l'intensité de la lumière émise par le soleil est égale dans toutes les parties du disque solaire. Sans doute, la photosphère est fort transparente, la lumière qu'elle envoie doit donc provenir d'une profondeur plus grande que celle supposée par M. Faye. Par les causes que Laplace a énoncées, l'intensité d'émission doit s'accroître depuis le centre du disque jusqu'à ses bords, ou plutôt jusqu'à une petite distance de ses bords. Quelle progression suit cet accroissement? Il serait difficile de la déterminer ; mais je ne vois pas qu'il ne doive y avoir qu'une même épaisseur *efficace* de substance lumineuse à tous les points du centre au bord. Que les points inférieurs de la couche lumineuse envoient moins de lumière que ceux de l'extérieur, je l'admets, car j'admets que la lumière va en décroissant lentement de la surface photosphérique vers le centre. D'ailleurs, la photosphère n'est pas parfaitement diaphane ; mais elle peut bien l'être assez pour que des rayons partis d'une grande profondeur relative la traversent, et viennent s'ajouter à ceux de la surface. Il faudrait donc faire entrer cet élément dans le calcul, sans toutefois lui appliquer la progression admise par Laplace, celle-ci étant, je crois, trop forte, du moins à une certaine distance du centre du disque solaire.

Est-il possible d'obtenir une formule générale qui serve à déterminer les intensités lumineuses *à un point*

quelconque du disque solaire? Non , je pense ; du moins
ni Laplace, ni M. Faye n'ont trouvé cette formule. Celles
qu'ils ont proposées ne peuvent non plus nous donner
avec quelque précision la hauteur et la densité de l'atmosphère solaire. .

Ce dont je ne puis douter, c'est que le soleil a une
atmosphère et qu'elle est fort étendue et fort diaphane.
Je vois qu'elle est fort étendue, par l'aspect de la couronne qui entoure le soleil dans les éclipses totales.
Nous avons vu que la plupart des observateurs attribuent
au moins 5 ou 6 minutes à l'anneau lumineux qui environne alors le disque opaque de la lune, et environ
30 minutes aux rayons ou faisceaux de lumière qui partent de cet anneau. Aux observations que j'ai citées, je
puis ajouter celles de M. Mahmoud-Bey, astronome du
vice-roi d'Égypte, sur l'éclipse de 1860 (1). « Cette auréole, dit-il, allait en diminuant de lumière, à mesure
qu'on s'éloignait du disque, et se terminait par des faisceaux lumineux qui pénétraient l'obscurité. Elle formait
une image semblable à celle de l'ustensile aux rayons
d'or qu'on voit dans les églises catholiques et que l'on
appelle le Saint-Sacrement. Ces faisceaux de lumière s'é-
teignaient à une distance égale à la largeur du disque.
Mais la partie la plus lumineuse de l'auréole ne s'étendait pas , au-delà du disque, de plus d'*une quinzaine de
minutes.* » — Quoi qu'en dise M. Faye, c'est bien à une
atmosphère qu'est dû cet aspect ; l'anneau lumineux,
nous l'avons vu, doit provenir, principalement du moins,
d'une atmosphère solaire. Aux raisons que j'ai présentées à ce sujet se joint la considération des protubérances

(1) Rapport de cet astronome à Son Altesse , 1861. — Paris, Mallet-Bachelier, quai des Augustins.

qui parfois se montrent complétement détachées du soleil, et à une distance considérable de cet astre. M. Mahmoud-Bey, lui aussi, a observé des protubérances
distantes de l'astre : « On voyait, dit-il, à l'est, un peu
vers le nord, deux autres protubérances ayant l'aspect
de flammes rougeâtres. *Elles ne touchaient point au disque ;* l'une d'elle se courbait vers le sud. » — Ces masses
qui appartiennent au soleil, et qui sont restées sensiblement à la même place pendant la durée de l'éclipse, ne
peuvent être suspendues dans le vide au-dessus de l'astre : l'attraction énorme de ce corps les ferait tomber
sur lui. Ce sont, tout l'annonce, des matières gazeuses,
des sortes de nuages qui se soutiennent dans l'atmosphère du soleil, comme nos nuages dans l'air terrestre.
Or, à ne prendre que les 5 ou 6 minutes de l'anneau
lumineux le mieux accentué, l'atmosphère solaire aurait
de **60** à **70** mille lieues, mais sans doute les rayons lumineux qui divergent autour de cet anneau sont dûs, en
partie du moins, à l'atmosphère solaire qui s'étendrait
ainsi à environ un diamètre du disque. Toujours est-il
que sa hauteur totale est fort considérable. Étant si
étendue, elle doit être extrêmement peu dense, dans sa
plus grande partie, autrement elle absorberait bien plus
qu'elle ne le fait sans doute la lumière émanée du soleil.

Je ne trouve rien qui soit de nature à faire rejeter
l'hypothèse de cette atmosphère, dans les raisonnements
qui portent M. Faye à la repousser. Il est supposable, en
effet, que l'atmosphère du soleil est si peu dense, est
si diaphane, qu'elle nous permet de distinguer, au bord
du disque, les taches et les pénombres, avec la netteté
qu'on y remarque, et qu'il ne doit pas se produire de
différence sensible, considérable entre les raies spectrales du bord et celles du centre.

Supposons que l'atmosphère du soleil s'étende à une distance de plus d'un diamètre solaire. Dans cette hypothèse, l'épaisseur traversée par la lumière photosphérique à l'extrême bord du disque excèderait de près d'un rayon solaire l'épaisseur qu'aurait à traverser la lumière émanée de son centre. Ces épaisseurs seraient donc dans un rapport approchant de 3 à 2 ou de 4 à 3; en d'autres termes, l'épaisseur au centre serait environ les $\frac{2}{3}$ ou les $\frac{3}{4}$ de l'épaisseur à l'extrême bord. Or, si l'on supposait à l'atmosphère solaire, dans une grande partie de son étendue, une densité égale ou à peu près égale à celle de l'atmosphère terrestre, à 0° et à 0,76 de pression, cette différence ne suffirait pas pour rendre compte de la grande différence d'éclat observée en dernier lieu par le P. Secchi au centre et au bord, et l'absorption atmosphérique aux divers points paraîtrait devoir être démesurément plus considérable que celle qui a lieu réellement; mais si, tout en attribuant à l'atmosphère une fort grande hauteur, on suppose que sa densité est assez faible pour que ce fluide n'absorbe notablement la lumière que dans une certaine couche assez peu étendue, alors la difficulté s'évanouira.

Imaginons d'abord que la couche sensiblement absorbante soit d'un quart seulement du rayon solaire; représentons par 4 ce rayon et par 1 la couche absorbante; soit a l'épaisseur à l'extrême bord, on aura $a = \sqrt{25-16} = \sqrt{9} = 3$. L'épaisseur absorbante au bord serait donc trois fois plus grande qu'au centre du disque. Si la couche absorbante est un huitième seulement du rayon solaire, on trouvera, pour a, $\sqrt{17}$, c'est-à-dire plus de 4. En faisant la couche égale à $\frac{1}{16}$ du rayon, on aura $a = \sqrt{33}$, ou plus de 5. Si la couche $= \frac{1}{32}$ du rayon, il viendra $a = \sqrt{65}$, soit plus de 8, et ainsi de suite. On

voit qu'en diminuant de plus en plus la couche absorbante, on s'expliquera aisément qu'il puisse y avoir de
fort grandes différences proportionnelles d'absorption
entre l'extrême bord et le centre du disque. Cela se concevra d'autant mieux que la lumière venant du bord
s'éloigne moins de la photosphère que celle venant du
centre, pendant le trajet dans l'atmosphère solaire, et
que, par suite, elle trouve longtemps un fluide plus
dense que celui traversé par la lumière partie du centre.

Une même quantité de matière est plus ou moins absorbante selon qu'elle est plus ou moins condensée. —
Si une couche homogène d'une épaisseur donnée absorbe
telle quantité de lumière, sans doute, dans le cas où
elle serait très-dilatée, de manière à présenter une épaisseur dix fois, cent fois plus grande, elle absorberait
moins de lumière que dans le premier cas. L'atmosphère
solaire peut donc être plus dense qu'elle ne le serait si,
avec sa très-vaste étendue réelle, elle n'était formée que
de la quantité de matière contenue dans telle couche
homogène bien moins épaisse qui serait suffisante pour
opérer l'absoption, les différences d'absorptions qui doivent se produire. J'ajoute que l'absorption dont une
substance est capable peut dépendre non-seulement de
sa densité mais encore de sa nature. Ainsi il est supposable que, par sa nature même, l'atmosphère solaire
est d'une grande transparence, qu'elle ne peut, à tous
égards, absorber que fort peu de lumière, relativement
à son énorme épaisseur.

La densité de l'atmosphère solaire n'est point la même
au-dessus de toutes les zones photosphériques ; elle est
sans doute moindre dans les régions équatoriales que
dans les contrées polaires où la chaleur est moins intense. La force centrifuge doit aussi contribuer à pro-

duire cette inégalité, et à faire, par suite, qu'il nous
arrive plus de lumière et de chaleur vers l'équateur que
vers les pôles du soleil. Les couches de l'atmosphère du
soleil doivent diminuer d'intensité à mesure qu'elles
s'éloignent de l'astre ; cela résulte des degrés d'attractions et de pressions exercées sur les parties de ce fluide.
D'ailleurs, il n'y a pas lieu de penser que la chaleur est
plus vive près de la photosphère qu'à une certaine distance au-delà. En effet, dans le système que je soutiens,
dans une certaine limite à partir de la surface photosphérique, les couches éloignées faisant partie de l'atmosphère du soleil, reçoivent de l'astre beaucoup plus de
rayons lumineux que n'en reçoivent celles qui sont plus
voisines de la photosphère. Tout considéré, je ne doute
pas que l'atmosphère du soleil ne diminue de densité
graduellement depuis la photosphère jusqu'à sa limite
extrême. Quant à la partie qui se trouve entre la couche
photosphérique et le corps central, elle doit être
aussi très-dilatée, mais généralement moins que ne le
sont les couches atmosphériques extérieures à la photosphère.

De la discussion à laquelle je viens de me livrer, il
résulte, je crois, que l'on ne peut se prévaloir de la densité de l'atmosphère solaire pour soutenir que la réfraction est la principale cause de l'inégalité qu'on a observée
dans le mouvement des taches solaires et que le P.
Secchi attribue surtout à cette cause. Ses dernières observations concernant les différences d'éclat que présentent divers points du disque solaire ne justifient pas cette
opinion.

Quant à la teinte rougeâtre et enfumée que le P. Secchi
a vue dans l'image prise près du bord, à la différence
de l'image du centre qui lui a paru d'une entière blan-

cheur, nulle difficulté, ce me semble, car on peut bien supposer que l'atmosphère solaire absorbe plus particulièrement certaines couleurs, et que cela n'est sensible que là où l'absorption atteint une certaine intensité, comme celle qui a lieu dans la direction des bords.

Le P. Secchi ne me paraît pas être dans le vrai au sujet de la profondeur des taches, quand il oppose à M. Faye que, le bord de la pénombre étant toujours relevé au-dessus de la photosphère environnante, la distance entre la surface générale du soleil et le fond des taches doit être inférieure à celle qu'on a trouvée, et même être au-dessous de celle qu'il a trouvée lui-même. Le bourrelet de la pénombre n'est point plus élevé que la surface générale de la photosphère. La pénombre avec ses bords doit être bien au-dessous de cette surface général. Autrement, on ne saurait s'expliquer convenablement la formation des taches, les phénomènes qui les concernent. J'ai reproduit des passages où le P. Secchi a défendu la théorie de Wilson. Or, d'après Wilson, la pénombre ne serait que le talus de l'ouverture de la tache; elle ne serait donc point au niveau de la surface générale de la photosphère. Il peut arriver un temps où des masses photosphériques étant descendues en grande quantité sur la pénombre et sur ses bords, sur son bourrelet, ils se trouvent considérablement élevés ; mais M. Faye, pour déterminer la parallaxe de profondeur, n'a pas opéré précisément sur des taches arrivées à cette période. Au reste, comme il le fait observer lui-même, dans sa réponse au P. Secchi, le bourrelet de la pénombre ne saurait altérer la parallaxe conclue du mouvement des taches.

En 1859, nous l'avons vu, M. Faye disait que, suivant les mesures du P. Secchi, la photosphère n'aurait pas

moins de trois mille lieues d'épaisseur. En 1865 (1), le
P. Secchi, au sujet de la profondeur de la couche photosphérique, écrivait ceci : « Nos observations, faites
en 1861, ont confirmé la ténuité de l'épaisseur de la
couche photosphérique solaire, et nous avons trouvé
qu'elle n'est pas supérieure à un rayon terrestre. »
Aujourd'hui, il assure que toutes les taches dont il a
mesuré la profondeur ne lui ont jamais donné une valeur aussi grande que le rayon terrestre, mais environ $\frac{1}{7}$ de ce rayon. Comment accorder entre elles toutes
ces assertions?

Je trouve dans le *Cosmos* du 16 mai 1866, un article
où il est parlé d'études de M. Dauge, professeur à l'uni-
versité de Gand, sur le même sujet. J'y vois qu'il a présenté ce travail à l'*Académie des Sciences de Belgique*,
et qu'il a été résumé par le rapporteur dans une note
ainsi conçue :

« Des observations faites récemment par MM. Carrington et Sporer, dit le rapporteur, ont fait connaître
certaines inégalités qui affectent le mouvement des taches solaires. Ces observateurs ont reconnu que les vitesses angulaires des taches diminuent à mesure que
leur latitude croît, et, qu'en outre, elles ont un mouvement en latitude qui a paru tantôt croissante, tantôt
décroissante. Plusieurs explications ont été données de
ce phénomène : Le P. Secchi, qui rapporte l'observation
d'une tache dont le mouvement a paru se ralentir notablement à mesure qu'elle se rapprochait du bord du
limbe, a attribué ce phénomène à l'effet de la réfraction
solaire. M. Dauge a cherché à démontrer, dans le travail dont j'ai à rendre compte à la classe, que toutes les

(1) *Bulletin météorologique de l'Observatoire du collége romain*, nº 7,
vol. IV, — 31 juillet 1865.

inégalités observées peuvent être expliquées par la même
cause. Il établit, en conséquence, que la réfraction solaire a pour effet : 1o d'augmenter le diamètre apparent
du soleil; 2° d'augmenter la durée apparente de la rotation du soleil; 3° de ralentir le mouvement apparent de
rotation d'une tache à mesure qu'elle se rapproche du bord
du disque; 4° de faire croître la durée des révolutions des
taches avec leurs latitudes; 5° de donner aux taches un
mouvement apparent en latitude. M. Dauge a cherché à
appliquer ses formules à la détermination des inégalités
de mouvement qui dépendent de la latitude des taches.
En faisant une hypothèse particulière sur la réfraction
solaire, il arrive à des résultats qui ne diffèrent que très-
peu de ceux que l'observation a fournis à M. Carrington.
Il paraît donc très-probable que la réfraction solaire est
une des causes principales des effets observés. »

Ne connaissant pas ce travail de M. Dauge, je ne puis
me prononcer positivement sur sa valeur; mais quels
que soient les considérations et les calculs qui l'ont
conduit aux conclusions résumées plus haut, je dois
penser, d'après les discussions précédentes, qu'il est
loin de la vérité, en croyant que toutes les inégalités
signalées dans les mouvements des taches solaires sont
dues à la réfraction, *seulement à la réfraction*. Si les
calculs de M. Dauge sont justes en eux-mêmes, ce que
je veux supposer, il a probablement raisonné sur des
hypothèses qui ne sont pas fondées.

Bien que j'aie déjà cité et jugé plusieurs écrits du P.
Secchi sur les phénomènes concernant les taches solaires, je crois intéressant et utile de m'arrêter ici sur
quelques parties d'un mémoire traitant du même sujet,
que cet éminent observateur a lu à l'*Académie pontificale
du Tibre*, le 16 février 1866.

Après avoir dit que la pénombre est, suivant lui, formée de courants ou filaments de lumière photosphérique convergents au centre, et que la demi-teinte résulte *principalement* du mélange de ces courants ou filaments et des interstices qui restent entre eux, il ajoute ceci : « Dans beaucoup de cas, et ils sont très-fréquents, il y a néanmoins une variété de teintes qui n'est pas résoluble en lignes, et alors elle est due à des voiles lumineux qui, à cause de leur subtilité, laisse paraître le noir qui est au-dessous. Ceci s'observe spécialement à l'apparition soudaine des grandes taches. Mais les taches circulaires et régulières sont toujours avec la pénombre filamenteuse. Cette structure a été confirmée par l'astronome anglais M. Dawes, qui l'a décrite en la comparant au *chaume* ou *tuyau de paille*, dénomination qui n'a pas paru trop heureuse, parce que les filets sont loin d'être aussi droits et aussi égaux que ces tiges du grain...... »

« Le fond général de la pénombre, dit-il plus loin, sur lequel s'étendent les courants et les feuilles est généralement couvert d'un voile très-fin, *légèrement lumineux*, qui donne à l'intérieur de cette pénombre une demi-teinte particulière. *Ces voiles s'avancent souvent plus à l'intérieur du noyau que* les langues ou les feuilles, *et ils ne laissent que des ouvertures beaucoup plus petites que le noyau général....*

» Ce qui est singulier et nouveau sur ces voiles, c'est qu'ils sont souvent d'une vive couleur de rose, parfaitement identique à celle des protubérances solaires visibles dans les éclipses totales. Cette découverte est due aux hélioscopes polarisants, parce qu'avec tous les autres moyens, ou les voiles disparaissent, ou bien ils paraissent blancs. On ne doit, par conséquent, pas regarder comme incroyable ce que dit Hévélius, qui assure avoir vu une tache de couleur jaune....

» Mais ce qui m'a le plus surpris, ce fut de voir les feuilles ou langues lumineuses se transformer en voiles semblables. J'ai observé ce fait plusieurs fois : j'en citerai quelques exemples. Le **23** janvier, il y avait un groupe de *feuilles* qui formaient comme un isthme placé entre deux noyaux, et qui paraissait devoir se former d'un moment à l'autre. Pendant qu'on faisait le dessin, les feuilles s'allongeaient et s'aiguisaient en pointes : elles ont pris une couleur rousse décidée, et finalement il n'est resté que quelques filaments de voiles rosés auxquels, deux heures après, succédèrent des voiles blancs transparents et très-légers.

» J'ai observé la même chose dans la tache actuellement visible (**18** février), et l'arc en fer à cheval du noyau principal qui était fermé le **16**, comme je l'ai dit ci-dessus, je le trouvai rompu le **17** à une extrémité où il se rattachait au bord de la pénombre, et allait en se raccourcissant. A mesure qu'il se dissolvait et se raccourcissait, il se transformait en une traînée de voiles rosés, qui s'étendaient sur le reste du noyau et se fondaient ensuite avec les autres qui y étaient déjà.

» La description de ces faits nous montre combien est compliquée la composition intérieure des taches. Dans les taches circulaires, la structure générale est radiée, à courants convergents. Dans les taches irrégulières, on voit une variété tout à fait surprenante de forme et de teintes. Du noir le plus foncé on passe par des nuances de toute espèce au blanc le plus vif, et la matière semble représenter tous les degrés insensibles d'atténuation...... »

Le P. Secchi a observé que les facules sont plus diffi-

ciles à voir dans le voisinage du centre, que vers les
bords du disque : « C'est, dit-il, par un effet de l'atmosphère du soleil. En effet, comme elle est très-dense
dans ses couches inférieures, elle absorbe prodigieusement les rayons lumineux, et quand ceux-ci doivent la
traverser sur une épaisseur considérable, la lumière en
est très-diminuée, et c'est pour cela que le bord du disque
solaire est bien moins brillant que le centre. Maintenant,
quand la tache est près du bord, les rayons partis des
points les plus bas doivent traverser une couche plus
dense de cette atmosphère sur une très-grande longueur,
tandis que les points élevés échappent à l'influence absorbante, précisément à cause de leur hauteur. Dans le
centre, au contraire, une pareille différence est de peu
de valeur et par suite le constraste est amoindri. »

L'astronome romain établit ensuite que la pénombre
est une cavité, et il ajoute : « Nous sommes donc con-
duits par des faits irrécusables à admettre que les taches
sont de véritables cratères analogues à ceux que nous
voyons sur notre globe et sur notre satellite, mais avec
la grande différence qu'ici ils sont formés, *non dans une
matière solide et compacte, comme celle de notre planète,
mais dans une matière fluide et particulièrement dans cette
couche de nuées lumineuses qu'on appelle photosphère...* »

Puis le P. Secchi se demande si les voiles que l'on
voit si souvent sur les noyaux, ne pourraient pas être
le produit de ces éruptions. Il répète que ces cratères
ue sont pas formés dans une matière solide, mais dans
un fluide incandescent et qui, pour la plus grande partie
doit être gazeux. Suivant lui, la seule manière de concevoir la photosphère de façon à pouvoir expliquer tous
les phènomènes, c'est de la supposer formée d'une substance analogue à nos nuages, suspendue dans cette

atmosphère solaire transparente qui se montre à nous autour du soleil dans les éclipses. Dans un liquide ordinaire, on ne pourrait jamais voir se maintenir des différences de niveau telles que nous en voyons dans les facules et les pénombres, excepté instantanément, et ces différences pourraient beaucoup moins persister que dans un gaz.... Les mouvements rapides qui ont lieu ordinairement dans la photosphère, peuvent se comparer aux mouvements qui se produisent dans nos nuages. Les courants dont il a parlé précédemment (ceux qui s'établissent sur la pénombre) *paraissent souvent surgir de l'intérieur des noyaux avec une vitesse surprenante, et en peu d'heures ils les traversent et les partagent en plusieurs parties.* « Les anciens, dit-il, attribuaient ce phénomène à la rupture de la matière scoriacée du noyau, mais ce n'est réellement pas autre chose qu'une séparation apparente, produite par ces courants. Ainsi s'explique encore aisément un autre fait qui est très-singulier. Souvent les feuilles ou portions de courants paraissent se détacher des bords de la pénombre et entrer dans le noyau, s'y dissoudre et s'évanouir.... Le fait de la dissolution de la matière photosphérique est très-important, parce qu'il nous explique pourquoi il arrive que malgré un écoulement continuel de la matière de la pénombre vers le noyau, celui-ci ne se remplit pas, et pourquoi quelquefois une tache se maintient pendant plusieurs rotations... Cette persistance suppose une force constante qui empêche la photosphère de se niveler.... La marche de la matière environnante qui afflue vers le centre suppose une force, je dirais presque d'attraction, ou mieux une force d'aspiration.... Quelle peut-être l'origine de cette force? »

Voici, pour répondre à cette question, ce que le P.

Secchi imagine : « Il suffit, dit-il, de supposer que de la partie centrale des noyaux se soulève une colonne de matière gazeuse, douée d'une température plus élevée, et provenant des couches inférieures du corps solaire, qui naturellement doivent être plus chaudes que les couches extérieures, puisque celles-ci se refroidissent continuellement par le rayonnement. Cette colonne ascendante de matière plus chaude, traversant la photosphère, pourrait lui rendre son état élastique, et produirait en même temps, tout à l'entour, une aspiration qui appellerait vers le noyau la matière qui flotte dans l'atmosphère comme l'air est appelé par les foyers ordinaires. Les preuves qu'il existe de pareils courants ascendants abondent dans les éclipses. On peut en trouver une confirmation dans le fait indiqué ci-dessus que, dans les taches circulaires, la couronne intérieure du noyau est toujours vive comme les facules, et paraît relevée comme celle du bord du plus grand cratère. De pareilles éruptions de matières incandescentes ne sont nullement improbables, puisqu'il est certain que la masse du soleil est à un état de température tel que sa plus grande partie doit consister non-seulement en matières à l'état de gaz, mais même à un état que les chimistes appellent *dissociation....* »

L'hypothèse d'un corps central solidifié est repoussée par le P. Secchi. Il rappelle que le spectomètre a révélé, dans le soleil, à l'état de vapeur élastique, l'existence de métaux terrestres. « Or, dit-il, ces métaux ne sont pas seulement les plus volatils, comme le sodium, le zinc, le magnésium, etc.; mais encore les plus réfractaires, comme le fer, le nickel, etc. Donc, la température du soleil est énorme. D'après quelques-unes de ces expériences, confirmées par moi-même, M. Waterston la

croit de **50** millions de degrés ! Au milieu d'une pareille
fournaise, il est impossible d'imaginer une masse solide
et *froide* qui serve de noyau, comme on l'a pensé autrefois, et, par conséquent, il est inutile de croire que le
noir des noyaux soit véritablement le corps obscur central du soleil que nous voyons. Les noyaux dérivent
certainement de la partie centrale, mais il ne s'ensuit
pas que celle-ci soit solide et froide, et beaucoup moins
qu'elle soit habitable, comme un certain astronome célèbre a cherché à l'imaginer. Il est certain que le soleil
montre dans ses taches des mouvements généraux qui
font supposer que sa masse est fluide à une grande profondeur..... La pression énorme que doit y éprouver un
gaz le rendrait liquide si d'autre part il n'était soumis à
la température énorme de la photosphère. Une température qui, dans la région moins chaude, tient le fer en
vapeur, doit nécessairement encore tenir les gaz bien
éloignés de la liquéfaction malgré la pression. Mais il
n'est pas aisé de démontrer que réellement dans l'intérieur du soleil, il n'existe pas quelque masse liquéfiée,
ou même *solide*, ces états dépendant d'un équilibre de
forces que nous ne connaissons pas, et la pression y étant
énorme.... Toutefois, dans une masse purement gazeuse,
il serait difficile d'admettre une persistance d'action en
un même point pendant des mois entiers, et l'on aurait
de la peine à expliquer les retours des taches dans la
même position ou dans le voisinage. Donc si la masse
solaire est gazeuse, elle est formée d'un gaz bien différent de ceux que nous connaissons, et peut-être qu'à
cause de l'énorme pression qu'elle éprouve, elle a perdu
la mobilité parfaite qui est le propre des gaz, ou qu'elle
ne s'agite que lentement. « *Il me semble que les taches doivent se partager en deux classes, les unes purement super-*

*ficielles, les autres accompagnées d'une éruption perma-
nente. Les premières seraient de simples déchirures du voile
photosphérique qui se nivellent promptement d'elles-mêmes :
les autres persistent tant que durent l'émission interne. A
la première apparition de l'éruption, la photosphère se
trouve bouleversée irrégulièrement ; mais cet état cesse
promptement quand s'arrête la furie et la confusion de la
première éruption : celle-ci se réduit avec le temps à un
petit nombre d'issues régulières, et les taches elles-mêmes
deviennent régulières et circulaires. L'émission interne
ayant cessé, il ne reste que la lacune photosphérique qui se
comble d'elle-même. De là, dans les taches superficielles,
des mouvements plus rapides que dans les autres.... »*

Voyons maintenant ce que valent ces spéculations :

Le P. Secchi, depuis qu'il a vu ces *voiles* qu'il signale, qui ne peuvent se résoudre en lignes, n'affirme
pas que la pénombre est formée uniquement de la matière photosphérique. Or, on peut bien penser que généralement ces prétendus voiles ne sont autre chose
qu'une partie de l'enveloppe réfléchissante. C'est même,
tout posé, l'interprétation la plus naturelle, la plus satisfaisante. Que ces objets, vus avec un hélioscope pola-
risant, aient paru vivement colorés en rose, cela n'a
rien de surprenant. Mais le P. Secchi croit avoir vu des
feuilles ou langues lumineuses se transformer en voiles
semblables : ce peut bien être une illusion. Les masses
photosphériques, par leur refroidissement graduel dans
le noyau, dans les régions inférieures où elles sont descendues, peuvent sans doute perdre peu à peu leur éclat,
leur teinte, passer du blanc éclatant au rouge, au rose,
au blanc pâle, etc.; mais cela ne prouve point que les
voiles et la photosphère soient formés d'une même substance lumineuse par elle-même, qu'il n'y ait pas sous

la photosphère des masses nuageuses réfléchissant la lumière photosphérique.

Au reste, cette matière photosphérique qui descend dans les couches profondes et qui y perd son vif éclat pour devenir rose ou d'un blanc sombre, ne peut-elle, en même temps qu'elle perd sa lumière propre, réfléchir la lumière rayonnée par la photosphère? Cela ne me paraît point impossible. Aucun corps sans doute n'est absolument dénué du pouvoir réflecteur; une substance gazeuse et incandescente, lumineuse par elle-même, peut aussi réfléchir la chaleur et la lumière : rien ne contredit cette hypothèse.

Cette supposition que la substance photosphérique serait, jusqu'à un certain point, réfléchissante, contribuerait à expliquer pourquoi le corps solaire peut être en partie solidifié, malgré l'intensité de la chaleur photosphérique. En effet, la densité de l'enveloppe lumineuse allant en croissant de l'extérieur à l'intérieur, la chaleur rayonnée par les couches supérieures serait en partie notable réfléchie par les couches inférieures, de sorte que la dernière couche, la partie la plus voisine de l'enveloppe réfléchissante, n'en recevrait et n'en transmettrait qu'une quantité relativement peu considérable. La réflexion sur les couches photosphériques se conçoit d'autant mieux que la photosphère est généralement formée de masses plus ou moins distantes les unes des autres.

Ainsi le corps solaire peut être solidifié en partie, par plusieurs raisons : 1º parce que la chaleur photosphérique est en très-grande quantité réfléchie par l'enveloppe inférieure; 2º parce que dans la couche inférieure de l'enveloppe photosphérique, la combustion étant relativement peu active, cette couche rayonne par elle-

même, aussi relativement, peu de chaleur ; 3° parce que
la chaleur rayonnée par les hautes couches photosphériques étant en partie réfléchie par les couches inférieures,
celles-ci en transmettent d'autant moins du côté du
corps central.

Que néanmoins la croute solaire soit maintenue à une
très-haute température, que même elle soit telle que,
si nos yeux la voyaient isolée, sans le contraste de l'é-
clatante lumière photosphérique, elle nous paraîtrait être
à la chaleur rouge : cela est admissible. La conséquence
du système que je soutiens n'est point que le corps solaire serait *froid*, comme on le dit souvent, comme le dit
le P. Secchi. Ce que je n'accorde pas, c'est qu'on puisse
admettre que le corps solaire soit solide ou liquide et
plus chaud que la photosphère. En ce cas, le corps
solaire, rayonnant plus de chaleur et de lumière que
les nuages lumineux, devrait, à travers un milieu fort
dilaté, fort peu dense, paraître plus lumineux que ces
nuages quand il se verrait par leurs ouvertures, comme
M. Kirchhoff l'admet logiquement; or, dans l'hypothèse,
je l'ai montré, les taches seraient inexplicables.

Je ne goûte point les idées que se fait le P. Secchi de
la constitution du soleil et des causes qui produiraient
les taches. Je ne crois point facile d'admettre de *véritables cratères dans une matière fluide et particulièrement
dans la photosphère.* Je ne crois point qu'on puisse expliquer tous les phénomènes dont il s'agit, en supposant
que la masse solaire est à l'état liquide ou gazeux. Cette
hypothèse se trouve renversée par les discussions que
j'ai reproduites à cet égard. Dans l'hypothèse des deux
enveloppes, on pourrait expliquer l'aspect du soleil,
de ses taches, en supposant que le corps de cet astre,
malgré le refroidissement qu'il a subi par l'effet du

rayonnement, est liquide mais beaucoup moins chaud,
bien moins lumineux à sa partie extérieure que ne l'est
la photosphère, et que, par des ouvertures de ses enveloppes nuageuses ou gazeuses, on aperçoit sa surface
liquide qui paraît noire relativement à l'éclat photosphérique. Mais des éruptions volcaniques sont, je crois,
indispensables pour expliquer la formation générale des
taches, et ces éruptions ne se conçoivent bien qu'en
supposant une matière liquide ou gazeuse sous-jaccnte
à une couche solide, à une écorce rompue par l'action
de matières gazeuses accumulées sous cette écorce. Tout
pesé, il convient donc d'admettre que le corps du soleil
est solidifié à sa partie extérieure; ce qui permet d'ailleurs d'admettre aussi que sur la croute solaire il existe
des liquides, des eaux d'une nature particulière au
soleil.

Je ne connais pas les expériences dont M. Waterston
et le P. Secchi ont conclu que la chaleur solaire s'élève
à 50 millions de degrés ; mais M. Thompson, se fondant
sur les mesures de M. Pouillet, a trouvé que la chaleur
émise par le soleil n'est pas plus de 15 à 45 fois plus
grande que celle engendrée par le foyer de nos locomotives. Sans me prononcer au sujet de cette évaluation,
qui d'ailleurs laisse une grande latitude, je pense que
des vapeurs de nos métaux les plus réfractaires, tels que
le fer, le nickel, peuvent se trouver dans l'atmosphère
solaire sans que la température de l'astre soit de 50
millions de degrés. Le fer entre en fusion à 1500 ou
1600 degrés centigrades, selon qu'il est doux ou écroui;
la chaleur de fusion du nickel est un peu plus élevée.
Ces températures n'impliquent pas la nécessité d'une
chaleur énorme pour la vaporisation de ces métaux. On
a fait bouillir du platine, plus réfractaire que le fer, en

le soumettant à la chaleur du chalumeau à hydrogène et oxygène. Supposons que, sur le globe solaire, il y ait un liquide contenant du fer, du nickel, etc., combinés ou mélangés avec d'autres substances : bien que ce liquide, dans le système que je soutiens, ne soit pas à l'état d'incandescence, il est supposable que la chaleur photosphérique, agissant sur lui à peu près comme elle agit sur les eaux de la mer, en vaporise des quantités considérables. Les vapeurs ainsi formées montent dans l'atmosphère solaire, y trouvent les couches les plus chaudes de la photosphère, où il s'opère une décomposition, une dissociation complète qui met en liberté les éléments métalliques comme je l'ai expliqué plus haut. Rien, dans tout cela, qui ne soit admissible, ce me semble, et sans qu'on soit obligé d'attribuer au soleil la problématique température de 50 millions de degrés.

On peut aussi faire une autre hypothèse fort plausible : on peut supposer que des vapeurs de fer, de nickel, etc., se trouvent parmi les gaz lancés par les éruptions volcaniques de l'astre, et que ces vapeurs montent jusqu'au-dessus de la photosphère.

Il peut y avoir, il y a sans doute dans le soleil, des substances bien plus réfractaires que nos métaux, que le platine, le nickel, etc. La croûte solaire est constituée par des substances de cet ordre. Notre croûte terrestre elle-même nous offre des substances plus réfractaires que ces métaux.

La densité, d'ailleurs, n'est point toujours en raison de la chaleur et de la pression supportée ; elle est aussi déterminée par le degré d'attraction, de cohésion qui peut exister entre les molécules. J'ai établi ceci dans mes *Discussions sur les principes de la physique*. Je n'accorde donc pas au P. Seçchi qu'*une température qui,*

dans la région moins chaude (la photosphère, selon lui)
tient le fer en vapeur , *doit nécessairement encore tenir les
gaz bien éloignés de la liquéfaction malgré la pression ;*
qu'ainsi le globe solaire est resté, généralement du
moins, à l'état gazeux.

Pour moi, je maintiens que, grâce à la protection de
l'enveloppe réfléchissante, et à ce que la combustion est
sans doute bien moins intense à la partie inférieure de
la photosphère, qu'à la partie supérieure, suivant l'explication que j'en ai donnée plus haut, le globe solaire
peut être une matière liquide superficiellement solidifié.

Chose singulière, le P. Secchi soutient que l'atmosphère solaire est relativement très-dense, est bien plus
dense que la nôtre, et il ne peut admettre que le soleil
soit solidifié, ait une écorce solide, ni même qu'il soit
généralement à l'état liquide. L'obstacle à sa solidification, à sa liquéfaction c'est, pense-t-il, l'extrême chaleur de l'astre ; chaleur qu'il mesure en considérant que
la photosphère tient en vapeur des substances très-ré-
fractaires, le fer, le nickel. Est-ce que cette chaleur n'a-
git pas énergiquement aussi sur l'atmosphère solaire ?
Comment alors cette atmosphère n'est-elle pas très-for-
tement dilatée près de la photosphère ? Comment y est-
elle aussi dense que le P. Secchi le suppose ?

Dans une note concernant cette partie du mémoire
dont je m'occupe, M. Raillard assure que, malgré la
pression énorme exercée à l'intérieur du globe solaire,
il ne peut être solide ni même liquide : « car, dit-il,
l'analyse spectrale nous apprend que les éléments dont
il se compose sont *presque tous les mêmes* que ceux
que nous trouvons sur la terre. Cependant sa densité
n'est que le quart de celle de la terre, ce qui ne pourrait avoir lieu si une température prodigieuse que le

P. Secchi estime à 50 millions de degrés, ne retenait tous ses éléments dans un état de dissociation complète. »
— Je repousse, comme je l'ai déjà fait, cette prétention sans fondement sérieux, de limiter les substances du soleil à celles de notre petit globe. M. Raillard n'est pas tout à fait aussi exclusif, mais je ne vois point que l'analyse spectrale nous prouve qu'il n'y a guère dans le soleil que des substances terrestres. Quand même elle arriverait à montrer que cet astre contient dans son atmosphère tous les éléments des corps de la terre, ce qui n'est certainement point encore fait, on pourrait encore supposer qu'il y a dans le corps de l'astre un grand nombre d'éléments différents de ceux-ci. Rien de plus admissible, en vérité ; car on peut penser que ces substances sont telles que la chaleur photosphérique, si vive qu'elle soit, n'a pas eu le pouvoir de les maintenir à l'état de vapeur, et qu'elles sont arrivées à la liquidité et même à la solidité.

Au reste, l'état de dissociation chimique peut se trouver dans un liquide. La matière centrale du corps de l'astre, par l'effet de la pression si considérable qu'elle supporte, est sans doute liquide, mais, à cause de son énorme chaleur, elle est, je pense, à l'état de dissociation chimique, le mouvement vibratoire de l'éther étant trop énergique pour permettre l'association plus ou moins stable, durable, que comporte une combinaison.

Je termine ici cette critique. Certes les études du P. Secchi abondent en faits, en vues ingénieuses, mais il me paraît impossible de puiser dans ses spéculations un ensemble rationnel, une théorie satisfaisante.

CHAPITRE XII.

Nouvel écrit de M. Chacornac.

Je viens de recevoir de cet astronome une note autographiée intitulée *Recherches d'astronomie physique*, dans laquelle il proteste contre l'hypothèse qui fait du soleil un corps gazeux. Voici les principaux motifs qu'il allègue pour repousser cette idée :

La formation des taches étant spontanée, c'est évidemment, selon lui, un phénomène explosif que l'on ne peut comparer qu'au phénomène volcanique. Il présente le groupe, qui a éclaté le 22 juin 1866, comme un exemple frappant. A 10 h. $\frac{1}{2}$, il n'existait aucune facule, aucun pore dans la région où ce groupe s'est montré à 2 h. $\frac{1}{2}$. Il avait d'ailleurs l'apparence, la configuration d'une chaîne volcanique bien caractérisée. Des courants normaux de gaz venant de l'intérieur de la masse gazeuse centrale ne sauraient produire un tel effet, qui implique la rupture d'une *écorce*. Des courants gazeux ne peuvent déterminer une dimension sensible-

ment constante dans l'étendue d'un groupe de taches solaires.

M. Chacornac voit une loi dans la configuration des
groupes de taches : les centres éruptifs les plus considérables, les premiers qui se montrent, sont ceux des extrémités de l'axe volcanique, parce que, en ces points,
existe le maximum de résistance de l'écorce *semi-fluide*,
et que le maximum des forces explosives s'y concentre.
L'axe volcanique n'apparaît dans toute son étendue, reliant les cratères en forme de vallées circulaires d'élévation, qu'a la phase maximum des éruptions du groupe,
et il se montre comme une fissure d'un corps *solide ou
pâteux*. Ce n'est pas au sein d'une masse gazeuse que
les séries d'orifices volcaniques auraient constamment
une tendance à se former sur une même droite qui généralement se confond avec un arc de grand cercle. Ce
n'est pas la seule résistance de la couche photosphérique
qui masque ces fissures, ces lignes de dislocation sur la
majeure partie de leur étendue, puisque celles-ci ne se
révèlent que par des évents volcaniques alignés les uns
à la suite des autres dont le nombre maximum coïncide
avec la phase maximum éruptive; évidemment non, car
les portions isolées de la photosphère paraissent être éminemment mobiles, changeantes. Ces formations décèlent
un corps résistant sous-jacent à la photosphère.

Ce nest pas au sein d'une masse gazeuse que peuvent persister des formes, comme celle du pont qui s'est
montré au travers du groupe apparu le 16 juin, à 5 h.
du matin, et qui a duré jusqu'au 22, sans offrir d'autre
changement que des déformations analogues à celles
d'une masse gélatineuse soumise à des tractions latérales. D'après les phases extrêmes et moyennes de ce
groupe qu'il a suivi assidûment, M. Chacornac regarde

comme bien invraisemblable que des ouvertures aussi voisines l'une de l'autre puissent rester séparées par une aussi mince cloison pendant près de 150 heures, si elles n'étaient pas percées dans un milieu liquide possédant un grand degré de viscosité. La forme conoïdale des taches est un trait caractéristique de leur structure reconnue du reste par tous les astronomes observateurs, et cette structure ne saurait se concilier avec les apparences d'une masse de gaz à l'état de complète dissociation ; elle peut tout au plus se concilier avec une masse vaporeuse qui, sous l'influence d'une haute température et d'une pression énorme se transforme nécessairement en liquide à une certaine profondeur.

Ces vues de M. Chacornac ne modifient pas essentiellement la théorie qu'il a précédemment émise et que j'ai critiquée. Je reconnais avec lui que, dans l'hypothèse où le soleil serait tout gazeux, les éruptions volcaniques, qui paraissent bien être la principale cause de la production des taches, ne s'expliquent point convenablement. Du moins, d'après ma manière de les expliquer, ces éruptions supposent une résistance que ne comporte pas une matière gazeuse ; mais est-il bien suffisant, à ce point de vue, d'admettre que la matière du corps solaire est liquide, même en ajoutant, comme le fait M. Chacornac, que ce liquide est visqueux, épais, pâteux? Je ne le crois pas : il me paraît qu'il faut résolument élever l'écorce solaire à l'état de solidité générale, pour concevoir une résistance suffisante à l'intensité du phénomène éruptif qu'il s'agit d'expliquer.

Quant aux diverses autres considérations que cet astronome joint à celle du défaut de résistance, elles sont, je crois, peu imposantes.

Au reste, M. Chacornac, qui ne rétracte rien à ce

sujet, continue sans doute à admettre que le corps solaire est incandescent, plus chaud même que la photosphère, et je n'ai pas besoin d'insister ici sur ce point
que, dans cette supposition, le corps solaire rayonnerait trop de chaleur et de lumière pour qu'il pût être
soustrait à nos regards ou nous paraître noir à côté de
la lumière photosphérique.

SECONDE PARTIE.

LE SOLEIL PEUT-IL ÊTRE HABITÉ?

Je n'hésite pas à répondre affirmativement à cette question; mais en admettant que le soleil peut être habité, j'entends seulement que je ne vois rien, aucune raison qui autorise à déclarer que nul être vivant ne saurait exister sur le soleil.

Qu'invoquerait-on, en effet, pour affirmer l'impossibilité de la vie sur l'astre radieux? Sera-ce son énorme chaleur? pourquoi quelque être ne saurait-il vivre même dans un brasier ardent? D'ailleurs, nous l'avons vu, tout annonce que le soleil, sous une brûlante photosphère, recèle une enveloppe nuageuse bien moins chaude, et au-dessous de cette dernière enveloppe, un corps opaque dont la température, si élevée qu'elle puisse être, est fort loin d'égaler celle de la photosphère. Or, dans cette hypothèse, il est fort naturel de penser que des êtres animés existent sur le soleil, que notamment

la température qui y règne n'est pas un obstacle diri-
mant à la vie.

On l'admettra encore plus aisément si l'on suppose
que des causes particulières, des vents, des brises,
viennent habituellement tempérer la chaleur solaire.

Qui ne sait que, même dans l'été, par un ciel sans
nuage, alors que le soleil brille du plus vif éclat, tel vent
du nord, de l'est, atténue parfois la chaleur au point
que l'on éprouve presque du froid. Or, nous avons vu
qu'il y a des motifs plausibles pour supposer des vents
sur le soleil. Je rappelle que la température varie des
pôles à l'équateur; que les parties où règnent les taches
sont moins chaudes que les autres. De ces différences
de température il doit naître des courants atmosphériques plus ou moins intenses, et il est admissible que
l'effet le plus général, le plus ordinaire de ces courants
soit de restreindre l'intensité de la chaleur à la surface
du globe solaire.

Concluons donc que le soleil peut être habité.

Mais un point qui semblera plus douteux, c'est de
savoir si le soleil peut être habité par des êtres semblables à ceux de notre planète.

Arago s'est posé cette question, et il l'a résolue
affirmativement, « Si, dit-il, l'on me posait simplement
» cette question : le soleil est-il habité? Je répondrais
» que je n'en sais rien. Mais qu'on me demande si le
» soleil peut être habité par des êtres organisés d'une
» manière analogue à ceux qui peuplent notre globe, et
» je n'hésiterai pas à faire une réponse affirmative.
» L'existence dans le soleil d'un noyau central obscur
» enveloppé d'une atmosphère opaque, loin de laquelle
» se trouve seulement l'atmosphère lumineuse, ne s'op-
» pose nullement, en effet, à une telle conception. »

J'aurais quelque peine à me ranger à cette opinion du célèbre astronome; du moins elle demande une explication et des réserves.

On ne peut en douter, les mondes diffèrent considérablement dans leur constitution et leurs conditions atmosphériques. Or, les animaux, les êtres organisés, quels qu'ils soient, qui peuvent vivre, végéter sur ces mondes, doivent différer, considérablement aussi, dans leur organisation, leur forme, leurs facultés physiques, et même leurs facultés morales, car il est plausible que le physique et le moral influent l'un sur l'autre. En effet, les animaux sont soumis aux influences du milieu où ils naissent, grandissent, se développent. C'est ce que nous voyons ici-bas, où certes il règne une immense variété d'animaux et de végétaux, et où chaque espèce paraît exiger des conditions différentes, sous plusieurs rapports, notamment des différences de température, d'humidité, de lumière.

Sans doute des êtres semblables à l'homme, aux animaux et aux plantes terrestres ne sauraient trouver sur Saturne ou Jupiter, par exemple, le milieu, l'air, l'eau, l'alimentation qui leur est nécessaire. Croit-on que l'atmosphère de Jupiter soit précisément composée d'oxygène et d'azote, qu'il le soit surtout dans les proportions de l'air terrestre? Croit-on que l'homme se trouverait bien de n'avoir pas de saisons et de recevoir sur Jupiter vingt-sept fois moins de chaleur et de lumière qu'il n'en reçoit sur notre globe? Pense-t-on que ces circonstances ne doivent pas essentiellement influer sur la constitution des êtres qui habitent Jupiter? Le double anneau de Saturne est-il donc indifférent à la vie, à l'organisme des êtres? La durée de rotation, de révolution d'une planète ne saurait-elle aussi entraîner des différences, des modifications essentielles sous ces rapports? Le nombre des satellites n'est pas non plus sans influence sur le milieu ambiant, sur les productions de la planète, autour de laquelle ils gravitent. En un mot, tout ce que nous pouvons connaître des mondes accuse une immense diversité, qui sans doute s'étend plus ou moins à tout ce qui les concerne, et surtout aux êtres vivants qui y trouvent les conditions nécessaires à leur existence.

Toutefois, on peut supposer qu'il y ait des analogies, des ressemblances plus ou moins grandes, sous certains rapports, entre les êtres vivants de mondes très-divers. Pourquoi, par exemple, n'y aurait-il pas sur Mercure, sur Jupiter, non-seulement des animaux, mais encore des plantes? Pourquoi les animaux ne s'y nourriraient-ils pas de plantes? Tout cela peut se supposer, si l'on suppose aussi que ces êtres ne sont pas conformés comme les plantes et les animaux terrestres.

Quels sont les modes de reproduction des êtres vivants des autres mondes? Qui oserait le dire? Ce qu'on peut seulement pressentir, c'est que ces modes diffèrent suivant les mondes. La terre nous offre une grande diversité sous ce rapport dans les plantes et les animaux; à plus forte raison, sur ce point, des différences peuvent-elles exister d'un monde à un autre?

C'est principalement entre les planètes et le soleil qu'il existe vraisemblablement des différences au point de vue de la constitution des êtres qui peuvent habiter ces mondes. Je regarderais comme téméraires les hypothèses qu'on ferait, à ce sujet, quant au soleil surtout. Il est naturel toutefois d'imaginer que, s'il y a des végétaux sur le soleil, la végétation y est fort active, très-luxuriante, si à la persistance d'une chaleur considérable, il se joint des conditions atmosphériques et autres analogues à celles qui nous paraissent ici-bas concourir au développement, à l'entretien de ces sortes d'existences. La vie animale sur l'astre radieux, semblerait aussi devoir être bien énergique dans son développement, dans son action. Il paraîtrait présumable que les passions y sont très-vives, comparativement à celles qui animent les hommes, même ceux des contrées méridionales. Mais ici l'analogie peut tromper, car l'activité, l'énergie, les passions humaines ne dépendent pas seulement de la température.

Fontenelle, dans ses *Entretiens sur la pluralité des mondes*, dit que les habitants de Saturne, selon toutes les apparences, sont bien flegmatiques. « Ce sont des
» gens qui ne savent ce que c'est que de rire, qui pren-
» nent toujours un jour pour répondre à la moindre
» question qu'on leur fait, et qui eussent trouvé Caton
» d'Utique trop badin et trop folâtre. »

Que pense Fontenelle des habitants de Mercure?
« Ils sont, dit-il, plus de deux fois plus proches du so-
» leil que nous? Il faut qu'ils soient fous à force de vi-
» vacité. Je crois qu'ils n'ont point de mémoire, non
» plus que la plupart des nègres; qu'ils ne font jamais
» de réflexion sur rien; qu'ils n'agissent qu'à l'aven-
» ture et par des mouvements subits; et qu'enfin c'est
» dans Mercure que sont les petites maisons de l'uni-
» vers... »

Vénus est beaucoup plus rapprochée du soleil que la terre. Fontenelle n'hésite pas à caractériser ses habitants :
« Le menu peuple de Vénus, dit-il, n'est composé que
» de Céladons et de Silvandres, et leurs conversations
» les plus communes valent les plus belles de Clélie. Le
» climat est très-favorable aux amours. »

Si je ne me trompe, ce sont là des abus de l'analogie;

mais on les pardonne en considération de l'esprit qui brille, de la grâce qui charme dans une œuvre empreinte de poésie autant que de science.

Toutes ces prévisions, toutes ces suppositions plus ou moins fondées sur la comparaison de ce qui se passe sur notre globe, quand il s'agit des êtres vivants et des productions des autres mondes, ne sauraient avoir une valeur vraiment scientifique. Elles intéressent le lecteur, mais il ne serait pas sage d'y attacher une grande importance.

Par exemple, quoique Saturne soit bien plus éloigné que notre globe du foyer commun de chaleur et de lumière, rien ne prouve que ses habitants, s'il y en a, doivent souffrir du froid, éprouver des sensations moins vives de lumière et de chaleur. Peut-être est-ce le contraire qui a lieu ; car les sensations paraissent devoir être en raison non-seulement du milieu où vit l'être sentant, mais encore de la constitution propre de cet être, et nous ne savons point si les organisations des habitants de Saturne ne sont pas telles qu'ils sentent peu le froid, beaucoup la chaleur et la lumière. Faut-il, à propos de lumière, rappeler que certains animaux terrestres paraissent voir les objets en pleine nuit ?

Ce qui peut nous montrer que l'état des planètes n'est point seulement en raison de la chaleur que leur envoie le soleil, c'est que généralement les planètes les plus éloignées du soleil sont moins denses que celles qui en sont plus rapprochées. La chaleur tendant à dilater les corps, à diminuer leur densité, il faut donc penser qu'il y a dans ces astres des causes particulières qui influent sur leur densité. On peut le concevoir, en supposant qu'ils varient soit dans leurs substances mêmes, en totalité ou partie, soit dans la disposition, le mélange de ces substances. Il est vrai que certains corps, à une certaine température, peuvent être moins denses qu'à une température plus élevée : l'eau, par exemple, est dans ce cas, et on l'explique par un arrangement particulier des molécules de ce corps, mais telle n'est pas sans doute la cause principale du peu de densité des planètes qui, par leur éloignement, reçoivent moins de chaleur de l'astre du jour.

J'admets que dans ces questions si problématiques, si rebelles à une solution, on prenne jusqu'à un certain point l'analogie pour guide, mais elle peut égarer, et, en pareille matière, il est prudent de faire toujours quelque réserve.

Ainsi, en supposant que la lune soit totalement dénuée d'atmosphère, si nous nous laissons entièrement guider par l'analogie, nous jugerons que la lune ne peut être habitée, car il ne nous paraît pas qu'aucun animal terrestre puisse vivre sans une certaine quantité d'air; ce qui pourtant n'est point démontré. Mais ce qui est bien certain, c'est que l'air n'est pas également indispensable aux diverses espèces animales, et l'on ne voit pas pourquoi quelque organisation inconnue ne saurait se passer d'une certaine quantité de ce fluide, si petite qu'elle fût. Gardons-nous donc de décider qu'il en est ainsi, et que sur un astre quelconque habité, il y a nécessairement quelque atmosphère concourant à la vie de ses habitants.

Au reste, l'absence absolue d'atmosphère sur notre satellite n'est point prouvée. Seulement il paraît bien, par les observations et par les déductions théoriques qu'elles ont provoquées, que si une atmosphère entoure la lune, elle est extrêmement peu intense, fort peu variable. Il est difficile d'admettre qu'il n'y ait pas autour de

la lune quelque vapeur légère déterminée par l'action de
la chaleur solaire sur quelques matières de ce globe. Or,
pourquoi cette sorte d'atmosphère, bien que rare, bien
qu'elle échappe à nos observations, ne suffirait-elle pas
à la constitution des habitants de la lune. « Il n'est pas
» croyable, dit Fontenelle, dans ses *Mondes*, p. 63, que
» la lune soit une masse dont toutes les parties soient
» d'une égale solidité, toutes également en repos les
» unes auprès des autres, toutes incapables de recevoir
» aucun changement par l'action du soleil sur elles ;
» nous ne connaissons aucun corps de cette nature, les
» marbres eux-mêmes n'en sont pas ; tout ce qui est le
» plus solide change et s'altère, ou par le mouvement
» secret et invisible qu'il a en lui-même, ou par celui
» qu'il reçoit du dehors. Mais les vapeurs de la lune ne
» se rassembleront point autour d'elle en nuages, elles
» ne retomberont point sur elle en pluies, elles ne for-
» meront que des rosées. Il suffit pour cela que l'air,
» dont apparemment la lune est environnée en son par-
» ticulier, comme notre terre l'est du sien, soit un peu
» différent de notre air, et les vapeurs de la lune un
» peu différentes des vapeurs de la terre, ce qui est
» quelque chose de plus que vraisemblable. Sur ce pied
» là, il faudra que la matière étant disposée dans la
» lune autrement que sur la terre, les effets soient diffé-
» rents ; mais il n'importe, du moment que nous avons
» trouvé un mouvement intérieur dans les parties de la
» lune, ou produit par des causes étrangères, voilà ses
» habitants qui renaissent et nous avons le fonds néces-
» saire pour leur subsistance. Cela nous fournira des
» fruits, des blés, des eaux, et tout ce que nous vou-
» drons. J'entends des fruits, des blés, des eaux à la
» manière de la lune que je fais profession de ne pas

» connaître, le tout proportionné aux besoins de ses
» habitants que je ne connais pas non plus. » Plus haut,
Fontenelle nous dit qu'il ne croit point du tout qu'il y
ait des hommes dans la lune. Il confesse qu'il ne sait
rien sur la constitution des êtres qui peuvent habiter
notre satellite.

Ces considérations du docte et spirituel académicien
me paraissent généralement très-sensées. Seulement,
je reconnais que certaines observations ne permettent
pas de supposer que l'air de la lune soit, a beaucoup près,
aussi dense que l'air terrestre. Non-seulement, il ne s'y
forme pas de nuages apparents, mais il doit être lui-même
extrêmement rare. Comme Fontenelle, je ne place pas
des hommes dans la lune. Non-seulement dans la lune,
mais dans aucun autre monde, il n'y a sans doute des
êtres conformés comme nous, organisés comme nous ;
mais il n'est pas inadmissible qu'il y existe des êtres vivants et raisonnables différents de notre espèce, des animaux et des plantes différents de ceux de la terre.

On pourrait, toutefois, penser, avec quelque vraisemblance, que la lune a eu des habitants, des animaux,
des plantes, mais que maintenant et depuis longtemps
elle en est privée. On supposerait que, sa substance étant
peu à peu arrivée à une complète pétrification, la vie
l'a entièrement abandonnée, c'est un astre mort. Il est
des géologues qui, en l'admettant, prédisent le même
sort à notre globe, et même à tous les astres existants
ou qui pourront se former par la suite. Par le progrès
du refroidissement, chaque soleil s'éteindrait pour devenir une planète habitable, habitée ; chaque planète
peu à peu perdrait toute fluidité, toute organisation vitale.

Je ne proteste pas contre cette doctrine ; mais, en

l'admettant, on peut aussi supposer que ces masses successivement pétrifiées, abandonnées de la vie, pourront ultérieurement, sous l'influence de milieux plus chauds, se dilater, se liquéfier, et même se vaporiser, rentrer dans la catégorie des nébuleuses, et, par des transformation diverses, constituer de nouveaux soleils, de nouvelles planètes.

Quoi qu'il en soit, parmi les planètes, plusieurs montrent qu'elles sont entourées d'une atmosphère, et il est présumable qu'aucune n'en est absolument dénuée.

En des temps divers, elles tournent sur elles-mêmes et effectuent des révolutions autour du soleil; elles en reçoivent la lumière et la chaleur. Comment ne pas s'arrêter à l'idée si naturelle que la vie y réside, que des animaux, des êtres sentants, pensants, y naissent, s'y développent, y vivent! Il serait bien étrange que, parmi tant de mondes, de planètes, il n'y eût d'habitants que pour la terre, pour notre petit globe!

Si l'on m'accorde aisément l'habitabilité des planètes, il n'en sera pas ainsi de celle du soleil; mais il me semble que les considérations que j'ai émises à ce sujet sont de nature à dissiper dans beaucoup d'esprits les préventions qui tendraient à en éloigner l'idée que cet astre soit habitable.

Il faut convenir que ce globe opaque que nous distinguons par des ouvertures de la photosphère nous convie à penser, par analogie à notre terre, que le soleil n'est pas seulement un flambeau, le phare général de notre système planétaire.

Si cet astre n'est pas habité, apparemment il en est ainsi de ces myriades de soleils qui nous apparaissent et qui eux aussi n'auront d'autre mission que d'échauffer et éclairer des planètes. Or, l'univers me semble bien plus grandiose, plus admirable, si je suppose que les soleils sont peuplés d'êtres qui, de là, puissent observer les planètes et, dans une certaine limite, les autres soleils.

Quelles que soient la multiplicité, la variété, la grandeur, la magnificence des objets qu'offriraient aux regards des solariens le corps même du soleil, ses enveloppes nuageuses, son atmosphère, il serait regrettable qu'ils ne pussent apercevoir le firmament, ce spectacle si grandiose, dont la majesté élève tant l'âme, agrandit tant les idées, exerce à un si haut degré l'intelligence, quand on veut se rendre compte des mouvements de l'immense machine céleste, ou seulement de notre système solaire. Pourtant il semble, au premier abord, que l'éblouissant éclat du soleil devrait exclure pour ses habitants la possibilité de jouir de l'aspect du firmament.

Dans l'opinion de Fontenelle, le soleil est inhabitable, et ses habitants, s'il pouvait en avoir, seraient condamnés à une absolue cécité.

« Les habitants du soleil, dit-il, ne le verraient seu-
» lement pas. Ou ils ne pourraient soutenir la force de
» sa lumière, ou ils ne la pourraient recevoir, faute
» d'en être à quelque distance, et, tout bien considéré,
» le soleil ne serait qu'un séjour d'aveugles. »

C'est là une assertion légère, car il est supposable que, chez les solariens, l'organe de la vue est constitué bien autrement que le nôtre, et de telle sorte que ces êtres ne sont pas éblouis, aveuglés par les flots de la lumière solaire dont l'éclat peut d'ailleurs être considérablement atténué pour eux par une enveloppe réfléchissante ; il est supposable qu'ils aperçoivent, distinguent les divers objets inégalement éclairés, diversement colorés, que l'astre peut leur offrir, soit à sa surface ou au-dessus, soit dans les cavités, les cavernes qu'on peut y supposer. Quelles que soient les taches, elles présentent des parties relativement obscures qui contrastent avec l'éclat de la photosphère : il y a donc des objets, des teintes à distinguer sur le soleil, la vue peut donc s'y exercer.

Mais je vais plus loin, et je ne consens point à priver les solariens de la vue et de l'étude des astres.

« Donnez-leur des ailes, ou des ballons, ai-je dit
» ailleurs (1), imaginez que, grâce à ces moyens de
» locomotion, en passant par les éclaircies qui constituent
» les taches solaires, ils puissent atteindre des planètes
» voisines qui leur soient particulièrement destinées,
» et vous concevrez pour eux la possibilité d'obtenir
» l'obscurité suffisante pour distinguer les astres, et des
» observatoires pour les contempler, pour suivre et
» mesurer leurs révolutions dans l'espace. »

Cette hypothèse hardie et fort *excentrique* excitera le sourire de nos savants astronomes. Après tout, je ne vois pas bien ce qu'ils pourraient alléguer de bien concluant pour en contester la possibilité. Il faut se garder de la juger en se plaçant au point de vue des conditions de notre petit globe et de ses habitants. Est-il impossible que deux mondes soient assez rapprochés et dans des conditions telles que les êtres de l'un puissent aller dans l'autre, et si cela n'est pas impossible, pourquoi le soleil et quelque planète voisine ne seraient-ils pas dans ce cas ?

Mais écartons cette hypothèse que je suis loin de vouloir soutenir. Il nous restera encore le moyen de procurer aux solariens la vue du ciel, de ses astres radieux. Il est plausible, en effet, que les grandes éclaircies opé-

____

(1) *Discussions sur les principes de la physique*, p. 596.

rées dans la photosphère leur permettent de les apercevoir (2). Au-dessus de ces vastes déchirures qui, parfois n'ont pas moins de 30,000 lieues, il peut bien régner une obscurité relative suffisante pour que le ciel étoilé se montre clairement aux yeux, pour que des astronomes armés de puissantes lunettes distinguent les astres et calculent leurs révolutions.

On le concevra en considérant que parfois la lune nous apparaît en plein jour, que parfois aussi des étoiles brillent à nos regards alors que le soleil vient de se lever, ou est sur le point de se coucher. Il est arrivé qu'une tache solaire était si intense que l'on a pu apercevoir des étoiles en plein jour, même assez près du soleil.

Dira-t-on, avec Galilée, que les taches solaires, bien qu'elles nous apparaissent noires ou très-sombres, sont en réalité très-lumineuses, au moins aussi lumineuses que la lune, que Vénus, en se fondant sur ce que Vénus disparaît quand elle est voisine du limbe solaire, et que les taches du soleil sont aussi lumineuses que la partie du ciel qui entoure son disque?

D'abord, ainsi que le constate Arago dans son *Astronomie populaire*, Vénus ne disparaît pas près du soleil, si l'on a le soin de se soustraire à l'influence éblouissante de la somme de tous les rayonnements latéraux, en ne laissant strictement entrer dans l'œil, ou

(2) Depuis que j'ai eu cette idée, j'ai vu qu'un autre l'avait émise avant moi. Dans l'*Astronomie populaire* d'Arago, t. 2, liv. XIV, où j'ai puisé ce que j'ai dit de la théorie de Bode, on lit ce qui suit : « Je m'arrête : il serait certainement superflu de reproduire ici les considérations que Bode a longuement développées sur le bonheur dont jouissent les habitants du soleil, perpétuellement éclairés par l ur atmosphère lumineuse, perpétuellement échauffés par les rayons calorifiques provenant des combinaisons de cette même atmosphère et de l'atmosphère grossière qui la supporte; *admirant le spectacle de la création à travers les ouvertures que nous prenons de la terre pour un amas des scories noirâtres,* etc.,etc. »

tomber sur l'objectif de la lunette , que la lumière provenant d'une partie très-circonscrite d'atmosphère située
dans la direction de la planète. D'ailleurs, le plus ou le
moins d'éclat avec lequel nous apparaissent les taches
ne nous apprend pas quelle est vraiment la quantité de
lumière qu'elles nous envoient. La clarté que nous attri-
buons à une contrée du ciel , du soleil, ne provient pas
seulement des rayons partis de cette contrée; nous rece-
vons d'un nombre immense de points des rayons qui ,
par les réflexions ou réfractions qu'ils éprouvent avant
d'arriver à notre œil , ont des directions telles qu'ils
agissent sur notre organe comme s'ils partaient de points
autres que ceux d'où ils partent réellement.

« Entre le soleil et l'observateur , dit Arago, très-
» près de celui-ci , existe l'atmosphère terrestre. L'at-
» mosphère terrestre a une hauteur très-bornée, et elle
» réfléchit vers la terre une portion notable de la lu-
» mière solaire. Tout le monde a pu remarquer que
» cette lumière atmosphérique réfléchie , augmente avec
» rapidité à mesure qu'on se rapproche du limbe du
» soleil. Nul doute que l'augmentation ne doivent se
» continuer dans la portion d'atmosphère qui est exac-
» tement interposée entre le soleil et l'observateur, dans
» la portion qui se projette sur le corps même de l'astre.

» Quand nous regardons le soleil à l'œil nu ou avec
» une lunette , quels sont les rayons qui concourent à
» la formation de l'image? D'une part, la lumière éma-
» nant directement du soleil; de l'autre, la lumière ré-
» fléchie vers nous par la portion d'atmosphère comprise
» entre les lignes visuelles menées de la place que nous
» occupons à tous les points circulaires de l'astre. Ces
» deux genres de lumière sont intimement mêlés , et la
» réfraction dans les humeurs de l'œil ou à travers les

» verres de la lunette, ne saurait les séparer. Aussi une
» tache fût-elle complétement obscure, ne semblera pas
» telle ; son image sombre se trouvera recouverte, se
» trouvera éclaircie par l'image de la portion correspon-
» dante et très-brillante de l'atmosphère interposée.
» Supposons une tache ronde et d'une minute de dia-
» mètre ; elle sera au moins aussi lumineuse que le pa-
» raîtrait une ouverture d'une minute faite dans un dia-
» phragme noir, situé au-delà des limites de notre
» atmosphère, et qui se projetterait sur les régions très-
» voisines du soleil. »

Arago arrive encore à cette conclusion par un raisonnement plus simple :

« Tout le monde, dit-il, sait que le champ d'une lu-
» nette tournée vers le ciel paraît complétement et uni-
» formément éclairé ; la lumière qu'on aperçoit alors est
» l'image de la portion d'atmosphère sur laquelle cette
» lunette se dirige ; l'objet étant indéfini, l'image est in-
» définie aussi et doit s'étendre jusqu'aux limites mêmes
» du champ.

» De jour l'atmosphère jette donc inévitablement un
» rideau, un voile lumineux dans toute l'étendue du
» champ d'une lunette, quelle que soit la région du ciel
» qu'on veuille explorer. La région renferme-t-elle un
» astre éloigné, l'image télescopique de cet astre ira se
» dessiner sur l'image télescopique indéfinie de l'atmo-
» sphère ; elle sera recouverte du voile lumineux. Les
» deux lumières, celles de l'astre et du voile étant con-
» fondues, les régions brillantes de l'image de l'astre
» paraîtront plus vives qu'elles ne le sont réellement ;
» les régions sombres se seront éclaircies, les taches
» tout à fait obscures sembleront émettre une lumière
» égale à celle de l'image atmosphérique. »

Ainsi, au point de vue de la comparaison visuelle où Galilée se plaçait, nous ne pouvons point assurer que les taches du soleil sont vraiment aussi ou plus lumineuses que Vénus, que la lune, que la région atmosphérique circonvoisine du soleil. Mais il me semble que, sous d'autres rapports, on pourrait arriver, non point à la détermination exacte de l'intensité de la lumière des taches, mais à quelque probabilité sur ce point.

Wilson, partant de son explication des taches solaires, a calculé que le noyau d'une grande tache, qu'il avait particulièrement observée, se trouvait à une distance de la surface solaire égale au rayon terrestre, c'est-à-dire à environ 1500 lieues. Les appréciations de M. Faye s'accordent assez bien avec celles de Wilson. Suivant le P. Secchi, qui, à la vérité, a singulièrement varié sur ce point, la distance en question serait d'environ un tiers du rayon terrestre. M. Chacornac la porte seulement à deux millièmes du rayon solaire. En prenant une moyenne entre ces trois évaluations diverses, on trouvera à peu près 800 lieues. Supposons un instant que la vraie distance soit généralement d'envion 1000 lieues. Il s'est produit des taches tellement grandes que l'étendue diamétrale de leur noyau a été évaluée à 30,000 lieues Imaginons une tache d'un tel diamètre. Admettons que sa pénombre ait 7 ou 8 mille lieues de largeur, ce qui n'est point exagéré, d'après la proportion qui existe en général entre l'étendue du noyau et celle de la pénombre. Supposons de plus que sur les 1000 lieues de distance entre la surface extérieure de la photosphère et le noyau, l'epaisseur de la photosphère occupe 400 lieues environ, et que l'enveloppe réfléchissante commence à 100 lieues au-dessous, de telle sorte que la surface extérieure de la photosphère soit à 500 lieues de la surface réfléchis-

sante. La pénombre s'avançant de **7000** lieues tout autour du noyau, les rayons lumineux partant des talus de
la photosphère et se dirigeant vers le corps opaque du soleil seront presque tous arrêtés par la pénombre, et ainsi le
noyau en recevra bien peu de lumière. Il recevra surtout
des rayons obliques, à travers l'enveloppe inférieure, mais
qui n'arriveront guère vers le milieu de la tache. Là surtout, il devra donc se produire une obscurité très-grande
relativement à la clarté qui régnera ailleurs sur la surface opaque du soleil, et qui proviendra de la transmis-
sion d'une partie notable des rayons de la photosphère
à travers l'enveloppe inférieure et l'atmosphère du soleil.
Et puis, comme la pénombre, sur ses bords, est généralement beaucoup plus épaisse que dans ses autres
parties, que par suite elle réfléchit plus de lumière sur
ses bords, elle en laissera passer d'autant moins en ces
lieux, et conséquemment, encore sous ce rapport, l'obscurité, la nuit tendra à se faire sur le noyau.

Dans ces conditions, comment douter que les astres
puissent briller aux regards des habitants occupant le
milieu d'une tache, et même des contrées voisines de ses
bords?

Pour moi, je suis très-porté à croire que la moyenne
des hauteurs photosphériques au-dessus du corps central
excède celle que je viens de supposer; que l'évaluation
qui la porte à environ un rayon terrestre est plus près
de la vérité. Mais, encore dans cette hypothèse, par des
considérations analogues à celles qui précèdent, on verrait que, dans la partie répondant au noyau, il peut
régner près du corps central une obscurité suffisante
pour la perception des astres à travers les ouvertures des
enveloppes nuageuses du soleil. Pour que cela soit, il
n'est même point nécessaire que la tache ait des dimen-

sions aussi considérables que celles que j'ai supposées.

Au surplus, je conçois qu'un habitant du soleil puisse
en recevoir une lumière aussi vive que celle qui lui arrive
des étoiles et des planètes, et qu'il aperçoive néanmoins
distinctement ces astres. En effet, on a expérimenté que
généralement notre œil saisit bien une augmentation de
lumière de $\frac{1}{30}$; que, si l'une des lumières est animée
d'une certaine vitesse par rapport à l'autre, l'œil est
même sensible à des différences de $\frac{1}{64}$. Donc notre observateur pourrait distinguer des astres s'ils ajoutaient,
par leur présence, $\frac{1}{30}$ à la lumière versée par le soleil
sur la tache.

Considérons aussi que, les rayons lumineux reçus du
soleil par le noyau d'une tache étant obliques, les observateurs placés sur ce noyau pourraient aisément arrêter
une grande partie de cette lumière, s'en affranchir, et
accroître considérablement l'obscurité, qui alors leur
permettrait de distinguer d'autant mieux les astres.
Dûssent-ils se mettre dans des trous profonds, des sortes
de puits, ils trouveraient bien le moyen de se mettre à
l'abri des rayons latéraux qui pourraient leur dérober
la vue du ciel.

Ainsi le ciel est livré aux solariens, ils peuvent étudier
l'astronomie.

Objectera-t-on qu'un sol si tourmenté par les éruptions
volcaniques, sans doute sujet à de violents *tremblements*,
ne serait guère propre aux observations astronomiques ?
— Il me serait facile de réfuter cette objection, car 1º il
peut y avoir des taches qui ne soient pas causées par
des éruptions volcaniques ; 2º une tache une fois produite, les éruptions peuvent ne pas continuer là où elles
ont agi pour la produire ; 3º généralement les tremble-

ments de terre précèdent les éruptions et cessent quand celles-ci se manifestent, et cela s'explique.

Insistera-t-on en disant que nul observatoire ne pourrait résister aux secousses des tremblements de soleil? — Ceci importerait peu, répondrais-je, si les solariens savaient improviser des observatoires, s'ils en avaient de tout préparés et facilement transportables. D'ailleurs, sur le soleil, comme sur la terre, il peut y avoir, autour des volcans, au-delà d'un certain rayon, des contrées qui soient habituellement à l'abri des convulsions volcaniques, et qui se trouvent cependant comprises dans le rayon d'une tache. Comment en nier la possibilité, si l'on admet que ce dernier rayon s'étend parfois jusqu'à 15000 lieues. Il y a un observatoire à Naples, qui n'est qu'à deux lieues du Vésuve.

On a dit que le soleil, par sa position centrale, serait très-favorable aux observations astronomiques de ses habitants. « On verrait, dit Fontenelle, dans ses » *Mondes,* toutes les planètes tourner régulièrement » autour de soi, au lieu que nous voyons dans leur cours » une infinité de bizarreries qui n'y paraissent que parce » que nous ne sommes pas dans le lieu propre pour en » bien juger, c'est-à-dire au centre de leur mouvement. » Cela n'est-il pas pitoyable? Il n'y a qu'un lieu dans » le monde d'où l'étude des astres puisse être extrême- » ment facile, et justement dans celui-là il n'y a per- » sonne. »

Arago a traité cette question *ex professo* dans son *Astronomie,* t. IV, liv. XXXIV, ch. II.

« Pour un observateur, dit-il, situé au centre du globe solaire, toutes les étoiles sembleraient attachées, comme elles le paraissent à un observateur terrestre, à une sphère solide; mais dans le cas actuel, cette sphère

paraîtrait immobile, tandis que sur notre globe elle semble douée d'un mouvement général dirigé de l'Orient à
l'Occident. Ce mouvement très-rapide a fourni aux astronomes de la terre une unité de temps (le jour sidéral) sur laquelle ils ont réglé la marche de leur pendule,
et dont il ont tiré le plus grand parti dans l'étude des
phénomènes célestes. Privé de cette ressource , puisque
les étoiles seraient complétement immobiles à ses yeux ,
un astronome situé au centre du soleil, pourrait, j'i-
magine, régler sa pendule sur le temps que la lune semblerait employer à faire le tour de la terre. Du reste ,
rien de plus simple que l'astronomie pour un observateur
ainsi placé.

» Les phases de Mercure et de Vénus, ce phénomène
si remarquable quand on l'observe de la terre, n'existeraient ni pour ces deux planètes ni pour les autres. On
n'aurait donc aucun moyen de savoir si les planètes sont
lumineuses par elles-mêmes.

» Les mouvements des planètes à travers les constellations se feraient tous dans le même sens, mais avec des
vitesses inégales. Les planètes , dans leurs courses, ne
seraient assujetties ni aux stations ni aux rétrograda-
tions qui avaient si fort embarrassé les astronomes de
l'antiquité et les observateurs modernes.

» L'astronome solaire pourrait bien , avec un micromètre très-exact, déterminer les variations de distance
de chaque planète, et trouver, jusqu'à un certain point,
que ces astres ne se meuvent pas dans des cercles, mais
il ne posséderait aucun moyen de déterminer les distances absolues , ni même les rapports de ces distances.
Ainsi , pour lui les belles lois de Kepler seraient lettres
closes. Quant aux distances relatives, il n'aurait aucune
méthode pour les découvrir, seulement il arriverait con-

jecturalement à supposer que les planètes les plus voisines sont celles qui emploient le moins de temps à reve-
nir aux mêmes constellations, et que les plus éloignées
doivent être celles qui mettent le plus de temps à faire
une révolution entière; ainsi, il admettrait que Mercure
est la plus voisine et Saturne la plus éloignée de toutes
les planètes anciennement connues.

» Tous ces moyens d'investigations si imparfaits pour
l'astronome central se perfectionneraient notablement si
nous le transportions sur la surface solaire. Alors les
étoiles se lèveront et se coucheront aux limites de l'horizon de chaque lieu. Ce mouvement s'exécutera pour
toutes les étoiles d'Orient en Occident, l'intervalle qui
s'écoule en deux levers et deux couchers consécutifs,
l'intervalle compris entre deux passages successifs d'une
étoile quelconque au méridien, sera de 25 j. 34. L'astronome pourra donc puiser dans les mouvements célestes
la mesure du temps.

» Nous venons de dire que l'observateur placé à la
surface du soleil verrait la sphère des étoiles se mouvoir
de l'Orient à l'Occident; ajoutons que l'axe autour duquel
ce mouvement de rotation paraîtrait s'exécuter différerait
notablement de l'axe autour duquel nous voyons de la
terre le ciel tourner; les pôles de rotation, au lieu d'a-
boutir à la petite ourse, passeraient par la position excentrique de l'observateur relativement au point autour
duquel tous les mouvements planétaires s'exécutent; il
en résulterait, pour ces mouvements, des inégalités dont
on pourrait déduire les distances de ces divers astres au
soleil.

» Ainsi un observateur situé à la surface du soleil
pourrait, jusqu'à un certain point, à l'aide de ses seules

observations , arriver à la connaissance des lois de Kepler. »

Ces considérations d'Arago me paraissent très-judicieuses, et, tout pesé, il en résulte que les habitants du soleil seraient favorablement placés pour les observations astronomiques.

Combien elle charme l'imagination , quelle est grandiose cette pensée, que tous les astres du firmament sont habités , qu'ils le sont par des êtres variant à l'infini dans leur constitution, leurs facultés, en raison de l'immense variété des mondes où ils vivent !

Le dirai-je? dans mes rêveries philosophiques, j'ai songé que les êtres d'un monde, loin d'être bornés à l'existence de ce monde, sont destinés à passer successivement dans tous les autres ou dans la plupart des autres, parcourant ainsi graduellement une immense échelle d'existences de plus en plus actives, progressives, heureuses. Je l'avoue même, ce songe acquiert parfois chez moi la force d'une vive espérance, sinon d'une croyance arrêtée.

Je me représente les mondes inconnus comme des lieux où mon âme , séparée , pour ainsi dire, de son enveloppe terrestre, sans perdre le souvenir de son existence passée , doit aller successivement animer des corps nouveaux , pour y participer à des civilisations de plus en plus avancées , où le développement moral et intellectuel, joint à de grandes facultés physiques, procurera une vive et noble félicité , un bonheur incessant, tou - jours nouveau, toujours croissant, et où l'on retrouvera et reconnaîtra les personnes avec lesquelles on aura vécu précédemment.

Je l'avoue , toutefois, ma philosophie ne saurait me

fournir la démonstration d'un tel ordre de choses, d'un si bel avenir; mais aussi elle ne rejette point la possibilité de sa réalisation : je puis donc l'espérer et je l'espère (1).

(1) Ma philosophie n'admet pas, il est vrai, la réalité des corps, de la matière. Suivant elle, il n'est que des substances purement spirituelles, immatérielles ; mais de même qu'il nous semble que nous sommes sur la terre, que nous y vivons, de même aussi peut-être nous semblera-t-il un jour que nous habitons tel ou tel astre après la terre, et c'est à ce point de vue, en ce sens, que je puis espérer une succession d'existences dans une série d'autres mondes. (Voir l'Exposé de mon *Système philosophique*, 1 vol. in-8°, 3° édition, à Paris, chez Penaud et Jolly, libraires, rue Visconti, 22)

CONCLUSION GÉNÉRALE.

En résumé, le soleil est un sphéroïde intérieurement
liquide et incandescent, mais extérieurement solidifié
jusqu'à une certaine profondeur relativement très-peu
considérable, et entourée d'une vaste atmosphère très-
diaphane, dans laquelle sont suspendues des masses
nuageuses ou gazeuses généralement peu distantes les
unes des autres, dont les unes, plus rapprochées du
corps solaire, non lumineuses par elles-mêmes, sont
très-réfléchissantes, et les autres, à une certaine distance au-dessus de celles-ci, sont lumineuses par elles-
mêmes et constituent la photosphère.

Les noyaux des taches solaires sont le corps même de
l'astre, aperçu à travers des ouvertures pratiquées dans
ces deux enveloppes. La pénombre est surtout ce qui paraît
ordinairement de l'enveloppe réfléchissante, mais bien
souvent des masses photosphériques descendent sur la
pénombre, la couvrent en partie en rayonnant vers le

25*

centre, vont même parfois jusque sur le noyau. Cette descente résulte de la pesanteur des masses lumineuses amoncelées près des bords extérieurs de la photosphère et constituant les facules. Les masses inférieures, sous cette pression, et par l'effet de l'élasticité de l'atmosphère en même temps pressée, tendent à se porter dans la cavité, où la résistance est moindre.

Les pores, les rides, le pointillé, qu'offre l'aspect général de la surface solaire, sont généralement des parties du corps central ou de l'enveloppe réfléchissante, aperçues par des ouvertures moins grandes que celles des taches. Les taches sans noyau apparaissent quand la photosphère seule étant ouverte, on aperçoit une partie de l'enveloppe réfléchissante sans distinguer le corps central.

Les ouvertures ou cavités se forment généralement par l'action d'éruptions volcaniques et celle de tourbillons atmosphériques. Ces deux actions concourent presque toujours à la formation d'une tache. Plusieurs causes déterminent les éruptions volcaniques du soleil.

Les taches arrivent à diminuer et finalement s'évanouissent. C'est ordinairement par la descente des masses des deux enveloppes qui, par les causes dont je viens de parler, ont été déplacées, élevées au-dessus de leur niveau, et se sont amassées en bourrelets, en montagnes, sur les bords des ouvertures. Cette descente s'opère comme il est dit plus haut, ou par effondrement, les masses supérieures se trouvant sans appui par le retrait des masses inférieures.

Les vents ont sans doute une part plus ou moins grande dans la diminution et l'évanouissement des taches.

Les planètes peuvent aussi influer sur la production,

la diminution et l'évanouissement des taches ; elles le peuvent, soit en opérant alors sur la matière liquide sous-jacente à la croûte solaire et en concourant ainsi à déterminer des éruptions, soit en agissant directement sur les enveloppes solaires.

Plusieurs inégalités se montrent dans le mouvement des taches solaires. L'une d'elles n'est qu'apparente et provient surtout de ce que les taches qui nous semblent à la surface photosphérique sont réellement sur le globe solaire, c'est-à-dire à une certaine profondeur au-dessous de cette surface. La réfraction a aussi une part d'influence dans ce phénomène.

Les autres inégalités s'expliquent bien si l'on suppose que les nuages des enveloppes, dans leur rotation, vont plus vite que le corps central, et que ce corps est une sorte d'aimant dont les pôles retiennent, par attraction magnétique, les nuages des mêmes enveloppes. Dans ces hypothèses, on trouve en même temps l'explication de plusieurs faits signalés : on voit pourquoi souvent la cavité inférieure paraît penchée dans le sens du mouvement de l'astre. On s'expliquerait bien que les profondeurs des taches, c'est-à-dire les distances de la surface photosphérique au corps central, fussent en s'accroissant de l'équateur aux pôles : ce qui résulterait des mesures prises par **M. Faye.** On s'expliquerait bien que le disque solaire paraisse régulièrement circulaire, en admettant néanmoins que le corps central soit aplati aux pôles, renflé à l'équateur, par suite de sa rotation.

La chaleur et la lumière peuvent être alimentées, entretenues de plusieurs manières ; mais elles le sont surtout au moyen de la décomposition des produits de la combustion, décomposition qui va s'opérer dans une couche profonde de l'enveloppe lumineuse où la chaleur est beaucoup plus vive. Les éléments mis ainsi en liberté remontent pour aller de nouveau servir à la combustion.

La couche inférieure de l'enveloppe lumineuse est beaucoup plus chaude que la couche supérieure; la combustion y étant bien moins active, elle rayonne beaucoup moins de chaleur que celle-ci. C'est une raison de plus pour que le corps solaire, au moyen de son enveloppe réfléchissante, puisse ne pas être incandescent et puisse paraître noir à travers les ouvertures des deux enveloppes.

Les taches solaires semblent influer sur la température terrestre, en ce sens que la chaleur y serait augmentée; ce qui peut s'expliquer par la nature et la quantité des matières lancées par les éruptions solaires, et qui concourraient à la combustion photosphérique. Les taches ont aussi une influence sur la variation diurne de l'aiguille aimantée, ce dont on ne pourra bien se rendre compte qu'en supposant que les taches coïncident avec des perturbations magnétiques du soleil, et en confirmant ainsi l'hypothèse que le soleil est une sorte d'aimant.

Il faut convenir qu'il y a dans tous ces faits, toutes ces hypothèses et toutes ces explications, un accord bien imposant; que tout, dans la première partie de mon œuvre, vient concourir à former un système rationnel, une théorie bien satisfaisante !

La couronne qui entoure le disque lunaire dans les éclipses totales de soleil provient sans doute en notable partie du soleil. Les protubérances appartiennent à cet astre. Je m'explique bien ces phénomènes en supposant que le soleil est entouré d'une atmosphère très-peu dense contenant des vapeurs, des sortes de nuages suspendus au-dessus de la photosphère. L'absorption de la chaleur et de la lumière par cette atmosphère explique les très-notables inégalités de température et d'éclat existantes entre les bords et le centre du disque. Plusieurs causes contribuent à faire que la chaleur et la lumière soient plus fortes vers l'équateur que vers les pôles. Cette inégalité tient surtout à ce que, vers l'équateur, le mouvement rotatoire est plus intense.

Quant à la question qui forme le sujet de la seconde partie, sa solution découle du système que j'ai développé dans la première : visiblement, d'après la constitution que j'attribue au soleil, cet astre est habitable ; rien ne paraît pouvoir s'y opposer. Il est permis de penser qu'il en est ainsi de toutes les étoiles, soleils ou planètes ; que tous ont été, sont ou seront habités.

NOTES

I.

Dans un livre intitulé : *Discussions sur les principes de la phy-sique*, chapitre IV, page 241, au sujet du mouvement rotatoire, je me suis exprimé ainsi :

« Poisson, dans la partie de son Traité de mécanique relative à la détermination des effets du choc des corps de forme quelconque, attribue aux mobiles non-seulement un mouvement de translation, mais encore un mouvement de rotation, et il fait entrer cet élément dans les équations de son analyse. L'on peut se demander : 1° si le mouvement rotatoire est nécessaire; 2° quelle en est la cause, comment on peut l'expliquer, quand il se produit.

» Supposons qu'un corps de forme quelconque soit lancé dans le vide, un vide absolu, par une seule impulsion rectiligne, et qu'aucune autre force n'agisse, n'influe sur ce mobile : il sera projeté en ligne droite et se mouvra en présentant toujours la même face, le même point de sa surface à la ligne qn'il parcourra; il ne tournera pas sur lui-même, il n'aura qu'un mouvement de translation.

» Mais plaçons une bille sur une table de marbre, par exemple, et donnons à cette bille une seule impulsion parallèlement à la surface de la table, diamétralement à la bille ou un peu au-dessus de la direction diamétrale : ce mobile se mouvra en tournant sur lui-même; il aura simultanément un mouvement de translation et un mouvement de rotation. Pourquoi cela? Pourquoi la bille ne glisse-t-elle pas sur la surface du marbre en restant toujours en contact avec elle par le même point de sa propre surface? Ce phénomène de rotation ne peut, je crois, s'expliquer que par la pesanteur.

» Les molécules de ce mobile sont lancées en avant avec des vitesses inégales; celles placées dans la direction diamétrale de l'impulsion vont d'abord plus vite que les autres, plus vite surtout que celles qui portent sur la table et qui y sont plus ou moins retenues par la cohésion; mais en même temps la pesanteur les ramène continuellement vers la surface de la table, leur fait décrire une courbe et imprime ainsi un mouvement de rotation à la bille.

» On s'expliquerait de même le mouvement des roues d'une charrette, bien que ce véhicule soit tiré en avant ou poussé par derrière en droite ligne, horizontalement, parallèlement au chemin qu'il parcourt. Les molécules d'une partie des jantes sont jetées en avant et, en même temps, sollicitées par la pesanteur, décrivent une courbe qui détermine le mouvement rotatoire.

» On admet, il est reconnu qu'un boulet lancé décrit une courbe, une parabole, et ce mouvement est attribué justement à la pesanteur du boulet, qui atténue incessamment la force de projection imprimée au mobile et finit par la vaincre complétement. On admet aussi que le projectile tourne sur lui-même, exécute une succession de mouvements rotatoires pendant son trajet, et cet effet doit encore être attribué à la pesanteur qui, sous ce rapport, agit alors sur le boulet à peu près comme elle agit sur la bille dans l'exemple que j'ai présenté.

» Précédemment, au sujet du choc oblique, j'ai dit que le mobile, par la résistance croissante du fluide qu'il comprime, décrit une courbe qui devient de plus en plus prononcée à mesure qu'il s'avance vers le corps qu'il va heurter. Or, cette résistance doit tendre à imprimer au mobile un mouvement de rotation : On s'expliquera donc ainsi qu'un corps lancé obliquement vers un autre, puisse tourner sur lui-même, avoir un double mouvement. Il se peut toutefois que la pesanteur l'emporte, en ce cas, sur la force répulsive du fluide comprimé, et que, par suite, le mouvement de rotation soit en sens inverse de ce qu'il serait si le mobile obéissait à la force de répulsion, si cette force était prédominante sur la pesanteur.

» Tout annonce que la terre tourne, qu'elle a un mouvement de rotation et de translation autour de l'astre qui l'éclaire. Inutile de rappeler ici tout ce qui milite en faveur de cette belle hypothèse. L'analogie et aussi les observations astronomiques autorisent à penser que les autres planètes de notre système solaire accomplissent aussi des révolutions, un double mouvement autour du soleil ; que le soleil lui-même n'est pas immobile ; qu'il en est ainsi de ces myriades d'astres qui peuplent l'espace ; que ces vastes corps sont les centres de systèmes très-variés sans doute, mais dont les mondes ne sont pas bornés à des mouvements de translation. Comment nous expliquerons-nous ces grands phénomènes ?

» S'il n'y avait, dans l'espace, que le soleil et la terre s'attirant l'un l'autre, celle-ci, entraînée par l'attraction prédominante du soleil, se précipiterait vers cet astre. Mais, d'abord, la terre n'est pas attirée seulement par le soleil, elle l'est encore par les autres astres. Or, supposez que, primitivement, par la résultante des attractions autres que celle du soleil, elle ait eu une vitesse dirigée normalement à la ligne passant par son centre et celui du soleil : l'attraction du soleil s'y joignant, la terre a dû prendre une direction oblique à cet astre. Si alors une force répulsive émanée du soleil est venue agir sur les molécules de la terre projetées, lancées en avant, elle les a repoussées obliquement et de manière à les faire dévier de leur ligne ; cette déviation se répétant continuellement, la terre a effectué un mouvement de rotation joint à celui de translation, et l'on peut concevoir que, par ce double mouvement, elle ait exécuté une suite de révolutions sur elle-même et de courbes elliptiques à peu près semblables autour de son astre central.

» J'ai déjà constaté la nécessité d'admettre un fluide répulsif répandu dans l'espace. Or, par l'effet du mouvement oblique de la terre, le fluide existant entre elle et le soleil s'est trouvé comprimé, et de cette compression du fluide est résulté une répulsion sur la terre, répulsion qui s'est composée avec la vitesse oblique et a diminué l'obliquité. Pareil effet se produisant continuellement, les molécules de la terre lancées en avant ont effectué un mouvement rotatoire dans le sens déterminé par la répulsion, et la masse de la terre, en même temps qu'elle a tourné sur elle-même, a décrit une courbe de translation autour du soleil. Par suite de sa vitesse croissante, le globe a d'abord marché très-rapidement, et est ainsi parvenu à une distance du soleil plus grande que leur distance primitive; mais l'attraction incessante du soleil a fini par rallentir considérablement ce mouvement, et la terre est revenue par une courbe vers le soleil avec une vitesse croissante, s'en est rapprochée beaucoup, l'a alors tourné, et ayant une très-grande vitesse, acquise par l'action fort intense de l'attraction solaire, elle s'est de nouveau portée avec une grande rapidité à l'autre extrémité, et ainsi de suite. Notre globe a pu ainsi décrire une suite d'ellipses autour de son astre central, et de telle sorte que celui-ci se soit trouvé à chaque révolution et périodiquement à l'un des foyers de cette courbe.

» Outre cette répulsion du fluide, résultant de sa compression par la masse terrestre, il y a aussi une autre cause qui tend à maintenir la terre sur son orbite.

» En traitant de la chaleur et de la lumière, je constaterai que ces phénomènes doivent être attribués à des vibrations variées de ce même fluide, de l'éther. Or, du mouvement vibratoire que le fluide exécute incessamment entre le soleil et la terre, de ce mouvement rapide de va et vient, il résulte une résistance, un obstacle continuel opposé à l'action de l'attraction centrale et qui en atténue notablement l'effet.

» Les révolutions des autres planètes de notre système ne peuvent non plus provenir que de ces deux causes s'exerçant dans des conditions diverses de distance, de position, de densité et de nature, de dimensions et de formes. Les comètes elles-mêmes doivent leur marche à ces causes. L'allongement considérable des ellipses qu'elles décrivent peut s'expliquer aisément, dans cette hypothèse : étant généralement à une immense distance du soleil, elles sont bien moins attirées par lui que les planètes, et, par suite, d'après l'explication que j'ai présentée pour celles-ci, leur orbite doit être plus allongé que celui des planètes. Si les comètes, malgré l'extrême ténuité de la matière qui les constitue dans leur plus grande partie, ont un mouvement rapide, c'est grâce à leur

noyau qui peut surmonter la résistance de l'éther qu'elles traversent. La queue d'une comète, peu capable de vaincre cette
résistance, est fortement rejetée en arrière du noyau à l'opposite
du soleil, et si elle n'abandonne pas le noyau, c'est que sans
doute elle y est retenue par son attraction. Quand la comète a
plusieurs queues, cela vient de ce que la matière gazeuse dont
elles se sont formées n'avait pas une même densité, et que, par
suite, la répulsion du fluide a inégalement agi sur cette matière
et l'a divisée en plusieurs branches. »

Je maintiens généralement ces idées, ces principes, mais, après
mûre réflexion, je ne persiste pas à faire jouer à la répulsion de
l'éther le rôle que je lui attribuais alors dans la production des
orbes que les planètes décrivent autour du soleil, et généralement
de ceux que des astres quelconques décrivent autour d'un astre
central.

Je reconnais que la vitesse tangentielle combinée avec l'attraction centrale peut suffire pour déterminer ces courbes. Un astre
qui gravite autour d'un autre n'est pas vraiment dans les conditions d'un corps lancé obliquement vers un autre corps,' ainsi
que je le supposais. Il est vrai qu'un boulet lancé dans une
direction horizontale finit par tomber sur la terre en décrivant
une courbe, mais c'est qu'il est relativement bien plus près de la
terre à son point de départ, qu'un astre ne l'est de celui autour
duquel il gravite. D'ailleurs, le phénomène dépend aussi de la
résistance de l'air et de la force de projection. On pourrait supposer qu'un projectile fût lancé près de la terre, horizontalement
ou même dans une direction obliquant un peu vers elle, avec
une force telle qu'il ne dût pas tomber sur le globe. Le phénomène dépend donc du rapport existant entre les deux forces,
celle de gravitation et celle de projection. Tout considéré, je crois
maintenant que l'éther a fort peu d'influence sur le mouvement
de translation des planètes, sur ce mouvement qui leur fait décrire des ellipses autour du soleil.

Laplace a trouvé que la résistance de l'éther produit dans le
moyen mouvement de la lune une équation séculaire qui *accélère*
ce moyen mouvement, sans en produire aucune sur le mouvement
du périgée, ni dans le mouvement des nœuds, ni dans l'inclinaison
de l'orbite lunaire à l'écliptique. Il a trouvé aussi que cette ré-

istance produit une *accélération* dans le moyen mouvement de la terre, mais beaucoup plus petite, environ cent fois plus petite que l'accélération correspondante du moyen mouvement de la lune. Mais je ne saurais regarder l'analyse de Laplace comme exacte. La solution rigoureuse de ce genre de problème supposerait la connaissance positive de trois choses principales : 1° l'attraction centrale; 2° la vitesse et la direction tangentielles primitives; 3° la résistance de l'éther; or ces trois choses, les deux dernières surtout, ne sont pas exactement connues.

Pour concevoir qu'une planète, supposée sphérique, ait pu prendre un mouvement rotatoire par l'action combinée de l'attraction solaire et d'une autre force attractive, il faut que ces deux forces aient été inégales et ne se soient pas exercées dans le même sens, sur une même ligne passant par le centre de la planète : autrement, celle-ci aurait pu être renflée plus ou moins d'un côté ou de deux côtés opposés, mais non pas se mettre en rotation.

Supposons que primitivement une planète P (fig. 4) ait été une sphère de matière en fusion ou gazeuse. Plaçons loin d'elle le soleil S, et dans une autre direction, une force attractive F, moins grande que celle du soleil et qui sera la résultante des attractions des autres astres. Si chacune de ces deux forces agissait isolément sur la planète, la matière en fusion serait renflée du côté D dans la direction BDF, et elle le serait davantage du côté A dans la direction CAS, à cause de la prédominance attractive de S. Mais la résultante complexe de ces renflements moléculaires inégaux, ou pour mieux dire, des forces qui les auraient déterminés, si elles eussent été isolées, sera de produire une rotation de la matière liquide ou gazeuse de la planète, et cela dans le sens de la flèche, de D en A, à cause de la même prédominance de l'attraction solaire.

Si une masse était absolument continue, sans division de parties pouvant être détachées les unes des autres et prendre des directions différentes, il serait absolument impossible qu'elle pût, dans cet état, avoir un mouvement rotatoire sur elle-même, quels que fussent le nombre et les directions de forces auxquelles serait soumis un tel corps, il ne pourrait prendre qu'un mouvement de translation. Si les directions des forces changeaient, le mouvement de translation changerait aussi de direction, mais toujours sans que le corps tournât aucunement sur lui-même, de sorte que si l'on considérait en lui une ligne donnée, cette ligne prendrait constamment des positions parallèles entre elles. La rotation d'un corps quelconque implique donc, exige que ce corps soit formé de molécules distinctes, séparées, mobiles. Cela est vrai aussi bien pour l'astre qui tourne dans l'espace que pour la bille qui roule sur une table. Pour cette bille, la force de projection imprimée à ses molécules se compose avec la pesanteur pour lui faire décrire une courbe de rotation. Or, dans ce phénomène complexe, chaque molécule a son rôle à elle, exécute un mouvement particulier, différent en direction, en vitesse; ce qui implique une certaine indépendance, une plus ou moins grande mobilité *individuelle*. On dit, il est vrai, qu'une sphère solide, soumise à une force attractive, est attirée comme si sa masse totale était réunie à son centre. S'il en était vraiment ainsi, une sphère solide ne pourrait être mise en rotation sur elle-même par l'action d'un nombre quelconque de forces; car, je le répète, la rotation suppose un mouvement particulier effectué par chaque partie du corps tournant. Une sphère ne saurait être, rigoureusement, attirée comme si toute sa masse était à son centre, qu'à la condition de n'être qu'une seule masse pleine, absolument continue.

On voit maintenant pourquoi, dans le cours du précédent traité sur la constitution solaire, j'ai admis que la mobilité moléculaire de la matière d'un astre pouvait influer sur lui de manière à accroître la vitesse de sa rotation, et que, par suite, les enveloppes solaires peuvent avoir une vitesse angulaire plus grande que celle du corps central de l'astre.

Je ne prétends pas que la cohésion, jusqu'à un certain point, ne puisse être favorable à la rotation d'un astre : s'il n'y en avait aucune entre les molécules d'un tel corps, sa rotation n'aurait pu s'établir que faiblement et très-irrégulièrement.

Il est des cas où la rotation d'un corps implique dans ce corps une forte cohésion, une grande dureté, une élasticité considérable. Ainsi un corps peut tourner par l'application d'un couple, de deux forces perallèles agissant en sens opposé; mais alors les molécules doivent avoir une grande cohésion entre elles. La cohésion joue un rôle capital dans la rotation que prend une bille qui, placée sur une table, se met en mouvement, roule, aussitôt que la table est inclinée, n'est plus horizontale. Alors les molécules d'un côté de la bille perdant leur équilibre, étant entraînées par la pesanteur dans le sens de l'inclinaison, entraînent, à leur tour, dans le même sens, les molécules qui les suivent; celles-ci en entraînent d'autres, et ainsi de suite. Une boule formée d'une substance molle roule moins bien sur une table que ne le fait une bille d'ivoire, d'une matière dure quelconque. C'est que, 1° le corps mou se déforme, perd sa rondeur; 2° il tend généralement à rester attaché à la table; 3° l'impulsion qu'il reçoit ne se communique pas de molécule à molécule avec autant de facilité que l'impulsion donnée à une bille d'ivoire. Il faut, dans ce cas, que le corps soit plus ou moins élastique, autrement l'impulsion n'aurait pas l'effet de lancer en avant les molécules diamétralement opposées au point où est reçue l'impulsion; condition nécessaire pour que la rotation s'établisse. Si la bille d'ivoire se met si facilement et si énergiquement en rotation, cela tient à sa grande élasticité.

Mais il en est bien autrement quand il s'agit de la rotation d'un astre, qui est effectuée par les attractions d'autres astres. Évidemment ici, ce qui influe le plus, c'est la mobilité des molécules du corps attiré. L'élasticité peut être, jusqu'à un certain point, favorable au phénomène, mais une très-grande élasticité pourrait lui être défavorable en restreignant les écarts inégaux, les renflements moléculaires qu'il suppose possibles, ainsi que je l'ai expliqué.

Si primitivement une planète, au lieu d'être une sphère liquide ou gazeuse, eût été une sphère solide d'une extrême dureté, et placée d'ailleurs dans les conditions que j'ai supposées plus haut par rapport au soleil S et à la force F (fig. 4) sa rotation sans doute n'eût pu s'établir avec une vitesse aussi grande que celle qu'elle a prise étant liquide ou gazeuse. La très-forte cohésion, le peu de mobilité de ses parties eussent été un obstacle aux mouvements de renflement tendant à se faire vers A et D, et qui, bien plus faibles, n'eussent, par leur résultante, entraîné qu'une faible rotation (1).

(1) La mobilité des molécules d'un corps n'est point toujours en raison inverse de sa densité. Le liége est moins dense que l'eau, et pourtant ses

Dans l'un et l'autre cas, la planète attirée dans deux directions différentes marchera suivant une résultante R en même temps qu'elle tournera plus ou moins vite sur elle-même dans le sens de la flèche, et ainsi elle aura un mouvement de translation.

La terre n'est jamais soumise à la seule attraction du soleil. Les astres qui l'entourent change continuellement de position par rapport à elle. Il doit en résulter des perturbations, des changements plus ou moins notables dans sa vitesse de rotation et même de translation. Il y a, en effet, continuellement une résultante de forces attractives, variable d'intensité et de direction, qui agit sur elle dans une direction différente de celle de l'attraction solaire, et peut contribuer ainsi à la faire tourner, à entretenir, du moins jusqu'à un certain point, sa rotation. Et il en est de même des autres planètes; et aussi du soleil et des autres astres qui se meuvent, tournent dans l'espace.

Si le soleil et les planètes sont sortis d'une même nébuleuse, d'une nébuleuse à divers centres ou noyaux, ayant reçu originairement un mouvement de rotation et de translation, ce qui, je l'ai dit, me paraît vraisemblable, probable, la production de ces mouvements imprimés à la fois aux diverses parties centrales de la nébuleuse s'expliquera en supposant deux forces attractives inégales, s'exerçant sur la même nébuleuse dans deux directions différentes, comme je l'ai fait plus haut dans l'hypothèse de la production du mouvement particulier d'une planète autour du soleil. Comme ces parties centrales ou noyaux se trouvaient dans des positions différentes les uns à l'égard des autres et relativement aux siéges des deux forces attractives que je suppose; comme, d'ailleurs, ils différaient sans doute plus ou moins dans leur masse, leur constitution, leur forme, on conçoit que leurs mouvements de rotation aient dû différer aussi plus ou moins dans leur intensité, et que leurs mouvements de translation ne se soient pas effectués avec la même vitesse ni précisément dans la même direction.

Dans l'hypothèse de Laplace, où notre soleil et ses planètes

molécules sont moins mobiles que celles de ce liquide. Un astre uniquement formé de liége serait extrêmement peu capable de tourner sous l'action attractive d'autres astres.

seraient sortis d'une même nébuleuse à un seul noyau, on ne saurait bien s'expliquer la diversité des mouvements de rotation et de translation de ces astres, on ne verrait point suffisamment pourquoi les planètes les plus éloignées du corps central, tournent sur elles-mêmes avec plus de vitesse que celles qui en sont plus proches, et que le contraire a lieu quant aux mouvements de translation, de révolution autour de ce corps, au point que Jupiter et Saturne, qui tournent sur eux-mêmes en moins de 10 heures, emploient l'un 12 ans, l'autre 29 ans à faire leur révolution solaire; que la planète Uranus y emploie environ 84 ans, et Neptune 164 ans. On aura beau tenir compte des inégalités de distances des planètes au soleil, et des inégalités d'attractions qui en devaient résulter, si l'on suppose que primitivement la nébuleuse était formée de couches concentriques animées d'une même vitesse angulaire, on ne pourra justifier les changements qu'auraient dû subir ensuite les mouvements de rotation et de translation des planètes dans les orbites qu'elles ont décrits. Si l'attraction du soleil sur les planètes les plus proches de cet astre a été assez forte pour accroître leur vitesse de translation au point que leur révolution s'accomplisse en un ou deux ans, ou dans un temps moindre, comment se fait-il que, dans leur révolution, elles aient décrit et décrivent des ellipses si peu excentriques, si peu différentes du cercle, de la courbe qu'elles décrivaient avant cet énorme changement de vitesse?

M. Delaunay croit et professe que, dans les marées, l'action de la lune et du soleil sur les eaux de la mer a l'effet de ralentir la rotation de la terre, et il explique ainsi la variation reconnue dans la valeur de l'équation séculaire de la lune. Voici, à ce sujet, un résumé d'une note que l'éminent astronome a présentée à l'Académie des sciences (séance du 11 décembre 1865) :

« L'uniformité du mouvement de rotation de la terre ou, ce qui revient au même, la constance de la durée du jour sidéral, a été admise jusqu'à présent par tous les astronomes. C'est sur cette uniformité de la rotation de notre globe qu'est basée la mesure du temps en astronomie...

» Halley a constaté une accélération séculaire dans le moyen mouvement de la lune. Laplace a reconnu que cette accélération séculaire de la lune était due à la variation séculaire de l'excen-

tricité de l'orbite de la terre. La valeur de l'équation séculaire
de la lune produite par la cause que Laplace avait trouvée, a été
regardée pendant longtemps comme présentant un suffisant accord avec les indications fournies par les observations. Récemment, M. Adams, en rectifiant le calcul de l'équation séculaire
due à cette cause, a montré que la vraie valeur de cette équation
séculaire est notablement plus petite qu'on ne l'avait cru avant
lui. Le résultat obtenu par M. Adams a été confirmé : l'accélération séculaire du moyen mouvement de la lune indiqué par les
observations est notablement plus grande que celle qu'occasionne
la variation de l'excentricité de l'orbite de la terre. Il doit donc y
avoir une autre cause à laquelle on puisse attribuer la partie ex-
cédante de l'accélération séculaire dont il s'agit, c'est-à-dire la
partie dont la cause trouvée par Laplace ne peut pas rendre
compte. Cette cause doit être dans un rallentissement du jour
sidéral, par conséquent dans un ralentissement du mouvement de
rotation de la terre.

» Si, en effet, la durée du jour sidéral était affectée, par exemple, d'une augmentation progressive, par suite d'un rallentissement
du mouvement de rotation de la terre, le jour sidéral se trouvant
plus long maintenant qu'à l'époque des anciennes observations,
la lune parcourrait, pendant la durée agrandie de ce jour, une
portion de son orbite plus grande que celle qu'elle aurait parcourue
pendant le même jour s'il avait conservé son ancienne valeur;
de sorte que, pour l'astronome qui ferait abstraction de l'augmentation de la durée du jour sidéral, la lune semblerait parcourir dans le même temps un plus long chemin sur son orbite,
c'est-à-dire que son mouvement autour de la terre paraîtrait se
faire plus rapidement....

» La lune, par son action sur les eaux de la mer, détermine
dans ces eaux un mouvement d'oscillation qui constitue le phénomène des marées. Le soleil concourt à la production de ce phénomène, mais l'auteur fait ici abstraction de ce concours afin, dit-
il, d'éviter une complication inutile. La forme de la surface de la
mer changeant ainsi continuellement, il en résulte que l'action
de la lune sur la masse entière de la terre (en y comprenant les
eaux de la mer) est à chaque instant un peu différente de ce
qu'elle serait si le phénomène des marées n'existait pas; en cher-

chant à se rendre compte de la différence, on reconnaît qu'*elle consiste principalement en un couple qui agit constamment sur la terre, en sens contraire de son mouvement de rotation*, d'où résulte nécessairement une diminution progressive de la vitesse angulaire du globe terrestre.

» Imaginons d'abord que la terre soit entièrement recouverte par les eaux de la mer. En vertu de l'action de la lune, les eaux tendent à s'élever au-dessus de leur niveau moyen, dans les deux régions opposées situées aux extrémités du diamètre terrestre qui est dirigé vers le centre de la lune... Par l'action lunaire, la surface de la mer tend à prendre à chaque instant la forme d'un ellipsoïde de révolution de même centre que la sphère, ayant son axe dirigé suivant la ligne qui va du centre de la terre au centre de la lune. Le mouvement de rotation de la terre sur elle-même fait que cet ellipsoïde, suivant lequel les eaux de la mer tendent à chaque instant à se mettre en équilibre, tourne par rapport au globe terrestre exactement comme la lune dans son mouvement diurne, puisque son axe prolongé va toujours passer par le centre de la lune. Mais ce déplacement continuel de l'ellipsoïde d'équilibre, dont nous venons de parler, fait que la surface des eaux de la mer ne vient jamais coïncider avec lui; les frottements et résistances de toutes sortes que les eaux éprouvent dans leur mouvement, font que la surface allongée que présente à chaque instant l'ensemble de ces eaux est constamment *en retard* sur la position de l'ellipsoïde d'équilibre avec lequel elle tend à coïncider. Sans ce retard, la pleine mer aurait lieu partout au moment du passage de la lune au méridien, supérieur ou inférieur; en vertu de ce retard dû aux résistances que les eaux ont à vaincre, la pleine mer n'arrive pas au moment même du passage de la lune au méridien, mais bien quelque temps après ce passage.

» La mer ne recouvre pas toute la surface terrestre. Les grandes mers étant toutes en communication les unes avec les autres, la surface ellipsoïdale d'équilibre reste la même; mais la présence des continents interposés entre ces mers, en gênant considérablement le mouvement en vertu duquel les eaux tendent à se disposer suivant cette surface ellipsoïdale, change complétement la forme que la surface des eaux prend à chaque instant;

au lieu d'une figure d'ensemble allongée comme l'ellipsoïde d'é-
quilibre, on a une figure très-irrégulière résultant des mouvements d'oscillation que la lune produit dans les diverses parties
de l'Océan, et qui se combinent les uns avec les autres par la
propagation successive de chacun de ces mouvements partiels dans
les mers environnantes. Mais quelle que soit l'irrégularité d'ensemble que présente la surface totale des eaux répandues sur le
globe terrestre, l'existence des frottements et des résistances de
toutes sortes que les eaux éprouvent dans leurs mouvements
amène un résultat analogue à celui indiqué plus haut dans le cas
où la terre serait entièrement couverte par les eaux de la mer :
le mouvement oscillatoire général qui se produit présente dans
tous ses détails un certain retard sur ce qu'il serait sans l'existence des résistances que rencontre la marche des eaux. »

Revenant au cas simple où la mer recouvre la terre de toutes
parts, l'auteur considère que l'action de la lune sur la masse totale de la terre est modifiée par suite de la forme allongée que
cette même action de la lune fait prendre à la surface de la
mer.

En vertu de cette forme, pense-t-il, il existe comme deux protubérances liquides situées vers les extrémités d'un diamètre terrestre qui se dirige, non pas vers la lune même, mais vers un point
du ciel situé à une certaine distance de cet astre, du côté de l'o-
rient. Ces deux protubérances sont inégalement éloignées de la
lune ; l'une d'elles est plus près de ce corps attirant que le centre
de la terre, et l'autre en est au contraire plus éloignée. *Si l'on se
reporte à la manière dont on obtient la portion de l'action lunaire
qui occasionne le phénomène des marées, on verra que la première
de ces protubérances est comme attirée par la lune, et la seconde au
contraire comme repoussée par le même astre : il en résulte donc
un couple appliqué à la masse du globe terrestre, et tendant à le
faire tourner en sens contraire du sens dans lequel il tourne réellement, couple qui doit produire d'après cela un rallentissement dans
la rotation de ce globe.*

Supposant que le retard de la pleine mer sur le passage de la
lune au méridien soit de trois heures, ce qui exige que le diamètre aux deux extrémités duquel sont les deux protubérances liquides fasse un angle de 45 degrés avec la ligne allant du centre

de la terre au centre de la lune, M. Delaunay, dans cette hypothèse, et celle du couple qu'il admet, arrive, par le calcul, à la
conclusion suivante :

« *Les forces perturbatrices auxquelles sont dues les oscillations
périodiques de la surface des mers (phénomènes des marées), en
exerçant leur action sur les intumescences liquides qu'elles occasionnent, déterminent un ralentissement progressif du mouvement de
rotation de la terre, et produisent ainsi une accélération apparente
sensible dans le moyen mouvement de la lune.* »

Précédemment Laplace, de ses recherches analytiques sur l'influence que l'état de fluidité des eaux de la mer peut avoir sur le
mouvement du globe terrestre considéré dans son ensemble, a
trouvé que cet état de fluidité n'altère pas sensiblement l'uniformité du mouvement de rotation du globe.

« Il est donc généralement vrai, dit-il (chap. I⁰ʳ, tome V, de
sa *Mécanique céleste*), que de quelque manière que les eaux de la
mer réagissent sur la terre, soit par leur attraction, ou par leur
pression, ou par leur frottement et par les diverses résistances
qu'elles éprouvent, elles communiquent à l'axe de la terre un
mouvement à très peu près égal à celui qu'il recevrait de l'action
du soleil et de la lune sur la mer, si elle venait à former une
masse solide avec la terre. Nous avons fait voir que le moyen
mouvement de rotation de la terre est uniforme, dans la supposition où cette planète est entièrement solide, et l'on vient de voir
que la fluidité de la mer et de l'atmosphère ne doit point altérer
ce résultat. »

Dans une analyse précédente, il avait dit : « Les phénomènes
de la précession et de la nutation sont exactement les mêmes que
si la mer formait une masse solide avec le sphéroïde qu'elle recouvre. Ce théorème a lieu quelles que soient les irrégularités
de la profondeur de la mer, et les résistances qu'elle éprouve
dans ses oscillations. Les courants de la mer, les fleuves, les
tremblements de terre et les vents n'altèrent point la rotation de
la terre. »

Je pense que, sur cette question, ni Laplace, ni M. Delaunay
ne sont complétement dans le vrai. Ce dernier surtout me paraît
s'écarter considérablement de la vérité.

Rappelons d'abord comment on explique le phénomène des

marées, d'après la théorie généralement admise du célèbre Newton.

Soient (fig. 5) T la terre, et L la lune, ABCD l'équateur de
la terre. D'après ce principe que l'attraction de deux sphères solides est la même que si leurs masses étaient réunies à leurs centres, si A est une molécule d'eau, étant plus voisine de la lune
que le centre T de la terre, elle se trouve plus attirée par la lune
que la partie solide de la terre ; mais elle se maintient par son
poids qui subit seulement une petite diminution. De même, la
molécule C, étant plus éloignée de L que T, est moins attirée
par notre satellite, et ainsi la terre tend à s'en séparer ; mais la
pesanteur maintient la molécule à sa surface, et l'effet est le même
que si cette molécule perdait une faible partie de son poids. Les
points B et D se trouvent sensiblement à la même distance de la
lune que T, et par suite n'éprouvent pas de changements de poids.
La lune agit de même sur les molécules intermédiaires, telles
que E, mais avec moins d'intensité, car son action est oblique, et
la différence entre les distances LT, LE est moindre. Il s'ensuit
que la mer doit se gonfler en A et C, et se déprimer en B et D.
La terre tournant sur elle-même, il doit se former une vague
considérable peu élevée relativement à sa base le long du cercle
ABCD. Six heures après le passage de A devant la lune, B prend
sa place ; le renflement a lieu dans le sens BD, et la dépression
en A et C ; il y a pleine mer en B et D, basse mer en A et C.

Cette explication laisse à désirer ; elle en demande une autre.

D'abord ce principe que deux sphères solides s'attirent comme
si toutes leur masse était réunie à leur centre, n'est pas rigoureusement applicable ici, car sans doute la terre n'est pas complétement solide, la majeure partie de sa masse est liquide ; d'ailleurs, je le répète, le principe, pour être exact, impliquerait que
les sphères sont pleines, ne sont pas composées de parties à distance, de molécules mobiles. Toutefois, l'écorce terrestre étant
solide, ses parties étant généralement fort adhérentes les unes aux
autres, on peut, sans erreur sensible, supposer que la lune et le
soleil attirent notre globe à peu près comme si toutes ses molécules étaient à son centre. Raisonnons donc dans cette hypothèse.

La lune attirera plus la terre que l'eau placée du côté C, et la terre tendra à se séparer de cette partie du liquide. Mais l'eau doit suivre la terre dans ce retrait, car ce liquide ne peut rester suspendu à une certaine distance de la surface terrestre. Comment donc peut-il se faire et peut-on dire que la pesanteur de l'eau est comme diminuée et que, par suite, elle doit se trouver plus élevée en ce cas? Pour concevoir ce résultat, il faut considérer que l'eau suit la terre dans son mouvement de retrait, mais *successivement, non à la fois*. Les molécules les plus voisines de la surface terrestre sont immédiatement entraînées, puis viennent successivement les autres. Il arrive donc que la terre se trouve notablement éloignée des molécules supérieures de la couche, avant que celles-ci suivent sensiblement le mouvement de retrait. Or, par cet éloignement, leur pesanteur se trouve diminuée ; elles pressent moins les molécules inférieures. Le phénomène se prolongeant, se renouvelant pendant un certain temps, il en résulte que le niveau de la masse liquide, en cette partie, se trouve à une plus grande hauteur par rapport à la surface terrestre. En réalité, l'eau ne s'élève pas en C, c'est la terre qui se retire, et l'effet apparent est le même que si la mer s'élevait de ce côté.

Du côté A , au contraire, c'est bien l'eau qui s'élève par l'effet de l'attraction lunaire.

Voyons maintenant si cette attraction a pour résultat, dans les marées, un rallentissement ou une accélération dans la rotation des eaux de la mer.

Supposons que la terre soit entièrement couverte par ces eaux, que, tournant régulièrement sur elle-même, elle commence à recevoir l'action attractive de la lune supposée immobile. Soit toujours (fig. 5) T la terre, L la lune, ABCD l'équateur terrestre. D'après la direction de la ligne des centres, les molécules d'eau placées du côté *abc*, allant suivant le sens de la flèche, c'est-à-dire se rapprochant continuellement de L, leur vitesse rotatoire sera de plus en plus accélérée jusqu'en *a*. Du côté de *adc*, au contraire, les molécules liquides, s'éloignant incessamment de L, seront retardées continuellement, mais de moins en moins à mesure qu'elle s'en éloigneront. Dans ces conditions, au premier moment, l'accélération que recevra la vitesse des eaux du côté *abc* sera égale au rallentissement qui affectera les eaux du côté opposé *adc ;* mais il n'en sera pas de même ensuite.

En effet, les molécules qui parviendront successivement en *a*
du côté *abc*, auront alors une vitesse plus grande que la vitesse
normale de la terre, c'est-à-dire que la vitesse qu'elle aurait sans
l'attraction survenue de la lune. En passant du côté *adc*, elles
auront cette vitesse acquise excédant la vitesse normale, et elles
subiront dès lors un rallentissement, mais qui diminuera de plus
en plus. Il est visible qu'en somme l'action de la lune aura eu
l'effet de produire une accélération et non pas un rallentissement
du mouvement rotatoire des eaux. Si, après avoir acquis successivement une accélération du côté *abc*, une molécule eût passé
en *adc* avec la vitesse normale, et eût éprouvé ensuite une diminution graduelle égale à l'augmentation par elle aussi graduellement acquise, il y aurait, en somme, compensation ; mais, en
réalité, lorsque du côté *adc* sa vitesse a commencé à diminuer
ainsi, elle était déjà supérieure à la vitesse normale ; tout considéré, il y a donc eu accroissement de vitesse pendant la rotation.

Par les directions que prendront les molécules, dans les mouvements dont je viens de parler, les eaux tendront à se renfler
vers l'extrémité diamétrale *a*, à s'abaisser aux points *b* et *d*, et,
comme je l'ai expliqué, il se manifestera aussi un renflement
vers *c*, de telle sorte que la terre, par ses eaux, aura une forme
ellipsoïdale. Mais l'espèce d'ellipsoïde qui se formera ne sera
pas régulier.

Les molécules qui, venant du côté *abc*, parviennent successivement en *a*, tendent alors, par leurs vitesses et directions acquises, combinées avec l'attraction lunaire et la rotation terrestre,
à s'élever un peu au dessus de la surface ellepsoïdale d'équilibre
du côté *adc*, et l'on peut voir que, d'après les vitesses et directions successivement acquises tant par ces molécules que par
celles inférieures, en deçà et au-delà de la ligne des centres, tout
considéré, en un mot, le sommet du renflement, le point où l'eau
aura acquis sa plus grande vitesse, et où elle commencera à en
perdre par l'attraction lunaire, au lieu d'être en *a*, sera en un
point *c* du côté *adc*.

Mais, dans l'hypothèse, il n'y a pas de raison pour que, du
côté opposé, le sommet du renflement, au lieu d'être en *c*, soit
porté à l'est, en *e'*, de manière à ce que les sommets des deux
renflements se trouvent à l'extrémité d'un même diamètre *ee'*.

Il n'y a donc point lieu d'appliquer ici un couple, comme l'entend M. Delaunay. Quand même, par quelque cause accessoire, le renflement du côté opposé à la lune aurait son point culminant en c', l'attraction lunaire n'agirait pas sur ce point de manière à le repousser, à retarder le mouvement rotatoire. Au contraire la vitesse rotatoire des molécules d'eau allant de c' vers b serait augmentée par l'attraction de la lune, et il en serait ainsi des molécules inférieures de ce côté à partir de la ligne diamétrale cc'. D'abord, je le répète, à l'extrémité C, la lune, par son attraction, a rapproché d'elle la terre, elle n'a point repoussé l'eau en cette partie. Les molécules d'eau y ont conservé leur vitesse rotatoire, et de plus, la lune, du côté abc, les a attirées et a ainsi activé leur mouvement à mesure que, par la rotation, elles se sont rapprochées de cet astre. Comme je l'ai montré, bien que notre satellite ait, au contraire, tendu à retarder le mouvement des eaux du côté adc, l'effet total et général de son action a été une accélération de mouvement.

J'ai raisonné dans l'hypothèse où la terre serait totalement couverte par les eaux de la mer, ce qui n'est pas ; mais les mers, qui d'ailleurs se communiquent, couvrent environ les deux tiers de la surface du globe ; on peut donc néanmoins regarder comme vrai en général le résultat auquel je suis arrivé dans l'hypothèse où je me suis placé.

Je n'ai pas tenu compte de l'inégalité de la profondeur des mers ; mais je ne pense point que ma conclusion générale puisse être infirmée par la considération de cette inégalité. Quelle peut-être, après tout, cette influence ? Si la mer est très-profonde en un lieu, la pesanteur de la masse liquide en cet endroit étant plus grande, cette masse, dans ses couches inférieures, est plus comprimée, moins mobile, et ainsi la lune a moins d'action pour les élever d'un côté, et en séparer la terre de l'autre, comme je l'ai expliqué. Mais, aussi d'après mon explication, dans ce même cas, les couches supérieures plus hautes, plus éloignées de la terre doivent perdre plus de leur pesanteur, et tendre, sous ce rapport, à s'élever davantage ou à rester plus haut au-dessus du niveau du globe.

Il est évident que le soleil, quelle que soit sa position, produit un effet analogue à celui de l'action lunaire sur les eaux de la mer ; mais beaucoup moins considérable. Il est visible que, son action s'ajoutant à celle de la lune, le résultat, qui sera toujours une accélération de mouvement rotatoire, sera plus ou moins considérable selon la position relative du soleil et de notre satellite. Dans les conjonctions ou oppositions, les marées seront plus fortes que dans les quadratures ; mais il ne s'ensuit pas que l'accélération du mouvement rotatoire général des eaux devra être alors plus grande. Je pense, tout considéré, que le contraire pourra bien se produire.

Il est également visible que la situation relative de la lune et du soleil influera sur la situation des sommets des renflements opérés par leur attraction. Dans les syzygies, ces sommets seront généralement plus ou moins à l'est de la lune et du soleil.

Non-seulement les attractions du soleil et de la lune agissent sur les eaux de la mer de manière à y produire une accélération de leur mouvement rotatoire, mais elles s'exercent d'une manière analogue sur la masse générale du globe terrestre. Leurs actions sont faibles en ce sens sur l'écorce terrestre, à cause de sa solidité, mais elles sont plus fortes sur la masse liquide sous-jacente à l'écorce, sans être aussi considérables, toutefois, que celles qu'elles exercent sur les eaux, à cause de la très-grande mobilité de celles-ci. Remarquons aussi que, dans la matière liquide intérieure du globe, il ne doit pas se produire deux renflements opposés comme dans les eaux de la mer : il n'y a sans doute qu'un renflement principal dont la position et l'intensité est en raison de la position relative du soleil et de la lune. Remarquons, de plus, que ces phénomènes internes doivent être plus réguliers que les phénomènes des marées, qui sont soumis à bien plus de causes de variations que ne le sont les premiers.

Si je ne me trompe, les considérations que j'ai présentées dans cette note renversent complétement la doctrine de M. Delaunay ; elles infirment aussi la théorie de Laplace sur les marées, sur les fluctuations de la mer. Cette théorie néglige des éléments essentiels, et je n'accepte pas, d'ailleurs, l'application qu'il fait ici de ce principe, que *l'état d'un système de corps dans lequel les conditions primitives du mouvement ont disparu, par les résistances que ce mouvement éprouve, est périodique comme les forces qui animent ce système.* Les conditions de mouvement des molécules des eaux de la mer sont continuellement changées par les résistances, les frottements, les actions intérieures et extérieures qu'elles éprouvent. La lune et le soleil reviennent périodiquement dans des positions analogues par rapport au globe terrestre, à chaque lieu de ce globe. Il y a ainsi périodicité des forces qu'ils exercent sur une partie quelconque des eaux ; mais de tout cela je ne saurais conclure que ce fluide revient périodiquement au même état, dans les mêmes conditions de mouvement. Je crois, au contraire, qu'il doit résulter de cet ensemble si multiple, si varié de causes, d'influences, un changement continuel, plus ou moins considérable, dans la vitesse rotatoire des eaux de la mer.

« L'observation, dit Laplace (*Mécanique céleste*, t. V), a fait connaître que les plus hautes mers n'arrivent point au moment même de la syzygie, mais *un jour et demi après*. Newton attribue ce retard au mouvement d'oscillation de la mer qui se conserverait encore quelque temps si l'action des astres venait à cesser. La théorie exacte des ondulations de la mer fait voir que, dans les circonstances accessoires, les plus hautes pleines mers coïncideraient avec la syzygie, et que les pleines mers les plus basses coïncideraient avec la quadrature. Ainsi leur retard sur les instants de ces phases ne peut être attribué à la cause que Newton lui assigne : il dépend, ainsi que l'heure de la pleine mer dans chaque port, des circonstances accessoires...

» Cependant la considération de deux ellipsoïdes superposés l'un à l'autre peut encore représenter les marées, pourvu que l'on dirige le grand axe de l'ellipsoïde solaire vers un soleil fictif toujours également éloigné du vrai soleil. Le grand axe de l'ellipsoïde lunaire doit être pareillement dirigé vers une lune fictive toujours également éloignée de la véritable, mais à une distance telle que la jonction des deux astres fictifs n'arrive qu'un jour et demi après la syzygie.

» Cette considération de deux ellipsoïdes étendue au cas où les astres se meuvent dans des orbes inclinés à l'équateur, ne peut se concilier avec les observations. Si le port est situé à l'équateur, elle donne, vers le *maximum* des marées, les deux pleines mers du matin et du soir à très-peu près égales, quelle que soit la déclinaison des astres ; seulement l'action de chaque astre est diminuée dans le rapport du carré du cosinus de sa déclinaison à l'unité. Mais si le port a une latitude, ces pleines mers pourraient être fort différentes, et quand la déclinaison des astres est égale à l'obliquité de l'écliptique, la marée du soir, à Brest, serait environ huit fois plus grande que celle du matin. Cependant les observations très-multipliées dans ce port font voir qu'alors ces deux marées y sont presque égales, et que leur plus grande différence n'est pas un trentième de leur somme. Newton attribue la petitesse de cette différence à la même cause par laquelle il avait expliqué le retard de la plus haute mer sur l'instant de la syzygie, savoir au mouvement d'oscillation de la mer qui, suivant lui, reporte une grande partie de la marée du jour sur la haute mer suivante du matin, et rend ces deux marées presque égales. Mais la théorie des ondulations de la mer fait voir encore que cette explication n'est pas exacte, et que, sans les circonstances accessoires, ces deux marées consécutives ne seraient égales que dans le cas où la mer aurait partout la même profondeur. »

Je crois que cette opinion de la place n'est pas fondée et que la vérité est ici du côté de Newton. Les circonstances accessoires auxquelles le premier attribue les irrégularités dont il s'agit, ne sauraient expliquer un retard d'un jour et demi dans l'arrivée des plus hautes mers. Selon lui, la marée, dans un port, n'est pas le résultat de l'action immédiate des astres, mais celui de leur action antérieure d'un jour et demi. « On peut, dit-il, assimiler ces marées à celles qui, étant dues à l'action immédiate des astres, emploieraient un jour et demi à parvenir dans le port. » Je ne vois point comment les circonstances accessoires pourraient causer un tel retard. Pour moi, je pense qu'une marée influe plus ou moins sur les suivantes, que les eaux étant montées, lancées avec une vitesse et à une hauteur excédant les vitesse et hauteur normales, elles tendent à continuer leur cours.

Je ne nie point l'influence des circonstances accessoires sur les marées : c'est à ces causes secondaires qu'est dû le retard plus ou moins grand des marées, appelé *l'établissement du port*. Elles influent aussi sur l'intensité du phénomène. Par exemple, les eaux de la mer tournant de l'ouest à l'est, les hautes marées ne peuvent refluer directement, immédiatement, sur les eaux des côtes orientales des continents; les marées y seront donc ordinairement moins hautes. Mais l'influence des causes accessoires n'exclut pas cette hypothèse, que les eaux d'une marée se déversent en partie sur celles de la marée qui la suit dans la direction de la rotation, quand des obstacles particuliers ne viennent pas s'y opposer. C'est principalement par l'accumulation graduelle de déversements de ce genre que dans nos ports les plus hautes marées ne viennent que longtemps, un jour et demi, après la syzygie.

L'on ne serait pas fondé à prétendre que, si cela était, l'équilibre des eaux serait bien plus troublé qu'il ne l'est : l'on ne saurait prouver une telle assertion, qui me paraît erronée. Considérons d'ailleurs que la terre tourne, que le soleil et la lune changent de position entre eux et relativement à notre globe, qu'ainsi les plus hauts renflements tendent continuellement à changer de lieu ; que si les eaux, à cause de leur grande fluidité, perdent aisément leur équilibre, elles tendent, par la même cause, à le reprendre.

Toutefois, je n'accepte que sous réserve cette conclusion de Laplace, que l'équilibre de la mer est stable si sa densité est moindre que la densité moyenne de la terre. L'équilibre, une fois troublé jusqu'à un certain point, tendrait moins à se rétablir, son écart serait plus persistant, si le liquide était plus dense qu'il ne l'est, mais aussi il faut considérer que si le liquide était plus dense ses molécules, étant sans doute alors moins mobiles, auraient moins obéi aux attractions de la lune et du soleil, et que, par suite, le trouble, l'écart apporté à leur équilibre eût été moins considérable.

Maintenant, conclurai-je que la vitesse rotatoire de la terre est réellement accélérée, au lieu d'être retardée comme on le suppose pour rendre compte de l'accélération séculaire du moyen mouvement de la lune.

Ici je distingue deux choses : les causes qui tendent à accélérer le mouvement rotatoire d'un astre, et celles qui tendent au contraire à le rallentir. Je ne doute pas, en ce qui concerne la rotation de la terre, que les attractions du soleil et de la lune doivent être classées dans la première catégorie ; mais je pense qu'il y a pour cette rotation des causes de rallentissement qui peuvent égaler et même surpasser un peu celles d'accélération.

Il existe une cause générale et principale de rallentissement rotatoire d'un astre : c'est le frottement qu'éprouvent entre elles, dans leur mouvement circulaire, les molécules même de l'astre tournant sur lui-même. Le refroidissement graduel qu'elles éprouvent les condense lentement et diminue peu à peu leur vitesse. En outre, aucun astre ne tourne dans le vide absolu, mais dans l'éther partout répandu. Ce fluide très-subtil et très-élastique ne laisse pas que d'opposer une certaine résistance : par suite de la compression même qu'il éprouve, il tend à presser l'atmosphère de l'astre, à atténuer sa vitesse de rotation. Cette cause est très-faible et très-lente, mais, avec le temps, elle peut être sensible.

On peut supposer que le rallentissement résultant, pour la rotation terrestre, de ces causes réunies, n'est pas entièrement compensé par les accroissements de vitesse qu'elle peut recevoir de l'action combinée du soleil et de la lune. Ainsi on rendrait, du moins jusqu'à un certain point, raison de la variation séculaire du moyen mouvement de notre satellite.

On pourrait faire des hypothèses de ce genre pour d'autres astres, pour les planètes notamment : leur rotation étant sujette à des causes d'accélération et de rallentissement analogues, les effets pourraient se compenser ou offrir des perturbations plus ou moins sensibles après un certain temps.

Rien donc ne s'oppose à ce qu'on admette avec moi que le soleil et la lune, par leur attraction sur la terre, tendent à accroître la vitesse de sa rotation. J'aurais pu l'assurer, immédiatement après avoir reconnu comment s'établit primitivement la rotation d'un astre. Revenons à l'exemple que j'ai présenté à ce sujet, et reportons-nous à la figure 4. Si, dans l'espèce, la rotation s'effectue par l'attraction de S et de F qui tendent à produire des renflements en a et d dans la sphère liquide ou gazeuse considérée, comment douter que la lune agissant sur la terre qui tourne déjà rapidement n'ait pas l'effet d'accélérer ce mouvement. Si l'attraction de S, qui seule produirait un renflement en a, combinée avec celle de F, qui seule déterminerait un renflement en d, peut opérer une rotation dans le sens de la flèche, comment l'attraction de la lune et du soleil combinée avec la rotation terrestre n'ajouterait-elle rien à la vitesse rotatoire des eaux ? Ce ne serait pas admissible. Or, il n'y a pas moyen d'expliquer autrement que je l'ai fait l'établissement primitif de la rotation d'un astre.

On voit de même que les attractions lunaire et solaire doivent contribuer notablement aussi à faire tourner la masse liquide sous-jacente à la croûte terrestre, à augmenter plus ou moins la vitesse rotatoire du globe, à l'entretenir, à compenser, du moins jusqu'à un certain point, les atténuations que d'autres causes tendent à y produire.

Sans doute les attractions du soleil et de la lune opèrent sur l'atmosphère terrestre à peu près comme sur les eaux de la mer. Laplace (1) a aussi porté ses investigations sur ce point. Ne pouvant soumettre à l'analyse les mouvements de l'atmosphère dus aux variations de la chaleur, à toutes les circonstances qui modifient ces mouvements, il s'est borné à considérer les oscillations dépendantes des attractions solaire et lunaire, en supposant à l'atmosphère une température uniforme et une densité variable proportionnelle, dans chaque point, à la force comprimante. Il a trouvé que, le soleil et la lune étant supposés en conjonction ou en opposition dans le plan de l'équateur et dans leurs moyennes distances, on aurait à l'équateur $0^m,0006305$ pour la différence de la plus grande élévation à la plus grande dépression du mercure dans le baromètre ; et il a pensé que cette quantité, quoique très petite, pouvait être déterminée par une longue suite d'observations barométriques faites entre les tropiques où les variations du baromètre sont peu considérables.

Arago (2) s'est livré à des considérations et un calcul d'où il a conclu que les variations correspondantes aux diverses phases lunaires, aux marées atmosphériques, ne peuvent être produites par voie d'attraction ; selon lui, ce serait par quelque autre sorte d'influence inconnue que la lune déterminerait ces phénomènes. Je ne saurais adopter cette opinion qui ne me parait point reposer sur des bases solides. La lune et le soleil attirent notre atmosphère et doivent ainsi y causer des fluctuations. Mais les changements de température et les phénomènes qui en sont la suite, font varier continuellement l'épaisseur et la densité de l'air

(1) *Mécanique céleste*, t. II, liv. 4, chap. V.
(2) *Astronomie populaire*, t. III, p. 512.

dans ses diverses parties ou régions. Il s'ensuit que les effets des attractions lunaire et solaire doivent être très-irréguliers, et que les observations ont bien dû se trouver fort souvent en désaccord avec la théorie.

Au reste, rien n'empêche de supposer que la lune et le soleil ont moins d'attraction sur l'atmosphère terrestre que sur les eaux de la mer. Je l'ai dit ailleurs (*Discussions sur les principes de la physique*, p. 39), des substances différentes doivent se comporter différemment sous le rapport des actions qu'elles peuvent exercer ou recevoir ; il serait donc permis de penser que l'air est moins attiré que l'eau de la mer par les astres qui causent les marées.

Notons que généralement les renflements constituant les marées atmosphériques doivent avoir leur point culminant à l'est de la lune et du soleil dans les syzygies, de même que les renflements des marées terrestres. Les raisons que j'ai présentées à cet égard s'appliquent aux uns et aux autres. Il faudrait tenir compte de ce fait général dans les observations barométriques relatives aux marées de l'atmosphère.

En admettant que la lune et le soleil attirent moins l'air terrestre que le globe, on concevrait que, malgré sa très grande mobilité, l'air ne tourne pas sensiblement plus vite que la terre, du moins dans ses couches inférieures. Il y a d'ailleurs une autre cause particulière de rallentissement pour la rotation de l'atmosphère : il y a les vents réguliers dits alizés, et les vents du nord-est et du sud-est dont le conflit paraît amener les alizés. Il est visible que ces courants, par leurs directions, peuvent notablement atténuer l'effet de l'accélération que le soleil et la lune tendent à imprimer à l'atmosphère terrestre. Il est probable que, dans les hautes régions de l'air, où les courants sont sans doute moins forts, moins régulièrement contraires à la rotation de ce fluide, il tourne avec plus de rapidité, avec une vitesse excédant celle des eaux et de la matière générale du globe qui les supporte. En général, à part même les vents réguliers, les grandes variations de température, les courants en sens si divers qui en résultent, établissent une sorte de lutte continuelle entre les molécules de l'air, produisent des croisements, des frottements nombreux, dans la généralité des couches atmosphériques, principalement dans les basses régions, et cette cause de rallentissement de la vitesse rotatoire de l'air doit être très-active, plus active que celle analogue qui peut agir dans les eaux de la mer ou dans la matière générale de la terre, où la température est bien moins variable.

Enfin, l'attraction de la terre tend à retenir l'air, surtout ses couches inférieures, à les empêcher de marcher plus vite qu'elle en obéissant aux attractions extérieures. Elle exerce d'ailleurs une action analogue sur les eaux. De leur côté, les accroissements ou amo'ndrissements de vitesse que peuvent recevoir les eaux, l'air, réagissent sur le globe, de sorte qu'il tend à s'établir une sorte de pondération entre les rotations des diverses couches concentriques qui ainsi finalement sont peu loin d'être à l'unisson sous ce rapport.

Néanmoins, si primitivement, quand des attractions extérieures ont mis la terre en rotation, elle eût été dès-lors formée, comme elle l'est, d'un globe intérieurement liquide, solidifié à sa surface, en grande partie couvert par les eaux de la mer, et entouré de son atmosphère, ces diverses parties concentriques n'eussent pu sans doute tourner alors et ne tourneraient pas maintenant avec une vitesse à très-peu près égale; mais dans l'hypothèse où la terre entière a été originairement gazeuse, et a été mise en rotation dans cet état, on peut bien, tout considéré, d'après les principes et les explications que j'ai présentés sur ce point, concevoir que ses diverses parties, y compris son atmosphère, tournent avec une vitesse sensiblement égale, malgré les modifications qu'elles ont subies, malgré les influences continuellement exercées sur elles par les attractions du soleil et de la lune. Ces influences n'ont eu pour effet que d'entretenir la vitesse rotatoire primitivement imprimée, de compenser jusqu'à un certain point les pertes qu'elle a dû éprouver. Ainsi tout peut bien s'expliquer, et je vois, dans ces considérations, un argument de plus en faveur de l'hypothèse qui fait de toute la matière terrestre primitive une masse gazeuse,

II.

Dans le *Traité de mécanique* de Poisson, à la page 3 du tome 2, se trouvent les lignes suivantes

« La connaissance de la masse des corps nous est donnée par
» cette propriété générale de la matière qu'on appelle l'*inertie*.
» En effet, concevons un corps posé sur un plan horizontal
» parfaitement poli, de manière qu'il n'éprouve aucun frottement
» contre ce plan ; son poids ne s'opposera pas à ce qu'il puisse glisser
» le long d'un plan qu'on suppose horizontal ; cependant si nous
» voulons le mouvoir sur ce même plan, il nous faudra, pour
» parvenir à le déplacer, faire un effort quelconque, uniquement
» dû à ce que la matière dont ce corps est composé ne saurait
» se mouvoir d'elle-même et sans l'action d'une force, c'est-à dire
» *uniquement due à l'inertie de la matière.* Si à ce corps, on en
» ajoute un second, l'effort nécessaire pour les mouvoir ensem-
» ble devra être évidemment plus grand que pour en déplacer
» un seul ; et, en général, cet effort sera d'autant plus grand,
» que la masse qu'on veut déplacer, sera elle-même plus con-
» sidérable. »

Dans le livre plus haut cité, intitulé *Discussions sur les prin-cipes de la physique*, chapitre Ier, p. 126, après avoir reproduit ces lignes de la mécanique de Poisson, j'ai formulé mon opinion en ces termes :

« Dans cet exemple, qu'invoque l'illustre géomètre, ce n'est pas seulement par son inertie que le corps reste sur le plan horizontal, il y est retenu par la force attractive de la terre, par la gravité. La pesanteur agit verticalement et le plan est horizontal, mais néanmoins, puisqu'elle tend à retenir le corps au lieu qu'il occupe sur le plan, il faut une autre force pour la vaincre. Une force quelconque, si minime qu'elle fût, si l'on n'avait affaire qu'à l'*inertie*, imprimerait au corps immobile sur le plan un mouve-ment égal à l'intensité de la force motrice ; il n'en est pas ainsi de la pesanteur du corps : il faut, pour la surmonter et mouvoir le corps, une force supérieure à celle résultant de la pesanteur en tant que celle-ci le retient au lieu qu'il occupe.

» Si, dans ces conditions, le corps placé sur le plan est choqué par un autre qui le met en mouvement, celui-ci perd dans le choc une partie de sa vitesse, perte qu'il ne ferait pas si le corps qui reçoit son impulsion était parfaitement libre. Nous verrons d'ailleurs que, si des corps, dans le choc, agissent les uns sur les autres en raison de leurs masses, cela ne peut s'expliquer qu'en regardant ces corps comme des composés de molécules plus ou moins distantes les unes des autres. »

M. Trouessart, professeur à la faculté des sciences de Poitiers (Vienne), dans un rapport fait au sujet de ce livre, à la *Société d'agriculture, belles-lettres, sciences et arts* de cette ville, en 1864, s'est exprimé ainsi :

« La physique moderne emprunte surtout sa force à la mécanique rationnelle, que M. Coyteux regarde presque comme la plus irrationnelle des choses. Le propre de cette science est d'analyser les phénomènes dépendant de plusieurs causes, de séparer pour *la raison* ce qui est quelquefois physiquement inséparable dans la nature, afin d'évaluer séparément les effets de ces différentes causes, supposant non sans fondement, ce semble, que chaque cause doit agir suivant une loi plus simple que celle qui résulte de leur concours. Sous ce rapport encore, le physicien, en faisant sortir *l'idée simple du fait complexe*, est mille fois plus idéaliste que le métaphysicien. Il conçoit, par exemple, que si un corps soumis à une force unique verticale, comme la pesanteur, est placé sur un plan horizontal, rien, pas même la pesanteur, ne s'oppose à son mouvement sur ce plan et ne pourra modifier celui qu'il aura reçu. La plus petite force, comme Galilée l'a dit le premier, la plus petite force, dirigée suivant ce plan, suffira pour lui imprimer un mouvement *rectiligne, uniforme, indéfini*, et la seule chose qui dépendra de la grandeur de la force impulsive, c'est la grandeur de la vitesse. Mais cela est impossible à réaliser, reprend le métaphysicien. Le mouvement rectiligne, uniforme, indéfini, n'est qu'une fiction : il n'existe pas et ne saurait exister dans la nature. D'accord, réplique le physicien ; mais s'il en est autrement *in rerum natura*, c'est qu'il y a d'autres forces à agir sur ce corps, et il le prouve ; car plus le plan est dur, nivelé, poli, aussi bien que le corps pesant mobile, moins il faut de force pour mettre le corps en mouvement et plus ce mouvement se continue longtemps. C'est de même qu'on établit les lois du mouvement uniformément accéléré de la chute des corps, du mouvement parabolique, etc., bien que les mouvements assez définis et calculés soient physiquement impossibles dans l'air et même dans le vide le plus parfait qu'on puisse obtenir ici-bas. Ce qui trouble la régularité de ces mouvements, ce sont les résistances des milieux dont l'observation et le calcul apprennent au physicien à tenir compte. En procédant ainsi, le *fait* a beau être multiple, il arrive à s'en faire une idée nette et simple. »

Avant le rapport de M. Trouessart, je lui avais écrit pour répondre à une lettre qu'il m'avait fait l'honneur de m'écrire. Dans ma lettre se trouvait le passage suivant :

« Il faut croire que ma raison diffère essentiellement de la
» vôtre. La mienne n'accordera jamais qu'un corps placé sur
» un plan supposé même parfaitement horizontal, dur et poli,
» et soumis à une force verticale, telle que la pesanteur, doive se
» mouvoir par l'effet du plus petit choc horizontal, exactement
» comme si la force verticale n'existait pas. Pour moi, je ne
» comprends point qu'une force verticale *n'empêche aucunement*
» le mouvement horizontal. Vous, Monsieur, qui admettez l'in-
» fini, supposez que la force verticale soit infiniment intense :
» est-ce que cela ne signifie pas que la force verticale retient
» infiniment le corps sur le plan à l'endroit même où il y est
» placé? D'après cela, comment concevoir que la plus légère
» impulsion, si elle est horizontale, pourra annihiler l'action
» de la force verticale? »

Après le rapport, je publiai une réponse à la critique de l'honorable professeur, et dans cette réponse se trouvent les passages suivants :

« Le principe que j'attaque est d'ailleurs contraire au principe général qui régit la composition des forces. Qu'y a-t-il dans l'espèce ? deux forces agissant suivant des directions rectangulaires; l'une verticale, l'autre horizontale. Or, la direction du mouvement d'un corps soumis à ces deux forces, est une résultante qui certes n'est pas horizontale; elle devrait traverser obliquement le plan, d'après la règle du parallélogramme des forces; or, dans l'espèce hypothétique dont il s'agit, cela est impossible, et le corps mobile doit rester en repos, si l'on ne suppose pas quelque autre force qui le détermine à se mouvoir.

» Mais l'impulsion oblique résultante dont je viens de parler doit tendre à faire réfléchir le mobile sur le plan solide ; il doit se produire ici quelque chose d'analogue à ce qui se passe quand un corps en mouvement vient frapper obliquement un plan solide : seulement, la réflexion, dans le premier cas, est bien moindre que dans le second ; elle ne fait point un angle égal à l'angle d'incidence. On comprendra bien ceci en se reportant à l'explication que j'ai présentée, dans l'ouvrage examiné par M. Trouessart, au sujet de la réflexion provenant du choc oblique ; explication où j'admets un fluide répulsif non-seulement entre les molécules des corps, mais entre les corps alors même qu'ils nous paraissent en contact. Je conçois donc que l'impulsion horizontale combinée avec la force verticale et l'élasticité, puisse déterminer un mouvement du corps mobile sur le plan qui lui sert de support.

« Pour que cet effet se produise sensiblement, il faut que l'impulsion horizontale soit forte relativement à la force verticale : si elle est très-faible comparativement à celle-ci, la vitesse oblique résultante sera presque verticale, et de plus elle sera extrêmement petite. En effet, avant que le mobile fût soumis à la force horizontale, il était en repos sur le fluide répulsif comprimé entre ce corps et le plan. Puis, l'impulsion horizontale survenant et se composant avec la force verticale, l'impulsion oblique en résultant a excédé la force verticale, mais elle l'a excédé de fort peu, si l'impulsion horizontale a été faible ; or, c'est seulement cet excédant de force qui détermine la vitesse oblique résultante et effective. Si donc la force horizontale imprimée au mobile est petite, il est visible que la répulsion, l'espèce de réflexion qui se produira, ne pourra pas s'effectuer de manière à déterminer un mouvement sensible du mobile sur le plan. Plus, au contraire, l'impulsion horizontale sera forte, plus aussi sera grande la vitesse oblique résultante et plus son obliquité sera prononcée. Alors le mobile, au moyen de la réflexion, pourra effectuer sur le plan un mouvement plus ou moins rapide suivant les cas. En général, les corps les plus durs étant éminemment élastiques, on voit pourquoi, généralement aussi, plus les corps sont durs, plus l'impulsion horizontale imprimée au mobile est effective, et moins par conséquent il faut de force pour le mettre en mouvement, toutes choses d'ailleurs égales. Évidemment, aussi, les corps bien nivelés, polis, doivent être d'autant plus favorables au phénomène sous ce rapport.

» Ainsi, d'après les considérations que je viens de produire et qui sont rationnelles, il n'est point vrai que la force verticale ne puisse s'opposer, nuire au mouvement horizontal que le corps mobile a reçu. La force verticale, au contraire, influe beaucoup sur le mouvement de ce corps, et, pour la vaincre, il faut une force horizontale relativement considérable. Toutefois, la forme du corps mobile influe aussi beaucoup sur sa mobilité. S'il est sphérique, il aura, au moyen de sa rotation, une bien plus grande mobilité qu'un corps présentant une surface plane au plan horizontal. Je le comprends aisément, et mon livre de physique peut encore fournir des données pour l'expliquer.

» En résumé, je maintiens qu'il faut rejeter un principe que la raison bat en brèche à plusieurs égards, et qui notamment se trouve en flagrante contradiction avec une loi justement admise en mécanique, celle de la composition des forces. »

Depuis, M. Trouessart, dans une de ses savantes leçons à laquelle j'avais l'honneur d'assister, à propos du principe en question, et pour le justifier, a dit que l'action de la pesanteur peut être diminuée autant qu'on le veut, et. pour preuve, il a cité le cas où une bille placée sur une table horizontale se met en mouvement pour peu que l'on fasse incliner la table. Or, il ne me paraît pas que cet exemple soit en faveur de l'opinion de mon honorable contradicteur. Si la bille se met alors en mouvement, c'est qu'elle perd son équilibre aussitôt que cesse l'horizontalité de la surface qui la supporte, et qu'elle tend à le reprendre : il n'y a pas là vraiment une diminution de l'action de la pesanteur.

Je maintiens que le principe n'est pas fondé ; je persiste à dire qu'un corps soumis à une force verticale n'est point en état d'*inertie*.

C'est une singulière inertie que celle qui n'aurait lieu pour un corps que dans une direction, la direction parallèle à la surface sur laquelle serait placée le corps. Quoi ! toute force oblique à la force normale, ou de même sens qu'elle, se composera avec elle, et il n'en sera pas ainsi d'une force qui lui sera perpendiculaire? Comment! quelle que soit la masse, quel que soit le poids d'un corps appuyé, pesant de tout son poids sur une surface horizontale polie, inflexible, ce corps sera indifférent au repos ou au mouvement, il ne résistera aucunement à la plus petite force horizontale? Jamais je ne l'admettrai, même en supposant que la surface de support et celle du corps supporté soient parfaitement inflexibles et polis.

Bien que cette discussion ne se rattache pas à la question de la constitution solaire, aux théories imaginées pour expliquer cette constitution, j'ai voulu lui donner place en ce livre, afin d'attirer sur elle l'attention des hommes qui voudront bien lire mon œuvre. Il s'agit d'ailleurs d'un principe qui joue un rôle important en mécanique, par conséquent en astronomie. Cette note n'est donc pas déplacée ici.

FIN DES NOTES.

TABLE DES MATIÈRES.

FIN DE LA TABLE DES MATIÈRES.

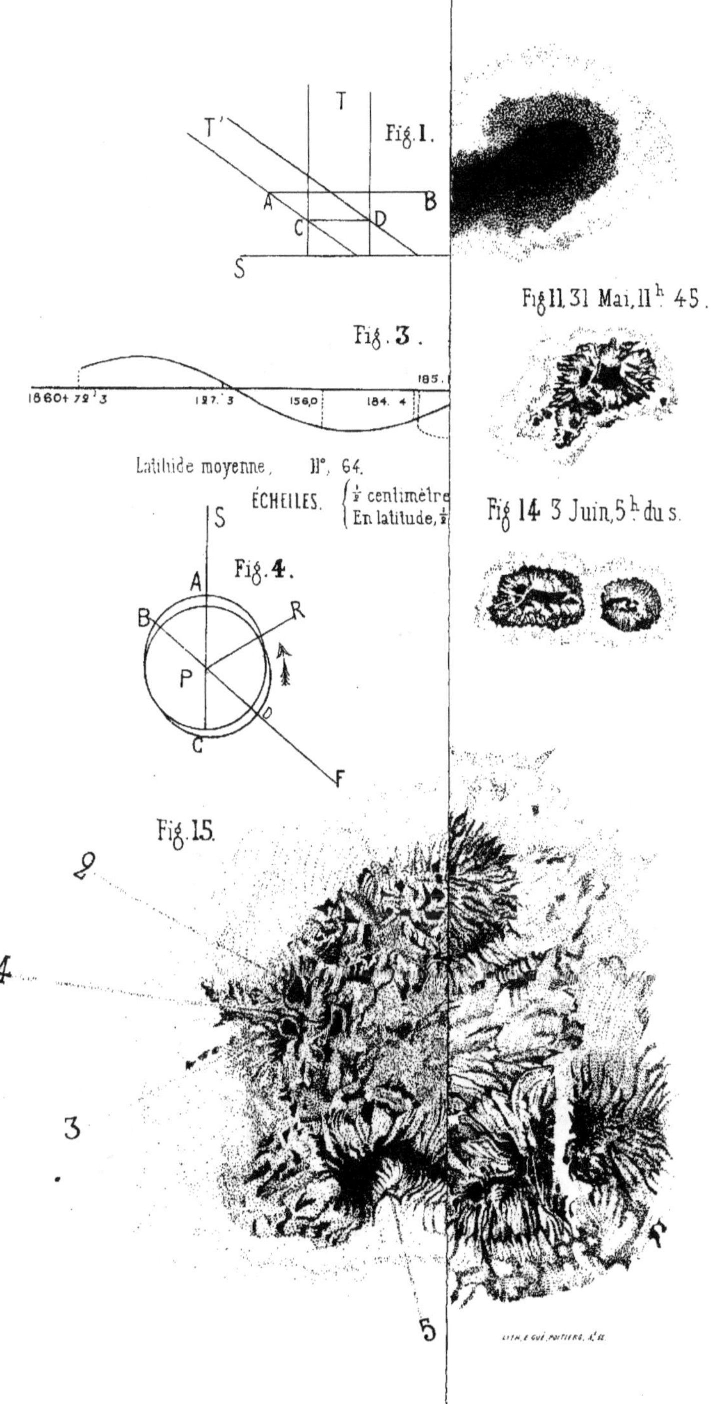

Fig. 1.
T
T'
A
B
C
D
S
Fig. 3.
185.
1860+ 72.3
127.3
156,0
184. 4
Latitude moyenne, 11°. 64.
ÉCHELLES.
1/2 centimètre
En latitude, 1/2
Fig. 4.
S
A
B
R
P
C
F
Fig. 15.
2
4
3
Fig 11. 31 Mai, 11h. 45.
Fig 14. 3 Juin, 5h. du s.
5
LITH. E GUÉ, POITIERS, 4, SE.

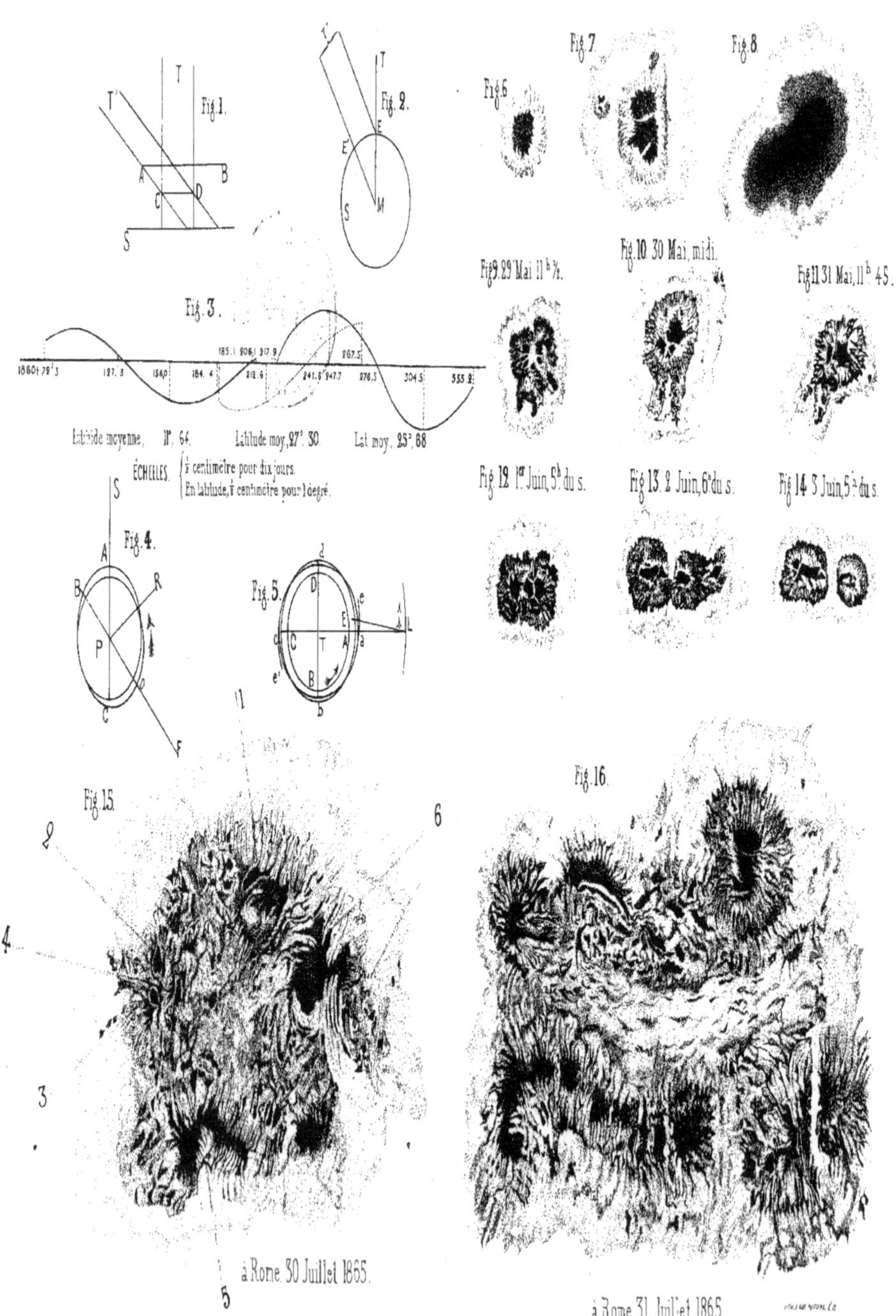

PL.1.
Fig.1.
Fig.2.
Fig.3.
Fig.6
Fig.7
Fig.8
Fig.9. 29 Mai 11ʰ ½.
Fig.10. 30 Mai, midi.
Fig.11. 31 Mai, 11ʰ 45.
Fig.12. 1ᵉʳ Juin, 5ʰ du s.
Fig.13. 2 Juin, 6ʰ du s.
Fig.14. 3 Juin, 5ʰ du s.
Fig.4.
Fig.5.
Fig.15.
Fig.16.
Latitude moyenne, N°. 64.
Latitude moy. 27°. 30.
Lat. moy. 25°. 68.
ÉCHELLES.
½ centimètre pour dix jours.
En latitude, ½ centimètre pour 1 degré.
à Rome, 30 Juillet 1865.
à Rome, 31 Juillet 1865.

Fig. 17, 22 7bre 1865.

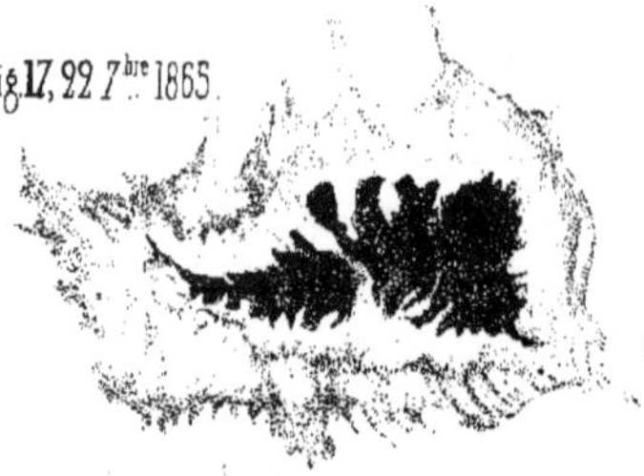

z

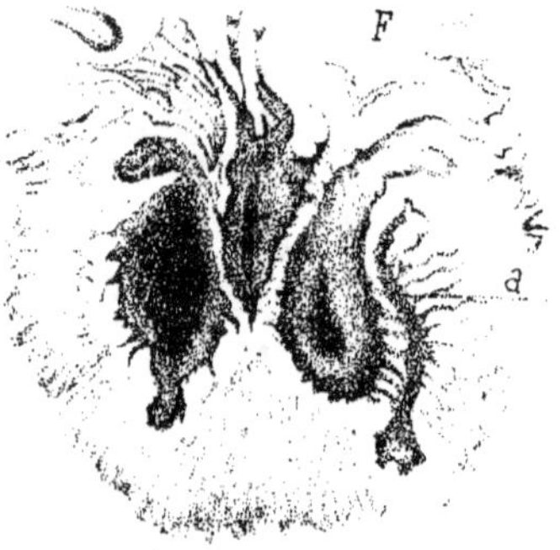

F

b

Fig. 21,
24 7bre 3 h.

a

α

Fig. 25. 26 7bre 7 h. m

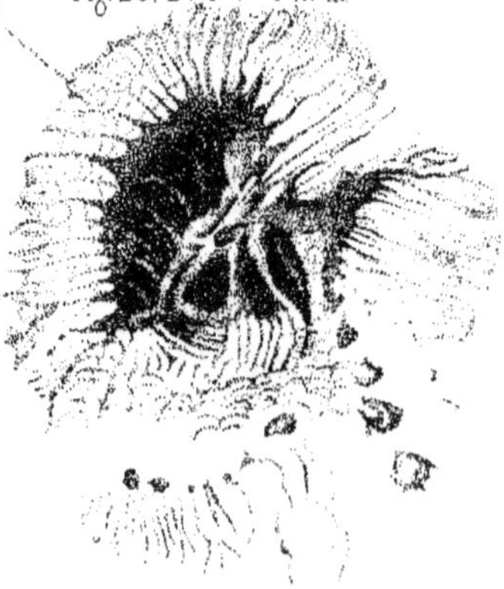

Fig. 30, 26 7bre 4 h. ¼.
αb

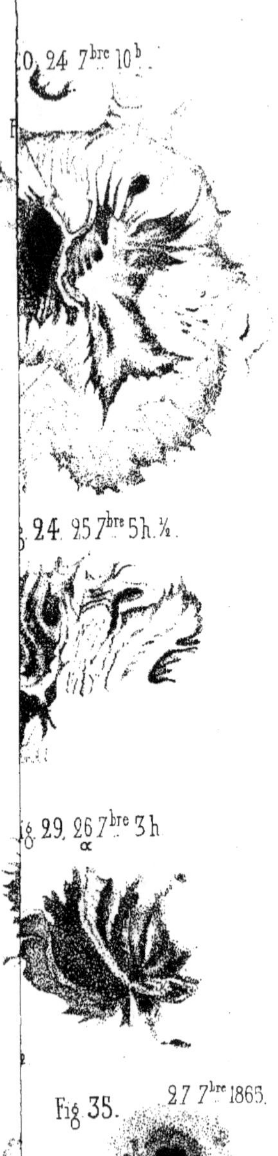

0. 24 7bre 10^{b}.

24. 25 7bre 5 h. ½.

29. 26 7bre 3 h
α

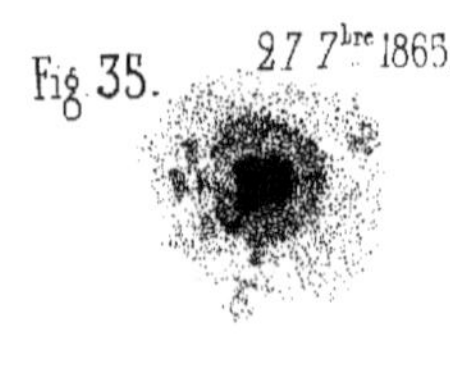

Fig. 35.   27 7bre 1865.

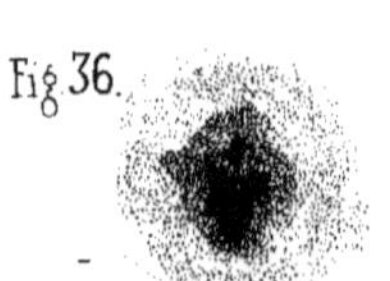

Fig. 36.

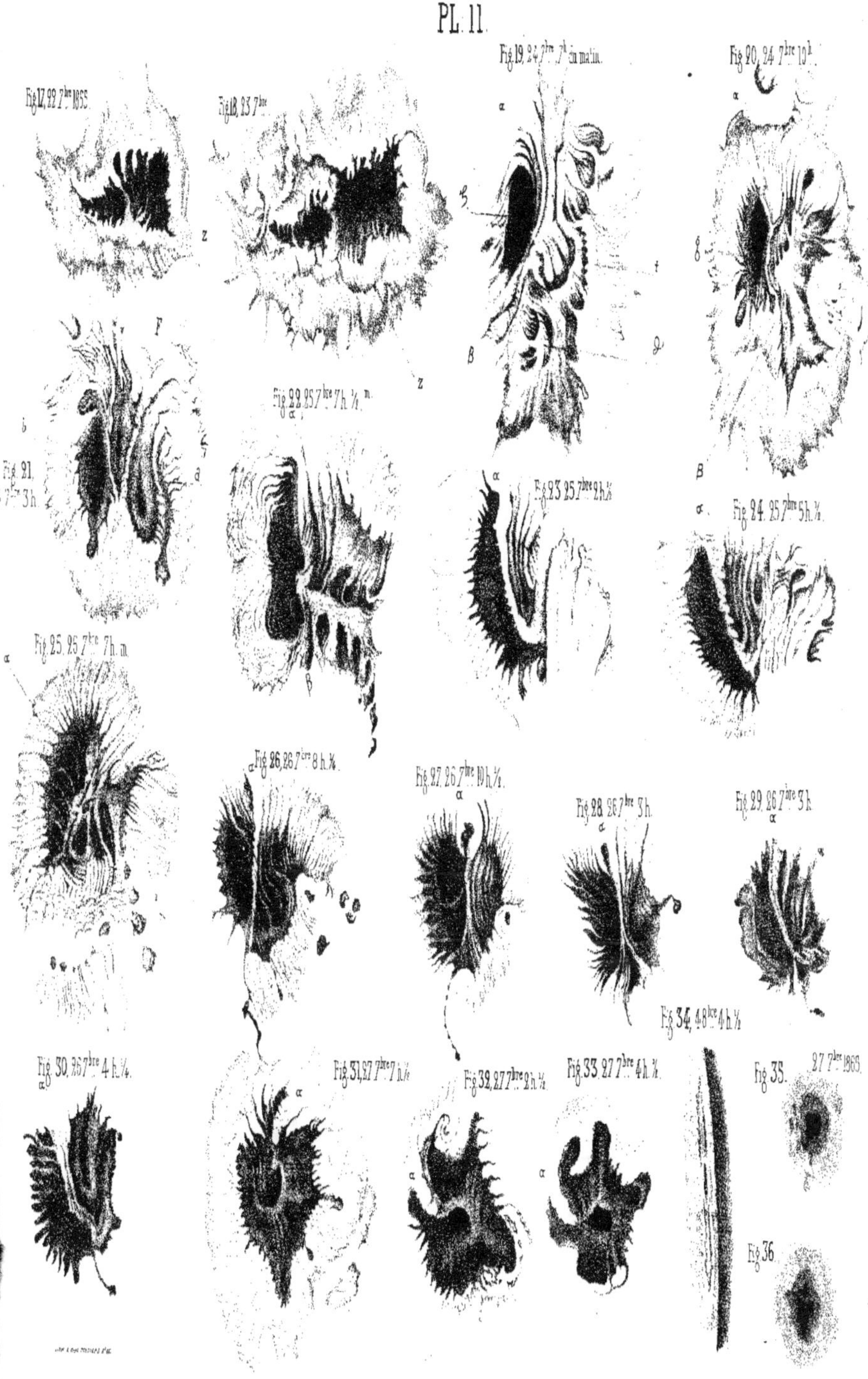

PL. 11.
Fig. 17. 22. 7bre 1865
Fig. 18. 23. 7bre
Fig. 19. 24. 7bre 7h du matin.
Fig. 20. 24. 7bre 10h.
Fig. 21. 24. 7bre 3h.
Fig. 22. 25. 7bre 7h. 1/2 m.
Fig. 23. 25. 7bre 2h.1/2
Fig. 24. 25. 7bre 5h. 1/2
Fig. 25. 25. 7bre 7h. m.
Fig. 26. 26. 7bre 8h.1/2
Fig. 27. 26. 7bre 10h.1/2
Fig. 28. 26. 7bre 3h.
Fig. 29. 26. 7bre 3h.
Fig. 30. 26. 7bre 4h.1/2
Fig. 31. 27. 7bre 7h.1/2
Fig. 32. 27. 7bre 2h.1/2
Fig. 33. 27. 7bre 4h.1/2
Fig. 34. 4. 8bre 4h.1/2
Fig. 35. 27. 7bre 1865.
Fig. 36.